Das PFERD

Die englische Originalausgabe erschien 2019 bei Ivy Press, einem Imprint von The Quarto Group, unter dem Titel *The Horse. A Natural History*

Konzept, Gestaltung und Produktion:
Ivy Press
58 West Street, Brighton BN1 2RA, Großbritannien

Herausgeber Susan Kelly
Lektoratsleitung Tom Kitch
Künstlerische Leitung James Lawrence
Cheflektorat Sophie Collins
Projekt-Lektorat Natalia Price-Cabrera
Gestaltung JC Lanaway
Bildredaktion Katie Greenwood
Illustrationen John Woodcock

Aus dem Englischen übersetzt von
Jorunn Wissmann, D-Binnen, Coralie Wink, D-Dossenheim, und Klaudia Vormann, D-Düsseldorf
Satz der deutschsprachigen Ausgabe:
Die Werkstatt Medien-Produktion GmbH, D-Göttingen

Der Haupt Verlag wird vom Bundesamt für Kultur mit einem Strukturbeitrag für die Jahre 2016–2020 unterstützt.

Diese Publikation ist in der Deutschen Nationalbibliografie verzeichnet. Mehr Informationen dazu finden Sie unter http://dnb.dnb.de.

ISBN 978-3-258-08092-5

Printed in China

Um lange Transportwege zu vermeiden, hätten wir dieses Buch gerne in Europa gedruckt. Bei Lizenzausgaben wie diesem Buch entscheidet jedoch der Originalverlag über den Druckort. Der Haupt Verlag kompensiert mit einem freiwilligen Beitrag zum Klimaschutz die durch den Transport verursachten CO_2-Emissionen und verwendet FSC-Papier aus nachhaltigen Quellen.

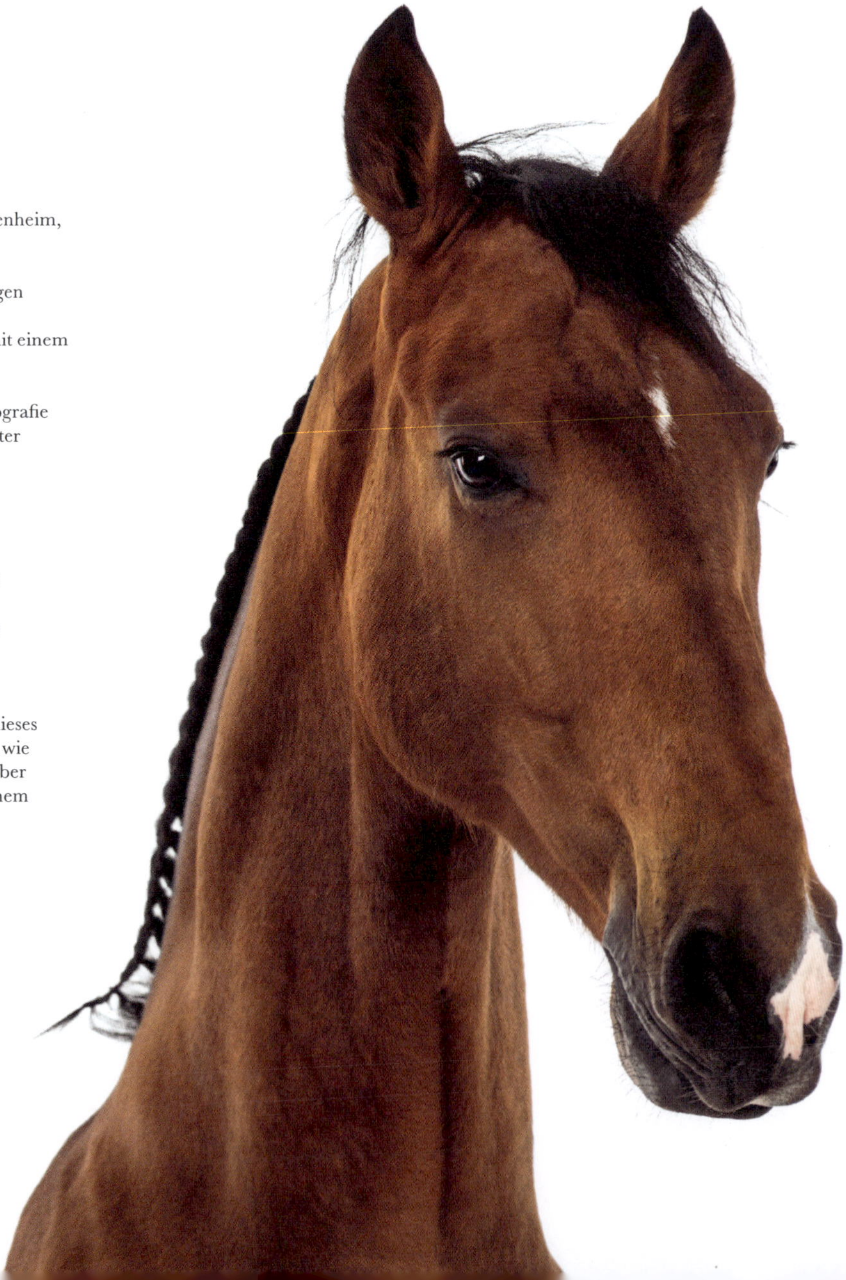

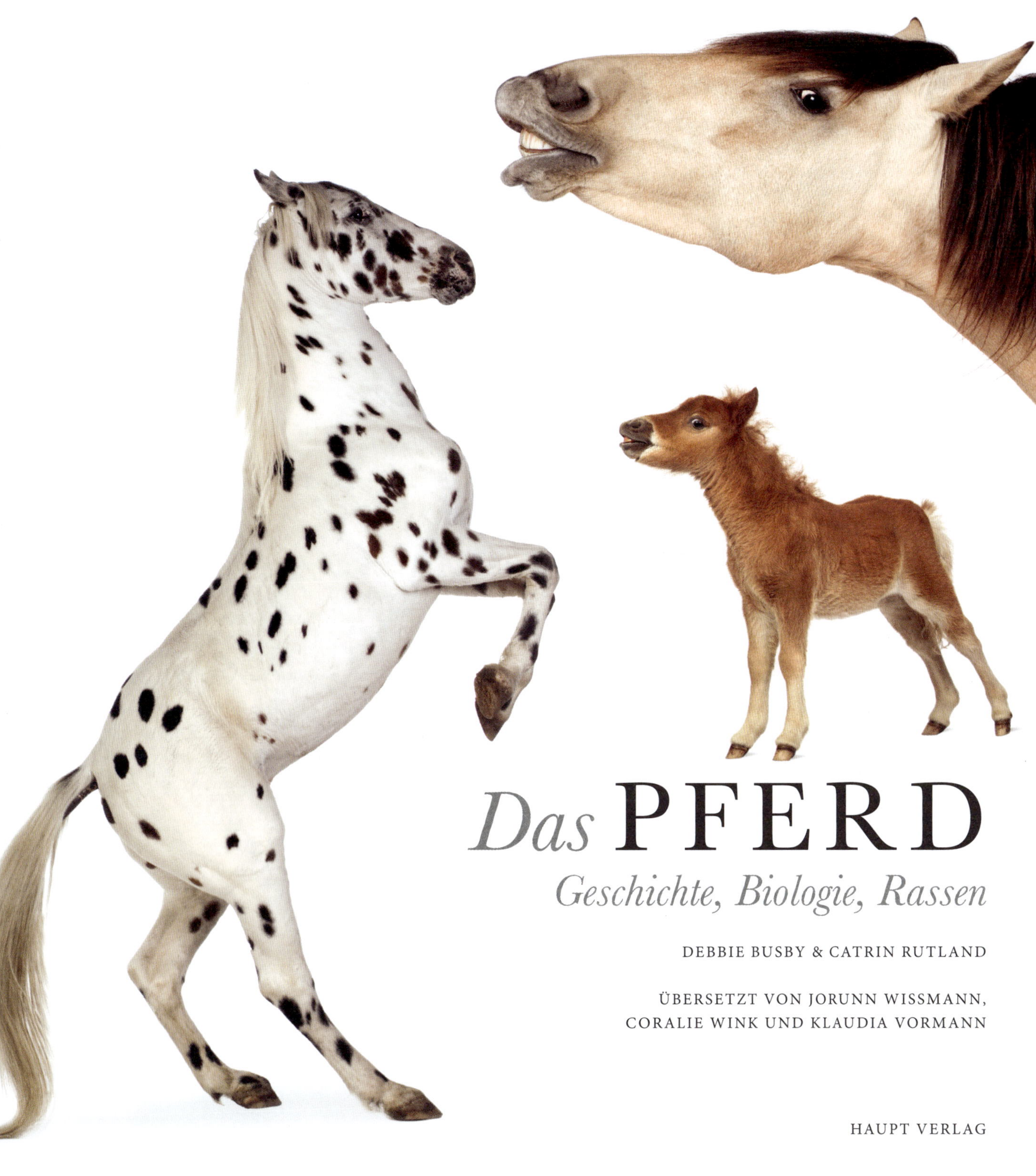

Das PFERD

Geschichte, Biologie, Rassen

DEBBIE BUSBY & CATRIN RUTLAND

ÜBERSETZT VON JORUNN WISSMANN, CORALIE WINK UND KLAUDIA VORMANN

HAUPT VERLAG

Inhalt

KAPITEL 5

Verzeichnis einiger Pferderassen

Anhang

Das Pferd – eine Einführung

Man kann sich nur schwer vorstellen, dass die frühen Vorfahren der Pferde vier Zehen besaßen und als kleine Säuger mit einer Widerristhöhe von 60 cm in Nordamerika lebten. In den vergangenen 55 Millionen Jahren hat sich das Pferd zu einem wahrhaft beeindruckenden Tier entwickelt, das seit einigen Tausend Jahren mit dem Menschen zusammenlebt und vielen Zwecken gedient hat. Bereits prähistorische Höhlenbilder zeigen die Bedeutung des Pferdes für den Menschen, und daran hat sich bis heute wenig geändert. Frühe Wandteppiche, religiöse Texte, historische Schriften und Überlieferungen belegen die enorme Relevanz des Pferdes für die menschliche Geschichte. Man sagt, es habe mehrere Zeitalter des Pferdes gegeben: Pferde dienten dem Menschen zunächst als Nahrung, später dann als Arbeitstier und als Statussymbol, sei es beim Bewachen von Viehherden, zum Ziehen von Streitwagen und Kutschen, in der Kavallerie, in der Landwirtschaft oder in Sport und Freizeit. Auch heute noch übernimmt das Pferd einen Großteil dieser Aufgaben, doch sie haben sich im Lauf der Zeit verändert. Streitwagenrennen mögen aus der Mode gekommen sein, doch in vielen Teilen der Welt ist es durchaus üblich, dass die Braut mit einer Pferdekutsche zu ihrer Hochzeit gefahren wird oder dass ein Pferd einen Karren voller Güter von Dorf zu Dorf zieht. Pferde bleiben ein Teil unserer Gemeinschaft und spielen in vielen Kulturen immer noch eine wichtige Rolle.

Pferde sind im Lauf ihrer Evolution nicht nur größer geworden, sondern auch eleganter und schneller. Das Leben war jedoch nicht immer einfach für diese mächtigen Geschöpfe. Es gab Zeiten, in denen Pferde in manchen Teilen der Welt ausgestorben waren. Den engsten Verwandten des Pferdes, dem Tarpan (inzwischen ausgestorben) und dem Przewalski-Pferd (heute stark gefährdet), ist es nicht gut ergangen, und viele Pferderassen zählen heute weniger Tiere als in der Vergangenheit. Viele der frühen Vorfahren und fernen Vettern des Pferdes sind heute ausgestorben oder stark gefährdet. Ein Besuch in einem Naturkundemuseum erinnert uns oft daran, wie viele Pferdetypen früher existierten und wie viele Pferdeverwandte im Lauf der Zeit verschwunden sind. Dennoch repräsentiert die Zahl der modernen Pferderassen und -typen eine vielfältige und generell gesunde Population, eine jede mit eigenen Merkmalen und eigener Persönlichkeit. Von den kleinen Shetland-Ponys zu den stämmigen Kaltblutpferden, von den schnellen Vollblütern zu den sanften Therapiepferden – sie alle haben ihren eigenen Platz in unserer heutigen Gesellschaft.

Rechts *Gewisse Merkmale beim Dülmener Pferd lassen vermuten, dass die Tiere noch recht urtümlich sind. Gegenwärtig leben rund 300 Dülmener Pferde im Merfelder Bruch in Deutschland, wo sie ein halbwildes Leben führen und eigenständig nach Nahrung und Unterschlupf suchen. Jedes Jahr wird die Herde zusammengetrieben, und die jungen Hengste werden gefangen und von der Herde getrennt. Die Stuten werden gemeinsam mit einigen Hengsten wieder in ihr Habitat freigelassen.*

Links *Berittene Polizisten in London, Großbritannien. Das Pferd spielt weiterhin eine wesentliche Rolle in der menschlichen Gesellschaft, und es sieht nicht so aus, als ob seine Bedeutung für den Menschen in absehbarer Zukunft schwinden sollte.*

EINE LOHNENDE ART

Das Pferd hat im Lauf der Jahrhunderte zahlreiche Rollen übernommen: als Symbol von Macht und Reichtum für Führer, Könige und Königinnen in Zeiten von Krieg und Frieden, als tapferes Kriegsross und als sanftmütiger Spielgefährte für kleine Kinder. Das Pferd war schon immer ein Athlet, ob es in großen römischen Amphitheatern Streitwagen gezogen hat oder heute für den Pferdesport genutzt wird, sei es für Pferderennen, Springreiten, Parforcejagden, Polo, Rodeo, Dressur oder für die Jagd. Es ist in Stierkampfarenen mit seinem Reiter gegen Stiere angetreten, und es hat nicht nur Menschen, sondern auch anderen Tieren als Nahrung gedient. Pferdehaar und Pferdeleder waren lange Zeit wichtige Ressourcen, und seine Gelatine wurde zu Leim verarbeitet. Das Pferd hat sich als stark und ausdauernd beim Ziehen von Pflug und Wagen erwiesen, es diente als Packpferd, arbeitete

Unten *Der englische Fotograf Eadweard Muybridge war fasziniert von Bewegung, vor allem von der Lokomotion von Pferden. Er ist berühmt für seine bahnbrechenden Arbeiten zur tierischen Fortbewegung in den 1870er-Jahren.*

im Bergbau oder schleppte Baumstämme aus dichten Wäldern. Lange Zeit waren Pferde das zuverlässigste Transportmittel, das es gab – zumindest für diejenigen, die es sich leisten konnten –, und in vielen Weltregionen hat sich dies bis heute nicht geändert. Im Lauf der Geschichte hat sich das Pferd nicht nur anatomisch entwickelt, sondern auch seine Beziehung zum Menschen und die Rollen, die es in unserem Leben spielt, haben eine Entwicklung durchgemacht.

Heutzutage wird das Pferd noch immer auf der ganzen Welt als Transportmittel, als Arbeiter, Sportler oder Haustier genutzt und beim Militär sowie der Polizei bei Einsätzen oder Paraden verwendet.

Das Pferd hat auch der Kunst wesentliche Antriebe vermittelt, sei es, dass wir an den Zentaur oder das Einhorn denken oder an die vielen Pferde, die auf Gemälden und Fotografien, in Skulpturen, in der Literatur, im Film und auf sonstige Weise künstlerisch dargestellt wurden. Viele Menschen empfinden eine gewisse Rührung, wenn sie an die Geschichten berühmter Kriegsrosse in Büchern, Filmen oder im Theater denken. Kunstgalerien sind voller Gemälde und Zeichnungen majestätischer Pferde, oft mit einem stolzen Reiter im besten Gewand – man denke an Maler wie George Stubbs, Henri de Toulouse-Lautrec und Franz Marc, um nur einige wenige zu nennen. Es gibt eine Fülle von Märchen, Sagen und Legenden aus unserer Kindheit, die die Abenteuer von Pferden beschreiben; oft kommt das Pferd dabei Menschen oder anderen Tieren zur Hilfe.

Das Pferd ist ein wahrhaft mystisches Geschöpf, das die Fantasie der Menschheit seit Jahrhunderten gefangen nimmt. Seine Geschwindigkeit, Wendigkeit, Anmut, Intelligenz, Gehorsamkeit und Schönheit sorgen für eine immerwährende Beziehung zum Menschen und haben ihre Spuren in unserer Geschichte hinterlassen.

Oben *Zwei kleine Mädchen reiten auf ihren Steckenpferden. Unsere Kindheit ist voller Bezüge zu Pferden, ob bei Fantasiespielen wie hier oder in spannenden Büchern, die wir als Kinder verschlungen haben. Das Pferd war schon immer ein magisches Geschöpf und der Stoff, aus dem Mythen und Legenden gewoben sind.*

Links *Über Jahrhunderte haben Menschen eine enge Beziehung zu Pferden kultiviert. Die Rollen, die Pferde spielten, waren ganz unterschiedlich, doch bis heute sind Pferde in der Lage, unsere Stimmung zu heben und uns als loyaler und vertrauenswürdiger Gefährte zu dienen.*

ÜBER DIESES BUCH

Dieses Buch präsentiert eine Fülle von Wissen über das Pferd, das im Lauf der Jahre aus archäologischen Funden und historischen Manuskripten über natur- und veterinärwissenschaftliche Forschung und Praxis bis zu sozialwissenschaftlichen Erkenntnissen zusammengetragen wurde. Es stützt sich auf wissenschaftliche Originalartikel wie auch auf detaillierte anatomische und physiologische Studien, die im Lauf der Zeit durchgeführt wurden, und nutzt Informationen von Experten für Pferdegesundheit und von Pferdehaltern, die Pferde kennen und verstehen.

Kapitel 1 beschäftigt sich mit der Evolution und Entwicklung des Pferdes. Von *Eohippus*, dem frühesten bekannten Pferd, auch «Pferd des Eozäns» oder «Pferd der Morgenröte» genannt, bis zum modernen Hauspferd, *Equus ferus caballus*, werden Geschichte und Entwicklung dieses Tieres detailliert dargestellt und diskutiert. Seine Vorfahren und seine nächsten Verwandten werden vorgestellt und verglichen, und der Weg vom ersten Pferd in Nordamerika bis zur weltweiten Verbreitung ist kartiert. Die Transformation des Pferdes vom Wildtyp zum heutigen Haustier und seine Bedeutung für den Menschen werden ebenfalls thematisiert.

In **Kapitel 2** geht es um Anatomie und Physiologie des Pferdes. Wir folgen dem Lebenszyklus des Pferdes von der Geburt bis ins Alter, schauen uns sein Leben als Säuger an, beschäftigen uns mit Fortpflanzung und Zucht, mit Krankheiten und Verletzungen. Anschließend geht es um das Verständnis von Skelett, Organen und wichtigen Organsystemen, zum Beispiel Atmungssystem, Kreislaufsystem und Verdauungssystem. Die Sinnessysteme des Pferdes zu verstehen, ist für jeden Pferdehalter wichtig, daher beschäftigen wir uns auch damit; darüber hinaus wird der einzigartige, aber komplexe Hufbau im Einzelnen dargestellt, zusammen mit modernen tierärztlichen und naturwissenschaftlichen Methoden und der zugehörigen Forschung, einschließlich Genetik.

Kapitel 3 befasst sich mit Gesellschaft und Verhalten. Zu den Themen gehören Werbung und Paarung, Geburt und mütterliche Fürsorge, Interaktionen zwischen verschiedenen Pferden und solche mit Menschen. Auch Themen wie Schlaf, Kommunikation, Spiel, Gruppen- und Herdendynamik, Verstehen und Lernen werden abgedeckt.

Kapitel 4 beschäftigt sich mit der Beziehung zwischen Mensch und Pferd. Es beleuchtet die frühe Domestizierung des Pferdes und die vielen verschiedenen Nutzungsformen von Pferden in historischen Zeiten bis heute. Zudem wird ausführlich auf moderne Zuchtmethoden, Ökonomie und Ethik eingegangen.

In **Kapitel 5** geht es um Pferderassen: Zunächst werden die verschiedenen historischen Züchtungen vorgestellt, anschließend schauen wir uns einzelne Rassen genauer an, um einen Überblick über die verschiedenen, heute lebenden Pferdetypen zu gewinnen.

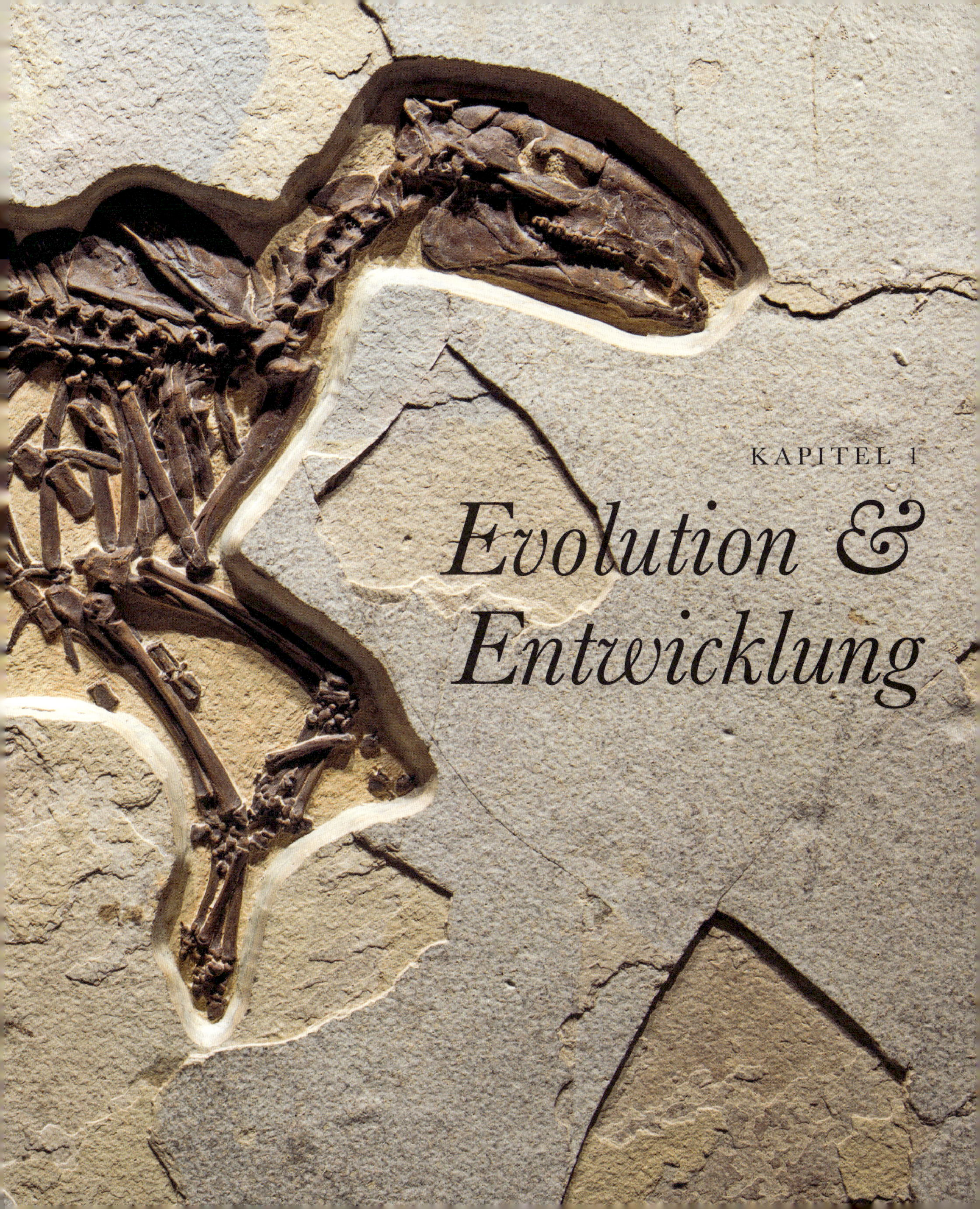

KAPITEL 1

Evolution & Entwicklung

Die Vorfahren des modernen Pferdes

Der früheste Vorfahr des modernen Pferdes lebte vor 50–55 Mio. Jahren. Die Fossildaten zeigen, wie sich das Pferd im Lauf der Zeit verändert hat.

EOHIPPUS

Die Gattung *Eohippus* («Pferd der Morgenröte») enthält nur eine einzige Art – *Eohippus angustidens.* Dieses Pferd wurde früher auch als *Hyracotherium* bezeichnet, weil es den Beschreiber an einen Schliefer *(Hyrax)* erinnerte.

Über die Größe dieses inzwischen ausgestorbenen Tieres ist viel geschrieben worden. Bereits früh wurde es als so groß wie ein Foxterrier beschrieben, der Begriff «fuchsgroß» (*fox* = Fuchs) wird noch immer gebraucht. Der verstorbene Evolutionsbiologe Stephen Jay Gould wies darauf hin, dass *Eohippus* mit einer Widerristhöhe von 60 cm und einem Gewicht von 23 kg eher an ein kleines Reh erinnerte. Die in Nordamerika gefundenen fossilen Skelette heute ausgestorbener Equiden zeigen faszinierende Ähnlichkeiten und Unterschiede zu modernen Equiden. Mit vier Zehen an den Vorderbeinen und drei Zehen an den Hinterbeinen sowie Ballen an den Füßen waren *Eohippus'* Extremitäten besser an die Fortbewegung in weichbodigen Urwäldern als im Grasland angepasst, und seine 44 Zähne waren besser dazu geeignet, Laub und Früchte zu verzehren als Gras.

OROHIPPUS

Vor rund 50 Mio. Jahren betrat eine evolutionär veränderte Form die Bühne, die wir heute als *Orohippus* bezeichnen. Seine Füße entsprachen denen von *Eohippus*, doch die Zähne hatten sich verändert. Sie wiesen markantere Kronen auf und kleine erste Prämolaren (Vorbackenzähne), wobei der letzte Prämolar nun ein voll ausgebildeter Molar (Backenzahn) war. *Orohippus* konnte dank seines Gebisses zäheres und härteres Material als *Eohippus* zerkleinern, daher war er nicht mehr auf den Verzehr von Laub und Früchten angewiesen. Auch die allgemeine Körperform wurde im Vergleich zu *Eohippus* schlanker.

Unten *Zwar beschrieb der amerikanische Paläontologe Othniel Marsh* Eohippus *1876 als Erster, doch wie sich später herausstellte, war* Hyracotherium angustidens, *das von Edward Cope bereits 1875 beschrieben wurde, dieselbe Art.*

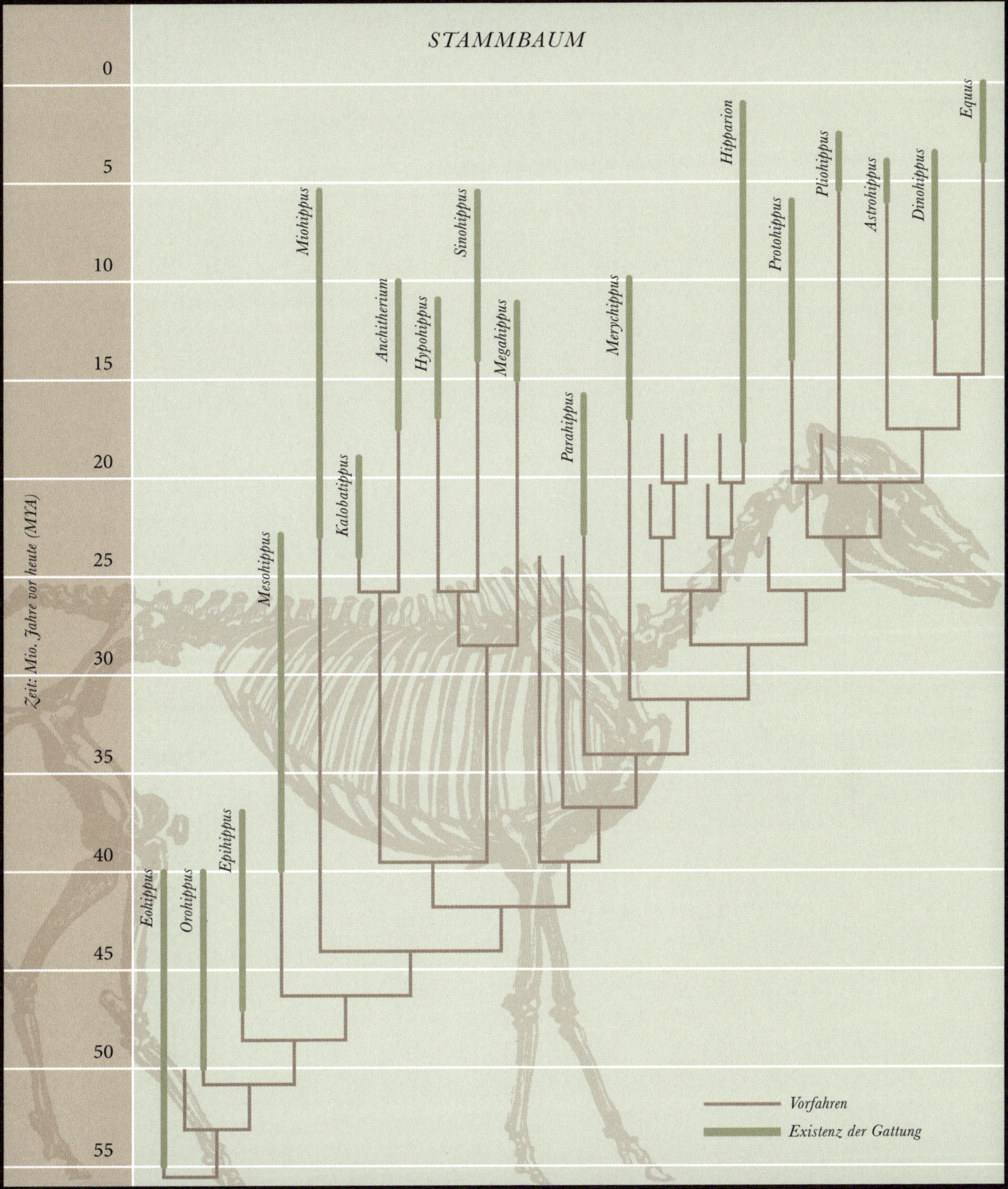

STAMMBAUM

Zeit: Mio. Jahre vor heute (MYA)

0
5
10
15
20
25
30
35
40
45
50
55

Eohippus
Orohippus
Epihippus
Mesohippus
Miohippus
Kalobatippus
Anchitherium
Hypohippus
Sinohippus
Megahippus
Parahippus
Merychippus
Hipparion
Protohippus
Pliohippus
Astrohippus
Dinohippus
Equus

Vorfahren
Existenz der Gattung

EPIHIPPUS UND *MESOHIPPUS*

Epihippus, der sich aus *Orohippus* entwickelte, setzte den evolutionären Trend in Richtung einer Ernährung fort, die ein Mahlen der Nahrung erforderte. Drei Mio. Jahre Evolution brachte Zähne hervor, die sich weiterentwickelt hatten, und obwohl er noch immer nicht größer als 60 cm war, sollte sich dies ein paar Mio. Jahre später ändern. Vor rund 40 Mio. Jahren hatte *Epihippus* an Größe zugelegt und wird heute als *Mesohippus* («mittleres Pferd») bezeichnet. Die nordamerikanischen Wälder wandelten sich zunehmend in Grasland um, und mit der sich wandelnden Umwelt veränderten sich auch die Equiden. Obwohl sie nicht an Höhe zugelegt hatten, maßen sie inzwischen immerhin 90 cm an Länge, und diese Tiere besaßen drei Zehen an jedem Fuß, die besser ans schnelle Laufen angepasst waren. Ihre Zähne hatten sich weiterentwickelt; es gab einen einzigen Prämolar («Vorbackenzahn») und sechs mahlende «Backenzähne».

MIOHIPPUS

Mesohippus war nicht der einzige Equide, den es um diese Zeit gab. Wie die Fossildaten zeigen, koexistierte er vor rund 36 Mio. Jahren mit einem zweiten Pferdetyp, *Miohippus* («kleineres Pferd»). *Miohippus* stammte von *Mesohippus* ab; eine Gruppe spaltete sich ab und folgte einem etwas anderen Evolutionspfad. Nach vier Mio. Jahren, während derer beide Gattungen gemeinsam auf der Erde grasten, starb *Mesohippus* schließlich aus, während *Miohippus* überlebte. *Miohippus* war größer und seine Zähne weiter entwickelt. Die Gattung überlebte längere Zeit; vor 2,5 Mio. Jahren gab es sie noch, und *Miohippus* gilt als direkter Vorfahr der echten Equiden. Interessanterweise spaltete sich die Gattung ebenfalls in zwei Hauptgruppen auf. Eine blieb auf den Grassteppen, die andere passte sich an das Leben in Wäldern an.

EVOLUTION DER PFERDE

In der Zeitspanne von vor 40 Mio. Jahren bis vor 2,6 Mio. Jahren nahmen die Pferdevorfahren an Größe zu, und ihre Anatomie veränderte sich, z. B. von drei Zehen an jedem Fuß zu nur einem Zeh pro Fuß, wie bei *Pliohippus* zu sehen.

MESOHIPPUS späten Eozän

MERYCHIPPUS mittleres Miozän

PLIOHIPPUS spätes Miozän

ANDERE VORFAHREN

Anschließend spalteten sich die echten Equiden mit größerer Geschwindigkeit auf; es entstanden viele unterschiedliche Pferdetypen, die verschiedene Zweige bildeten. *Kalobatippus* entwickelte sich aus dem waldbewohnenden *Miohippus* und ist wahrscheinlich der Vorfahr von *Anchitherium*, das sich nach Asien und später nach Europa ausbreitete. Daraus entwickelten sich einerseits *Sinohippus* in Eurasien, andererseits *Hypohippus* und *Megahippus* in Nordamerika. Von den Vorfahren im Grasland stammt *Parahippus* ab, der mehr als 1 m Widerristhöhe erreichte, miteinander verschmolzene Beinknochen aufwies und auf einem einzigen, zentralen Zeh stand. Er begann, einem modernen Pferd zu ähneln. Der später auftretende *Merychippus* war sehr häufig, von ihm leiten sich 16 verschiedene Grasfresserformen ab, deren Überlebende heute in drei Gattungen unterteilt werden: *Hipparion*, *Protohippus* und *Pliohippus*. Viele Arten dieser drei Gattungen verbreiteten sich in Europa. Ursprünglich nahm man an, *Pliohippus* sei der direkte Vorfahr des modernen Pferdes, doch inzwischen wissen wir, dass er der Vorfahr von *Astrohippus* war.

Es war der in Nordamerika endemische *Dinohippus* («schreckliches Pferd», 10,3–3,6 Mio. Jahre), der sich zu *Plesippus* entwickeln sollte, um die Evolutionsgeschichte des modernen Pferdes zu vervollständigen. Von dem Paläontologen James W. Gidley 1930 *Plesippus shoshonensis* getauft, wurde die Art später, als man erkannte, dass sie mit früher benannten Exemplaren identisch war, in *Equus simplicidens* umbenannt. Es wird oft als das Hagerman-Pferd bezeichnet, weil eine große Menge an Fossilien in Hagerman, Idaho, gefunden wurde. *Equus simplicidens* ähnelt zweifellos dem modernen Pferd. Es lebte vor 3,5 Mio. Jahren, war ähnlich groß wie ein modernes Araberpferd und wog zwischen 110 kg und 385 kg. Dieses kräftige Pferd wies Merkmale auf, die an Zebras oder Esel erinnern.

EVOLUTION VERSTEHEN

Das Werk früherer Wissenschaftler hat uns den Weg geebnet, den evolutionären Stammbaum der Equiden zu verstehen. Georges Cuvier (1769–1832) selbst, der sogenannte Vater der Paläontologie, studierte die ersten ausgegrabenen Equidenfossilien um 1825. Im Jahr 1839 hatte Richard Owen (1804–1892) den Vorfahren aller modernen Pferde beschrieben und benannt. In den 1850er-Jahren und später verfasste Joseph Leidy (1823–1891) brillante Aufsätze, wobei er sich an Charles Darwins (1809–1882) Evolutionstheorie orientierte. In den 1870er-Jahren kamen Thomas Henry Huxley (1825–1895) und Wladimir Kowalewski (1842–1883) zu einigen revolutionären Erkenntnissen im Hinblick auf den Pferdestammbaum. Othniel Charles Marsh (1831–1899), ebenfalls ein Anhänger Darwins, studierte die Morphologie des Pferdes sehr sorgfältig und ergänzte das damalige Wissen beträchtlich.
In den vergangenen zwei Jahrhunderten ist von vielen Tausend Wissenschaftlern aus aller Welt viel über diese wunderbaren Geschöpfe zusammengetragen worden. Mit der Weiterentwicklung der morphologischen, paläontologischen, geologischen und biologischen Methoden ist auch unser Einblick in die Evolution des modernen Pferdes gewachsen.

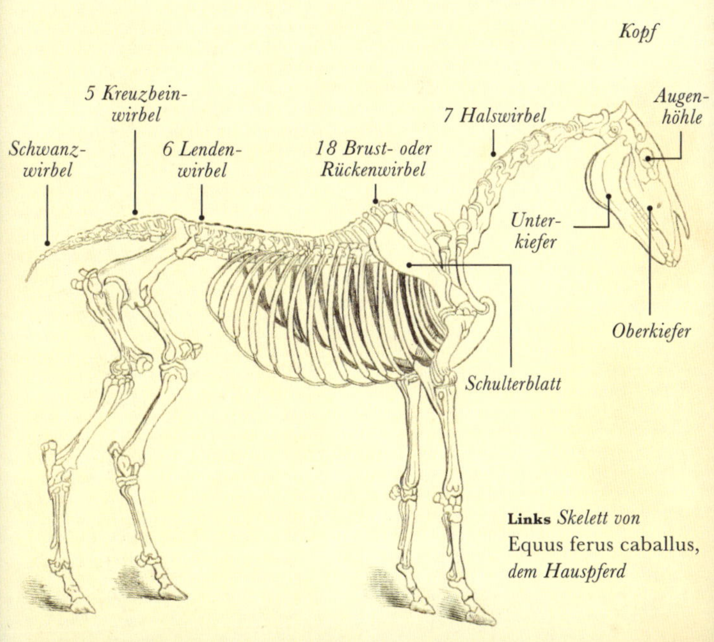

Links *Skelett von* Equus ferus caballus, *dem Hauspferd*

Verwandte Arten & entfernte Vettern

Das moderne Pferd gehört zur Gattung *Equus ferus,* doch es lohnt sich, weiter unten im Stammbaum zu beginnen, um zu verstehen, wie das Pferd nicht nur mit Esel und Zebra, sondern auch mit Tapir und Nashorn verwandt ist.

ORDNUNG PERISSODACTYLA

Die Ordnung Perissodactyla (Unpaarhufer) enthält ein Spektrum von Artengruppen, die zwei Merkmale teilen: Sie haben entweder eine Zehe oder drei Zehen und sind Enddarmfermentierer. Die Ordnung umfasst drei heute lebende (rezente) Familien: Nashörner (Rhinocerotidae), Tapire (Tapiridae) und Pferde (Equidae).

Die Familie Equidae enthält sämtliche Vorfahren des Pferdes, die im vorigen Abschnitt bereits diskutiert wurden, von *Eohippus* bis *Dinohippus.* Heute ist die einzige rezente Gattung der Equiden die Gattung *Equus* mit sieben Arten (siehe unten «Familie Equidae»).

Auf den folgenden Seiten werden die einzelnen Arten vorgestellt, Unterarten identifiziert, ihre Evolution sowie ihre Lebensweise diskutiert und einige ihrer kennzeichnenden Merkmale beschrieben.

Rechts oben *Der Somali-Wildesel ist eine Unterart von* Equus africanus, *dem Vorfahren des modernen domestizierten Esels. Diese Art ist in der Natur wie auch in Gefangenschaft extrem selten.*

Unten *Ein Kladogramm, das die Evolution einiger der ferneren Vettern des modernen Pferdes zeigt.*

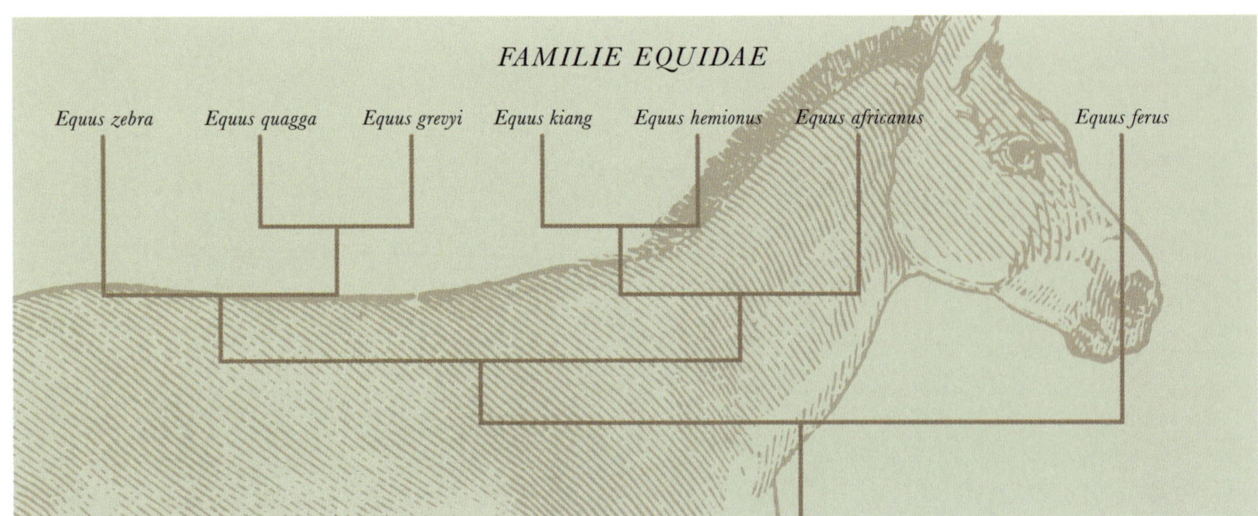

Unten Equus africanus asinus, *Männchen und Weibchen, der moderne Hausesel. Mit mehr als 40 Mio. Hauseseln auf der Welt erlebt dieses domestizierte Säugetier heute eine Blütezeit. Wenn man Esel mit Pferden (Nachkommen: Maultiere bzw. Maulesel) oder mit Zebras (Zebroide) kreuzt, sind die Nachkommen meist unfruchtbar.*

EQUUS AFRICANUS (AFRIKANISCHER ESEL)

Von dieser Art gibt es vier Unterarten. Die erste ist der Nubische Wildesel *(E. a. africanus)*, der wahrscheinlich ausgestorben ist, doch es könnte noch zwei kleine lebende Populationen geben. Die letzte Sichtung erfolgte in den 1970ern. Er gilt als Vorfahr des modernen Esels, und zwar gemeinsam mit einem anderen Wildeseltyp, der bislang noch unbekannt ist. Im Jahr

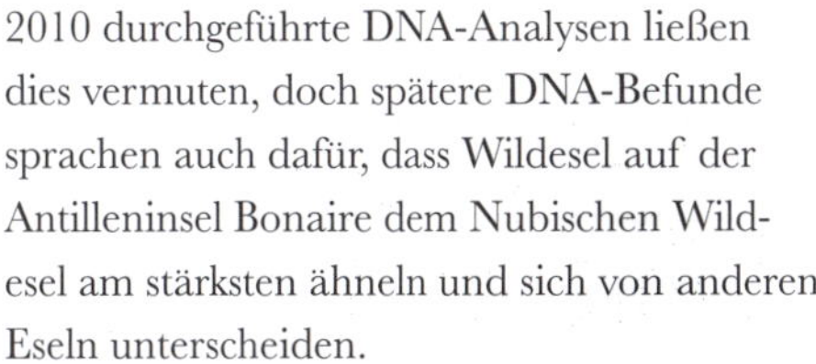

2010 durchgeführte DNA-Analysen ließen dies vermuten, doch spätere DNA-Befunde sprachen auch dafür, dass Wildesel auf der Antilleninsel Bonaire dem Nubischen Wildesel am stärksten ähneln und sich von anderen Eseln unterscheiden.

Die zweite Unterart ist der Somali-Wildesel *(E. a. somaliensis)*, der in Somalia, Eritrea und Äthiopien heimisch ist. Dieser Esel hat gestreifte Beine, ähnlich wie ein modernes Zebra, und ist vom Aussterben bedroht; in freier Wildbahn gibt es nur noch 700, in Gefangenschaft 200 Individuen. Die Unterart nimmt eine Sonderstellung in der Abstammungslinie ein, denn zwar stammen fast alle Hausesel vom Nubischen Wildesel ab, doch in Italien leiten sich Hausesel von dieser somalischen Unterart ab.

Die dritte Unterart ist *E. a. asinus*, der Hausesel, der vor rund 3000 Jahren domestiziert wurde. Vermutlich wurden die ersten domestizierten Esel in Ägypten oder Mesopotamien gezüchtet.

Die letzte Unterart, *E. a. atlanticus*, ist heute ausgestorben. Als Atlas- oder Algerischer Wildesel bekannt, wurde er von den Römern gerne gejagt und starb vermutlich um 300 n. Chr. aus.

EQUUS FERUS (WILDPFERD)

Das moderne Pferd gehört zu der Art *Equus ferus,* die drei Unterarten umfasst: das Hauspferd *(Equus ferus caballus)*, den ausgestorbenen Tarpan *(Equus ferus ferus)* und das bedrohte Przewalski-Pferd *(Equus ferus przewalskii)*. Diese Unterarten werden auf den Seiten 24–27 besprochen.

EQUUS GREVYI (GREVY-ZEBRA)

Dies ist die größte der drei heute lebenden Zebraarten; sie kann ein Gewicht von bis zu 450 kg und eine Widerristhöhe von fast 1,6 m erreichen. Die Art weist eine sehr typische enge Streifung auf und erinnert mit ihrem großen Kopf, abgerundeten Ohren und dem kräftigen, kurzen Hals ein wenig an ein Maultier. In freier Wildbahn leben Grevy-Zebras in Äthiopien und Kenia; die Art ist jedoch stark gefährdet. Sie kann sich mit dem häufigeren Steppenzebra paaren; dabei entstehen fertile Nachkommen, und die beiden Arten grasen sogar manchmal gemeinsam. Interessanterweise spielen die Hengste eine wichtige Rolle bei der Aufzucht der Fohlen. Ein dominanter Hengst kümmert sich gleichzeitig um mehrere Fohlen, während die Stuten grasen.

Nach aktuellen Studien beträgt der Bestand rund 2600 Tiere, ein starker Rückgang zu der bereits geringen Zahl von 15 000 Tieren in den 1970ern. Zebras werden nicht mehr so stark bejagt wie früher, aber Nahrungskonkurrenz mit anderen Tieren, neue Pflanzenarten, die ihre üblichen Nahrungspflanzen verdrängen, und Habitatverlust stellen eine große Gefahr dar.

Rechts *Der Indische Halbesel* (Equus hemionus khur) *lebt in Südasien und wird in der lokalen Gujarati-Sprache auch Ghudkhur genannt. Die Unterart des Asiatischen Esels ist aufgrund von Bejagung, Krankheiten und Habitatzerstörung stark gefährdet, erholt sich aber dank Schutzbemühungen langsam wieder.*

Unten *Die Stute eines Grevy-Zebras* (Equus grevyi) *in Kenia säugt ihr Fohlen. Dieses Zebra ist der größte lebende wilde Equide, doch es ist gegenwärtig stark bedroht.*

EQUUS HEMIONUS (ASIATISCHER ESEL)

Der wissenschaftliche Artname stammt aus dem Griechischen und bedeutet «Halbesel». Obwohl es sich um einen Esel handelt, dessen Beine deutlich kürzer sind als die eines Pferdes, kann der Onager (eine der Unterarten, s. u.) eine Spitzengeschwindigkeit von bis zu 70 km/h erreichen. Es ist eine alte Equidenart, die seit mehr als 4 Mio. Jahren existiert. Die Tiere tragen einen schwarzen Längsstreifen auf dem Rücken («Aalstrich»), und ihre Fellfärbung verändert sich mit der Jahreszeit. Es gibt vier rezente Unterarten: *E. h. hemionus* (Mongolischer Halbesel oder Dschiggetai), *E. h. kulan* (Turkmenischer Halbesel oder Kulan), *E. h. onager* (Persischer Halbesel) und *E. h. khur* (Indischer Halbesel).

Eine fünfte Unterart, *E. h. hemippus* (Syrischer Halbesel), ist heute ausgestorben; das letzte Individuum in freier Wildbahn wurde 1927 erschossen, und das letzte in Gefangenschaft lebende Tier starb im selben Jahr.

Die vier heute lebenden Unterarten sind stark oder potenziell gefährdet. Die Tiere leiden unter Bejagung, Habitatverlust und Nahrungsmangel; zudem werden ihre Körperteile in der traditionellen chinesischen Medizin verwendet, und sie sind anfällig für Krankheiten, von denen viele tödlich sein können.

Es sollte auch angemerkt werden, dass der Kiang (umseitig) von dieser Gruppe abstammt und sich zu einer eigenen Art entwickelt hat.

Unten *Turkmenischer Halbesel* (Equus hemionus kulan) *aus Zentralasien. Er existiert bereits seit 4 Mio. Jahren und ist heute stark gefährdet; Zuchtprogramme versuchen, das zu ändern. Dieser Halbesel ist kürzer als ein Pferd und hat eine Widerristhöhe von 100–140 cm.*

EQUUS KIANG (KIANG ODER TIBETISCHER WILDESEL)

Sein Verbreitungsgebiet beschränkt sich heute auf Teile von China (vorwiegend Tibet), Nepal, Indien und Pakistan. Seine Widerristhöhe beträgt ca. 1,4 m, und sein dichtes Fell stellt einen guten Schutz gegen die Elemente dar. Auf dem Rücken trägt er einen dunklen Streifen («Aalstrich»), und seine Fellfarbe verändert sich mit den Jahreszeiten. Es gibt drei Unterarten: *E. k. kiang* (Westlicher Kiang), *E. k. holdereri* (Östlicher Kiang) und *E. k. polyodon* (Südlicher Kiang). Diese Tiere können im Tiefland, aber auch in Höhen von 5300 m ü. M. überleben. Da die Nahrungssuche in ihrem Lebensraum schwierig sein kann, müssen Kiangs anpassungsfähig sein: Sie fressen vorwiegend Süßgräser, aber auch Knollen, Sauergräser und Buschwerk. Es ist wohl dieser Anpassungsfähigkeit und dem Mangel an Raubfeinden (nur Wölfe und Menschen, obwohl die Jagd auf Kiangs im Verbreitungsgebiet der Tiere illegal ist) zu verdanken, dass sie auf der Roten Liste der bedrohten Arten als «nicht gefährdet» geführt werden. Kiangs sind an mindestens 163 Standorten zu finden, und die gesamte Population umfasst rund 60 000–70 000 erwachsene Tiere. Die Populationen sind schwierig zu überwachen, denn auch wenn sie keine großen Wanderungen unternehmen, ziehen sie je nach Jahreszeit zu den besten Futterplätzen.

Oben *Der Kiang* (Equus kiang) *ist der größte Wildesel und misst 1,4 m. Im Winter ist sein Fell doppelt so dick, um ihn vor dem kalten tibetischen Klima zu schützen.*

Oben *Das Steppenzebra* (Equus quagga) *ist das häufigste Zebra und sollte trotz des lateinischen Artnamens nicht mit dem ausgestorbenen Quagga* (Equus quagga quagga) *verwechselt werden. Die Tiere leben in Herden.*

Unten *Das Kap-Bergzebra (*Equus zebra zebra) *ist das kleinste Zebra und ist in Südafrika heimisch.*

EQUUS QUAGGA (STEPPENZEBRA)

Obwohl die Art allgemein als häufig angesehen wird, wurde sie 2016 von der Washingtoner Artenschutzkonferenz als «potenziell gefährdet» eingestuft, und einige der Unterarten sind «vom Aussterben bedroht». Insgesamt gibt es wohl noch 500 000 Steppenzebras, davon rund die Hälfte erwachsene, geschlechtsreife Individuen. Diese Zahl verteilt sich jedoch nicht gleichmäßig auf die Unterarten. Die sechs rezenten Unterarten sind: *E. q. burchellii* (Burchell-Zebra), *E. q. boehmi* (Böhm- oder Grant-Zebra), *E. q. borensis* (Mähnenloses Zebra), *E. q. chapmani* (Chapman-Zebra), *E. q. crawshayi* (Crawshay-Zebra), *E. q. selousi* (Selous-Zebra); und das ausgestorbene *E. q. quagga* (Quagga).

Um die systematische Einordnung des Steppenzebras ist über Jahre heftig gestritten worden. Da jedes Individuum aufgrund seines Streifenmusters anders aussieht, war es schwierig, echte von scheinbaren Unterschieden zu trennen.

Die verschiedenen Unterarten weisen eine Reihe von interessanten Merkmalen auf: So trägt das Burchell-Zebra beispielsweise einen Aalstrich und unternimmt Wanderungen. Das Grant-Zebra ist die kleinste Unterart und misst bei einem Gewicht von 300 kg knapp 1,4 m. Das Mähnenlose Zebra hat eine sehr kurze Mähne und wurde erst 1954 beschrieben. Die Fohlen des Chapman-Zebras werden mit Streifen geboren, die sich mit zunehmendem Alter meist schwarz färben, aber das ist nicht immer der Fall. Die Streifen enden oft in braunen Flecken, was dem Zebra ein ungewöhnliches Aussehen verleiht. Sie sind nicht gefährdet, und ihre Herdengröße kann immens sein, in manchen Fällen mehrere Tausend Individuen. Das Crawshay-Zebra weist im Vergleich zu den anderen Unterarten eine schmalere Streifung auf, und auch seine Bezahnung ist anders. Das Selous-Zebra ist vom Aussterben bedroht, Schätzungen zufolge gibt es nur noch 50 Tiere.

EQUUS ZEBRA (BERGZEBRA)

Equus zebra enthält zwei Unterarten, *E. z. zebra* (Kap-Bergzebra) und *E. z. hartmannae* (Hartmann-Bergzebra). Auf der Roten Liste wird die Art als «gefährdet» aufgeführt, doch dank intensiver Schutzbemühungen scheint die Zahl der Tiere seit Neuerem wieder anzusteigen.

Equus ferus

Wir haben uns gerade die sieben Arten innerhalb der Gattung *Equus* genauer angesehen. Von den Eseln bis zum Zebra und zum Tarpan, den ausgestorbenen Arten und denjenigen, die heute noch die Erde bewohnen – sie alle erlauben uns einen tieferen Einblick in die Biologie des Hauspferdes.

Die weitaus häufigste Unterart von *Equus ferus* ist das Hauspferd *(E. f. caballus)*. Daneben gibt es noch das seltene Wildpferd *(E. f. przewalskii)*, bekannt als Przewalski-Pferd und benannt nach dem polnisch-russischen Expeditionsreisenden Nikolai Przewalski; andere Namen für dieses Pferd sind auch Takhi, Asiatisches Wildpferd oder Mongolisches Wildpferd. Die dritte Unterart von *Equus ferus* ist der ausgestorbene Tarpan *(E. f. ferus)*.

Unten *Die Fotografie zeigt angeblich einen der letzten bekannten lebenden Tarpane* (Equus ferus ferus)*, bevor die Unterart ausstarb. Das Tier lebte im Moskauer Zoo. Der letzte Tarpan starb wohl 1909.*

EQUUS FERUS FERUS (TARPAN)

Equus ferus ferus wird als Tarpan bezeichnet, was im Türkischen so viel wie «wildes Pferd» bedeutet; er ist auch als eurasisches Wildpferd bekannt. Der letzte Tarpan in Gefangenschaft starb 1909 im Russland. Dieses Wildpferd nahm die Fantasie der Menschen gefangen, daher wurden in den 1930er-Jahren mehrere Versuche unternommen, das Aussehen des Tarpans durch selektive Züchtung wiederherzustellen. Keines dieser Zuchtprodukte stellt natürlich einen echten Tarpan dar, wenn auch viele dieser Tiere ähnlich aussahen, beispielsweise das Hegardt- oder das Stroebel-Pferd, das Heck-Pferd sowie eine Variante der Konik-Rasse. Wie bei so vielen Pferden und ihren Vorfahren ist die exakte Klassifizierung und damit der Name des Tarpans seit Jahren umstritten. Er wurde zum ersten Mal in der Nähe der russischen Stadt Woronesch beobachtet und um 1770 von Samuel Gottlieb Gmelin wissenschaftlich beschrieben. Später wurde diskutiert, ob man *E. f. ferus* nicht besser als *Equus caballus* oder *Equus caballus ferus* bezeichnen sollte. Man kam jedoch überein, dass dies nur Verwirrung stiften würde, daher ist *E. f. ferus* heute der am häufigsten benutzte Name.

Leider sind jedoch nur zwei gut erhaltene Exemplare untersucht worden; daher ist über dieses Pferd relativ wenig bekannt. Manche Experten vertreten zudem die Ansicht, es habe zwei Tarpan-Typen gegeben, einen wald- und einen steppenlebenden Typ. Das ist nicht bewiesen, und diese Vorstellung könnte sich von den ausgestorbenen Vorfahren des Pferdes herleiten, von denen einige vermutlich Untertypen hatten, die im Grasland lebten, und solche, die im Wald lebten. Auch wenn die Wald- und Grasland-Pferde vielleicht keine unterschiedlichen Subtypen darstellen, heißt das nicht, dass der Tarpan nicht in beiden Habitaten lebte. Waldbewohnende Pferde sind in Frankreich, Spanien, Großbritannien und Schweden beschrieben worden. Das letzte bekannte lebende Individuum maß rund 1,5 m und hatte Schulter- und Rückenstreifen sowie eine mausgraue Färbung. Auch über die Mähne ist heftig diskutiert worden; einige Experten gehen von einer «wilderen», kurzen Stehmähne aus, während andere eine hängende Mähne annehmen, wie man sie beim Hauspferd findet. Der Konsens, der sich aus dem Studium historischer Berichte ergibt, ist eine kurze, fallende Mähne.

Die Höhlenkunst in Spanien und Frankreich zeigt viele Bilder von Pferden, man nimmt an, dass es sich dabei um Tarpane handelt. Anfangs wurden Pferde ihres Fleisches wegen gejagt, sie wurden aber auch getötet, weil sie mit Weidetieren konkurrierten, die Ernte fraßen oder sich mit domestizierten Pferden paarten, was den Wert der resultierenden Fohlen schmälerte. Die letzte bekannte Stute wurde 1890 bei dem Versuch getötet, sie zu Zuchtzwecken einzufangen, als schließlich erkannt wurde, dass die Tiere auszusterben drohten; der letzte männliche Tarpan starb 1909.

Der Tarpan lebt wahrscheinlich in der DNA des Hauspferdes weiter. Wie DNA-Analysen zeigen, wurden frühe Hauspferde auch mit dem Tarpan gekreuzt, daher hat der Tarpan zur heutigen DNA-Vielfalt beim Hauspferd beigetragen.

Oben *In der spanischen Altamira-Höhle finden sich zahlreiche Höhlenmalereien und -zeichnungen, darunter auch Pferde aus dem Jungpaläolithikum. Einer der drei Gänge in der Höhle wird sogar als «Pferdeschweif» bezeichnet.*

EQUUS FERUS PRZEWALSKII (PRZEWALSKI-PFERD)

Das Przewalski-Pferd wurde 1881 offiziell von I. S. Poljakow entdeckt, doch noch immer ist umstritten, ob man es, wie zuvor beschrieben, als Unterart des Wildpferdes betrachten sollte *(Equus ferus przewalskii)*, als eigenständige Art *(Equus przewalskii)* oder einfach als Subpopulation des Hauspferdes *(Equus ferus caballus)*.

Wie DNA-Analysen zeigen, war das Przewalski-Pferd kein Vorfahr des Hauspferdes oder umgekehrt. Demnach sollte es sich nicht um eine Subpopulation des Hauspferdes handeln. Der genaue Zeitpunkt, zu dem sich die Stammlinien des modernen Hauspferdes und die des Przewalski-Pferds trennten, ist ebenfalls umstritten: Aktuelle DNA-Analysen liefern unterschiedliche Ergebnisse, sodass die Zeitschätzungen für die Trennung von «vor 38 000–72 000 Jahren» bis zu «vor 160 000 Jahren» reichen.

Hauspferd und Przewalski-Pferd unterscheiden sich in der Zahl ihrer Chromosomen, was dafür spricht, dass es sich bei Letzterem nicht um eine Subpopulation handelt. Beide produzieren gesunde, fruchtbare Nachkommen miteinander – ein Hinweis darauf, dass beide Arten zumindest eng verwandt sind.

Unten *Das Przewalski-Pferd* (Equus ferus przewalskii) *ist ein seltenes und stark gefährdetes Pferd; umstritten ist, ob es sich um eine eigenständige Art oder um eine Unterart handelt, sei es des Hauspferdes oder des Wildpferdes.*

Man nimmt an, dass es beim Hauspferd vier Grundtypen gibt: das Urpony, das Tundrapferd, das Steppenpferd und den Proto-Araber. Diese vier Grundtypen sind inzwischen alle ausgestorben oder durch Kreuzungen verschwunden. Die heutigen Pferderassen, die diesen Grundtypen am nächsten kommen, sind Exmoor-Pony, Achal-Tekkiner, Highland-Pony und Percheron. Die vier ursprünglichen Typen spielten eine große Rolle bei der Entstehung der mehr als 300 anerkannten Rassen, die sich aus diesen ursprünglichen Pferden entwickelt haben. Heutzutage kann man Pferde in Typen wie Pony, Cob und Hunter einteilen. Bei so vielen verschiedenen Rassen ist es oft von Nutzen, sich ihre Rolle und ihre körperlichen Merkmale vor Augen zu führen.

EQUUS FERUS CABALLUS (HAUSPFERD)

Es gibt heute rund 60 Mio. Pferde auf der Erde. Das macht das Pferd zum achthäufigsten domestizierten Säugetier der Welt, gefolgt vom Hausesel mit 40 Mio. Das Rind steht an der Spitze dieser Liste, gefolgt von Schaf, Schwein, Ziege, Hauskatze, Haushund und Wasserbüffel. Die Haustiere, die uns als Nahrungslieferanten dienen, stehen weiter oben auf der Liste. Erstaunlicherweise gibt es nur ein Land und ein Überseegebiet, in denen nach eigenen Angaben keine Pferde leben: Ruanda und St. Helena.

Oben *Eine Herde von turkmenischen Achal-Tekkinern auf dem Weg zur Weide. Die Rasse zählt zu den ältesten Pferderassen der Welt.*

Rechts *Der muskelbepackte, intelligente Percheron ist ein Arbeitspferd, das ursprünglich aus Frankreich stammt. Die Rasse ist in Europa, einschließlich Frankreich und Großbritannien, sowie den USA immer noch weit verbreitet.*

Die Eroberung der Welt

Wir haben gesehen, wie sich die verschiedenen Pferdearten und ihre Vorfahren über die ganze Welt ausgebreitet haben. Der Proto-Araber wanderte von Nordamerika ein und lebt in den Hügellandschaften von Ostasien bis Nordafrika. Das urtümliche Pony wanderte ebenfalls aus Nordamerika ein, aber später als der Proto-Araber. Die klimatischen Bedingungen damals waren viel rauer als heute, daher wurden diese Pferde deutlich robuster. Gut an kühleres Klima angepasst, erreichten sie die nördlichen Regionen von Asien und Europa.

Statt zu wandern, passten sich Tundrapferde an die subarktische Tundra und an sibirische Sumpflandschaften an, so überlebten sie unter den rauen Witterungsbedingungen. Und schließlich breitete sich das schlanke, schnelle und widerstandsfähige Steppenpferd über Europa und Asien aus.

PFERDEWANDERUNGEN

Die spätere Geschichte des Hauspferdes ist einerseits geprägt durch die natürlichen Migrationsbewegungen des Pferdes selbst, andererseits durch seine Verbreitung als Begleiter des Menschen. Wir wissen, dass das moderne Pferd bereits vor 10 000 Jahren in Spanien heimisch war, denn in den Höhlen Nordspaniens finden sich lebhafte Bilder von Pferdeköpfen. Ähnliche Bilder aus der Steinzeit sind in der ganzen Alten Welt gefunden worden. Diese Bilder belegen, dass es rundum Pferde gab, können uns aber natürlich nicht sagen, ob sie bereits domestiziert waren.

Dabei war der evolutionäre Weg des Pferdes kein Spaziergang. In Nord- und Südamerika war es vor rund 10 000 Jahre ausgestorben, und vor etwa 6000 Jahren war seine Zahl weltweit auf einige Tausend Individuen geschrumpft. Genetischen, paläontologischen und archäologischen Daten zufolge war es ein ukrainischer Stamm, der das Wildpferd rund 4000–3500 v. Chr. domestizierte. Die Zahl der Tiere nahm zu, und Pferde breiteten sich über Asien und Europa aus. Um 3000 v. Chr. war das Hauspferd vermutlich bereits weit verbreitet. So ist beispielsweise bekannt, dass China und Mesopotamien bereits 2000 v. Chr. über Pferde verfügten. Ab 1000 v. Chr. lebten Pferde im größten Teil von Nordafrika, Asien und Europa.

Oben *Römische Münzen, wie dieser Denarius von ca. 115 v. Chr., zeigten oft Götter, die entweder auf Pferden ritten oder in Streitwagen standen, die von Pferden gezogen wurden.*

Links *Diese geritzte Felszeichnung (Petroglyph) zeigt zwei Reiter und ihre Pferde (Mongolischer Altai, in der Nähe des Shiveet-Khairkhan-Berges).*

DIE BEDEUTUNG DES PFERDES

Schriftliche Dokumente belegen die Bedeutung, die das Pferd im Alltag der Menschen hatte, aber vor allem auch in wichtigen Perioden wie Kriegszeiten. Die Hunnen (deren wichtigster Führer Attila war) und die Mongolen (die unter Dschingis Khan über ein großes Reich herrschten) setzten Pferde auf ihren Kriegszügen ein. Kaum ein Bild der amerikanischen Prärie-Indianer ohne Pferde – und was wären amerikanische Westernfilme ohne Pferde? Aus Zeiten, aus denen wenig schriftliche Dokumente vorliegen, kennen wir rund um die Welt Abbildungen und Skulpturen von Pferden. Die Griechen und Römer waren die Ersten, die Pferde auch zu sportlichen Zwecken einsetzten. Historisch sind Riten bei Begräbniszeremonien belegt, bei denen Pferde eine wichtige Rolle spielten. Dieses so nützliche und bewunderte Geschöpf war sicherlich auch ein wertvolles Handelsgut und ist es bis heute. Mit dem Pferdehandel ging die Verbreitung der Tiere über Länder und Kontinente einher.

Auch wenn einige Hauspferde wild lebend sind, ist das einzige echte, heute lebende Wildpferd *(Equus ferus)* das Przewalski-Pferd *(Equus ferus przewalskii)*. Seit 1966 war dieses Pferd in freier Wildbahn ausgestorben, wurde aber später in seinem ursprünglichen Lebensraum in der Mongolei wiedereingeführt.

Im Rahmen eines faszinierenden Experiments wurden einige Przewalski-Pferde 1998 auch im Sperrgebiet von Tschernobyl ausgewildert. Dort leben die Tiere fast ohne menschliche Beeinflussung, und Berichten zufolge steigt ihre Populationsgröße.

Unten *Weltkarte, die die evolutionäre Ausbreitung des Pferdes zeigt, vom ersten «Pferd der Morgenröte»* Eohippus *bis zum modernen Pferd.*

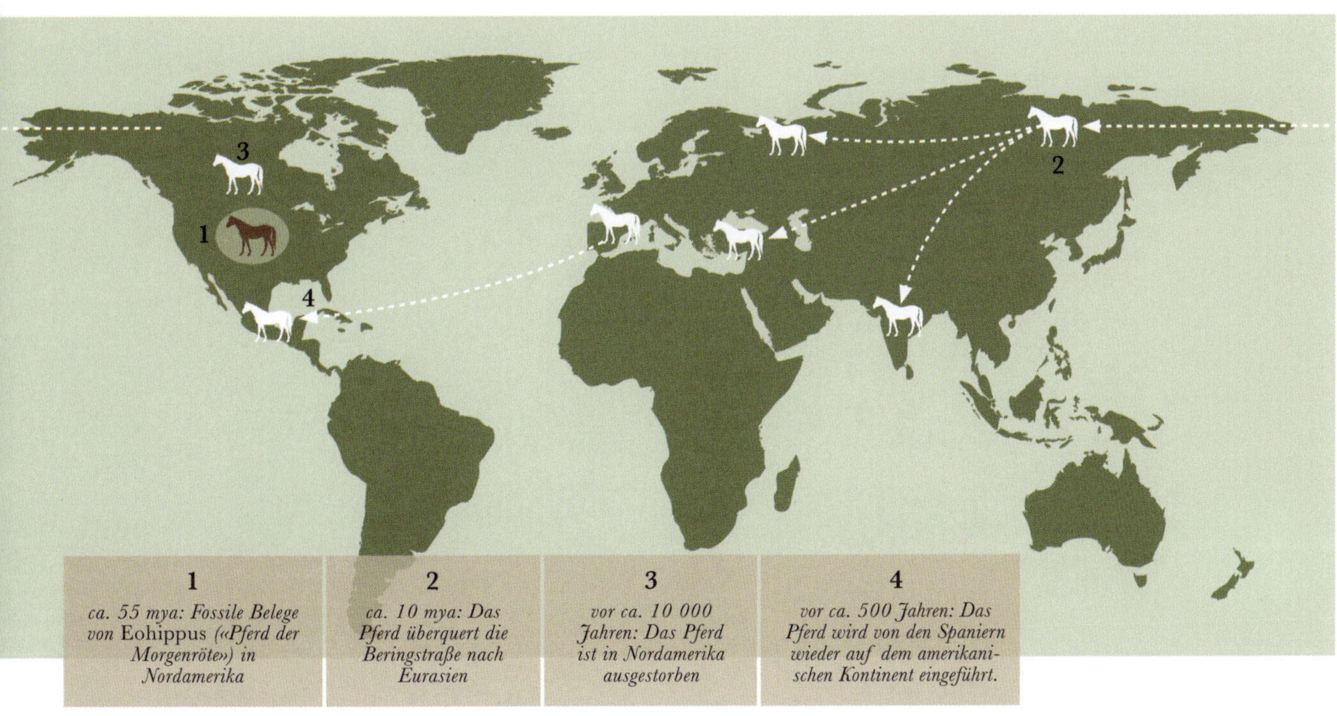

KAPITEL 2

Anatomie & Physiologie

Das Pferd als Säugetier

Das Pferd gehört taxonomisch zur Klasse der Säugetiere. Es gibt 5450 Säugerarten, und die Klasse wird weiter in drei Unterklassen unterteilt: plazentale Säuger (Placentalia) – die Gruppe, zu der das Pferd gehört –, Beuteltiere (Marsupialia), die ihre Jungen im Beutel mit sich tragen, wie das Känguru, und die eierlegenden Kloakentiere (Monotremata), zu denen zum Beispiel das Schnabeltier gehört.

Die anderen Unterklassen sind heute ausgestorben.

SÄUGERMERKMALE

Säugetiere zählen zu den Wirbeltieren (Vertebrata), das heißt, sie haben eine Wirbelsäule. Reptilien und Vögel sind ebenfalls Wirbeltiere, doch Säuger unterscheiden sich von ihnen durch eine Reihe von Merkmalen. Sie tragen ein Haarkleid und besitzen drei Gehörknöchelchen im Mittelohr. Zudem haben sie Milchdrüsen, die die Milch produzieren, mit denen weibliche Säuger ihre Jungen ernähren – ein so wichtiges und einzigartiges Merkmal, dass es zum Namensgeber für die ganze Klasse wurde.

Zudem besitzen Säuger ein komplexes Gehirn. Besonders eine Gehirnregion, der Neocortex, der Teil der Hirnrinde ist, ist bei Säugern hoch entwickelt. Der Neocortex hat sich in der Evolution der Wirbeltiere erst vor relativ kurzer Zeit entwickelt und wird mit höheren Hirnfunktionen, wie komplexem Verhalten, Lernen und Erinnern und damit einem ausgeprägten räumlichen Orientierungsvermögen in Verbindung gebracht, speziell beim Menschen auch mit Planung und vorausschauendem Handeln sowie der Entwicklung der Sprache.

Unten *In dieser anatomischen Darstellung des Pferdekopfes sind vom Nervensystem Gehirn und Rückenmark abgebildet. Das Gehirn eines erwachsenen Pferdes wiegt je nach Rasse zwischen 680 g und 900 g. Ein menschliches Gehirn wiegt im Vergleich dazu durchschnittlich etwa 1400 g.*

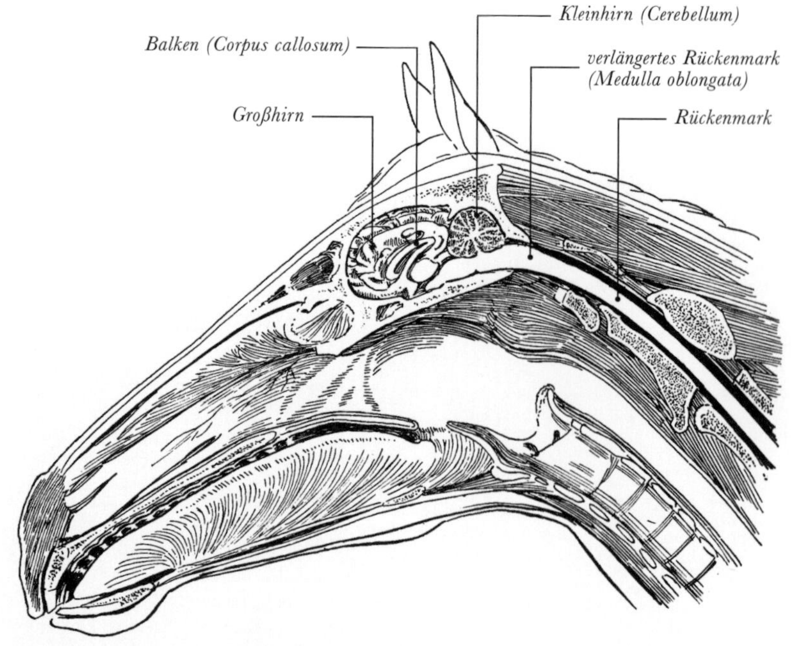

Der Lebenszyklus des Pferdes

Das Leben des Pferdes beginnt im Mutterleib mit der Entstehung des Embryos aus einer Eizelle und einem Spermium; die folgende Trächtigkeit dauert meist 340–342 Tage. Ein am 315. Trächtigkeitstag oder früher zur Welt gekommenes Fohlen gilt als Frühgeburt und Risikopatient. Vor dem 300. Trächtigkeitstag geborene Fohlen überleben meist nicht.

Nach der Geburt durchläuft das Pferd seine Entwicklung von den ersten unkoordinierten Schritten über Galopp, Wälzen und Spiel auf der Weide, vielleicht auch Arbeitseinsätze, bis zu einem gemächlicheren Dasein im höheren Alter.

TRÄCHTIGKEIT UND LAKTATION

Die Trächtigkeit beim Pferd dauert zirka 11 Monate; bei kleinen Rassen ist sie oft kürzer. Der Fötus wächst im mit Fruchtwasser (Amnionflüssigkeit) gefüllten Uterus heran. Die Plazenta kleidet diesen fast gesamt aus und bildet über die Nabelschnur die Verbindung zwischen Stute und Fohlen, wobei sie sicherstellt, dass beider Blutkreisläufe getrennt bleiben. Über die Plazenta gelangen Nährstoffe und Sauerstoff von der Stute in den Fötus; außerdem werden Stoffwechselendprodukte des Fohlens abtransportiert.

Bei den Säugetieren gibt es verschiedene Plazentatypen. Bei Mensch und Maus ist sie scheibenförmig (diskoidal), bei Wiederkäuern dagegen bildet sie mehrere miteinander verbundene Kugeln (Kotyledonen). Hunde, Katzen und Elefanten besitzen eine gürtelförmige (zonarische) Plazenta. Die Plazenta von Schweinen und Pferden kleidet den gesamten Uterus aus wie eine Membran; diese Form bezeichnet man als diffus.

Pferde haben vier Milchdrüsen, die in nur zwei Zitzen münden. Im Monat vor dem Abfohlen verändert sich das Milchdrüsengewebe

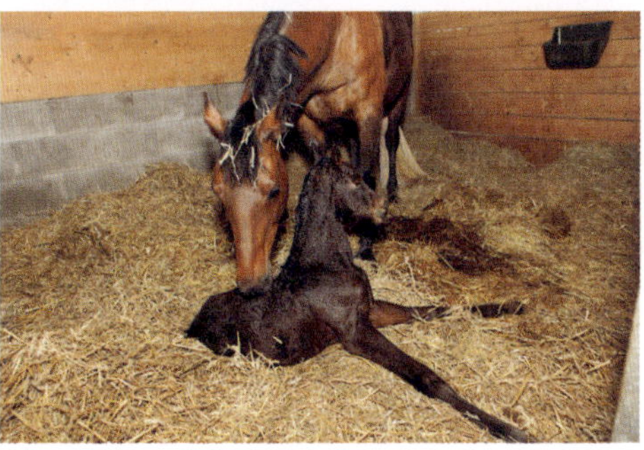

Links *Stute und Fohlen kurz nach der Geburt. Das Abfohlen inklusive Abstoßung der Plazenta dauert in der Regel ca. 8 Stunden. In den ersten Lebenswochen muss das Fohlen besonders gut versorgt werden.*

der Stute. Das Hormon Progesteron lässt das Drüsengewebe zunehmen, und Prolaktin, Cortisol sowie Somatotropin (Wachstumshormon) läuten die Laktogenese, also die Milchbildung, ein. Wie bei den meisten Säugern ist die erste Milch, das Kolostrum, für das Fohlen von entscheidender Bedeutung. Milch enthält Laktose, Lipide (Fette), Proteine (Eiweiße), Mineralien, Vitamine und Wasser. Kolostrum enthält überdies viele Immunglobuline (Antikörper), die dem Neugeborenen Immunität gegen bestimmte Antigene verleihen.

Die eher kleinen Stuten der Wildpferdearten bilden bis zu 12 Liter Milch am Tag, bei Vollblütern und Kaltblutpferden können es bis zu 18 Liter sein. Die Milchproduktion richtet sich jedoch nach dem Bedarf des Fohlens sowie der Gesundheit und Leistungsfähigkeit der Stute. Milchkühe dagegen produzieren nicht selten 50–60 Liter am Tag. Die Entwöhnung des Fohlens setzt mit etwa acht Wochen allmählich ein; dann nimmt es auch andere Nahrung zu sich. Dennoch bevorzugt mancher Halter die allmähliche Zufütterung ab der zweiten Lebenswoche; andere wiederum gestatten das Säugen, bis das Fohlen entwöhnt ist. Wild lebende Stuten laktieren bis zu 18 Monate lang, wenn sie nicht wieder trächtig werden.

DIE BEDEUTUNG DES SÄUGENS

Nach der Geburt stellt sich dem Fohlen die erste Hürde: Es muss aufstehen und bei der Mutter saugen. Trinkt es das Kolostrum der Mutter nicht innerhalb der ersten 24 Stunden, kann sein Körper die Immunglobuline nicht mehr aufnehmen, und die lebenswichtige Funktion dieser Milch erlischt. Fehlt dieser wichtige Anschub, führt dies schnell zur Erkrankung des Fohlens. Oftmals ist fehlendes Saugen auch krankheitsbedingt.

Oben *Nach der Geburt stellt sich die Stute darauf ein, ihr Fohlen zu versorgen, und das Fohlen passt sich der Welt außerhalb des Mutterleibs an. Es muss Milch trinken, damit es Nährstoffe, Flüssigkeit und Immunglobuline aufnimmt. Ein krankes Fohlen trinkt oft nicht.*

KRANKHEITEN

Der Körper des neugeborenen Fohlens durchläuft viele Veränderungen und stellt sich so auf ein Leben ohne Plazenta und außerhalb des Mutterleibs ein. Besonders gefährlich sind nun Infektionen durch Bakterien, Viren und Parasiten. Hypothermie (Unterkühlung), Sepsis, neonatale Enzephalopathie und Mekoniumverhaltung (also das Verbleiben des «Darmpechs» im Darm, was zu Schmerzen und Schwellungen führt) können jungen Fohlen lebensgefährlich werden. Darum ist unbedingt sicherzustellen, dass das Fohlen gehen, saugen und frei atmen kann, keine Krampfanfälle zeigt und sich normal verhält.

Die ersten Lebenstage sind zwar besonders kritisch, doch auch in den nächsten Monaten bleibt das Fohlen noch anfällig. Seine Ernährung muss während der Entwöhnung streng kontrolliert werden, denn das Fohlen wächst schnell. Besonders intensiv ist das Wachstum im ersten sowie zwischen dem sechsten und dem neunten Lebensmonat.

DIE ERSTEN JAHRE

Als Jährling und Zweijähriger ist das Pferd weniger durch Krankheiten gefährdet. In diesem Alter erreicht es die Geschlechtsreife; bei der Stute meist zwischen 15 Monaten und 2 Jahren, manchmal aber auch erst mit 4 Jahren oder bereits mit 9 Monaten. Hengste beginnen mit 12–14 Monaten mit der Spermienproduktion, pflanzen sich aber meist frühestens ab 15 Monaten fort. Daher sollte man Stuten und Stutfohlen von Hengsten getrennt halten, um Inzucht zu vermeiden.

Dem Erreichen der Geschlechtsreife folgt ein weiterer Wachstumsschub; wiederum ist nun auf eine adäquate Ernährung zu achten.

ERWACHSENENALTER

Schnell heranwachsende Pferde wie beispielsweise Englische Vollblüter können früher eingeritten werden als spätreife Rassen, manchmal schon im zweiten Lebensjahr. Andere Pferde, wie Warmblüter, werden meist ab dem dritten Lebensjahr eingeritten.

Mit 3–5 Jahren gilt ein Pferd als erwachsen. Es wächst nun weniger und sollte nicht zu viel Futter erhalten, um Übergewicht zu vermeiden.

ALTER

Schon viele Menschen haben behauptet, das älteste Pferd der Welt zu besitzen. Das Guinness-Buch der Rekorde zählt Pferde (besonders Ponys) auf, die über 50, teils sogar über 60 Jahre alt wurden. Zweifellos ist das beachtlich, und Ponys leben durchschnittlich länger als Großpferde.

Die normale Lebenserwartung von Equiden beträgt 25–30 Jahre. Große Fortschritte in der Medizin haben die Lebenserwartung in den letzten Jahrzehnten jedoch immer weiter ansteigen lassen. Bei guter Fütterung und Tränke, guter Unterbringung sowie guter tierärztlicher und prophylaktischer Versorgung wird es dem Pferd gut gehen, und es kann länger und gesünder leben.

Unten *Ein älteres Pferd ruht auf der Weide. Pferde sind mit 3–4 Jahren erwachsen und werden bis zu 35 Jahre alt, in Einzelfällen sogar mehr als 60 – wahrhaft lebenslange Gefährten für ihre Menschen.*

Pferdezucht

Die Zucht spielt in der Pferdewelt eine große Rolle und erfordert sehr sorgfältiges Abwägen. Schon immer galt das Augenmerk der Züchter unterschiedlichen Zuchtzielen. Bei Vollblütern etwa sind Schnelligkeit und Agilität gefragt. Für das Bewahren einer Zuchtlinie ist das Äußere einer Rasse oder Art entscheidend. Bei Arbeitspferden ist Kraft ein wichtiger Faktor, und bei Ponys wird eine kompakte Größe angestrebt. Die Gesundheit und das allgemeine Äußere der Nachkommen sind in jeder Zucht von großer Bedeutung.

Ob man nun in ein millionenschweres Gestüt investieren, eine Rasse bewahren, Wildbestände erhalten oder ein Gesellschaftspony für Kinder züchten will – gründliches Abwägen und gute Vorbereitung sind stets wichtige Voraussetzungen.

DIE AUFGABEN DES PFERDES

Bei jeder Zucht in Betracht zu ziehen sind die Aufgaben, die das Pferd später erfüllen soll. Die meisten Pferde leisten irgendwelche Arbeit, sei es als Rennpferd, bei der Feldarbeit, als Zugtier oder als Turnierpferd. Manchmal soll das Pferd einfach ein Gefährte sein, doch selbst dann erfüllt es eine Aufgabe. Darum interessieren jeden Besitzer Faktoren wie Aussehen, Exterieur, Größe, Temperament, Gesundheit und Kraft des Pferdes. Oft wird der Begriff «Pedigree» verwendet. Dieser Zucht- bzw. Erwartungswert umfasst verschiedene Faktoren, meist versteht man ihn als Summe der genannten Attribute plus Fruchtbarkeit und – da kommerzielle Aspekte ebenfalls interessieren – den Erfolg eines Pferdes bei seiner Aufgabe.

Heute spielt die Genmanipulation eine große Rolle, doch schon früher wandte man in der Zucht bestimmte Grundregeln an.

VOLLBLUT

Die sogenannten Vollblüter entstanden aus Pferden der Wüstenregionen des Nahen Ostens; sie gelten als lebhaft, nervös und sensibel. Typische Vertreter sind das Arabische und das Englische Vollblut.

Arabisches Vollblut

INZUCHT UND KREUZUNG

Unten *Die Begriffe Voll-, Warm- und Kaltblut beziehen sich nicht auf die Physiologie der Pferde, sondern auf ihr Temperament. Kaltblüter gelten als gelassen, Vollblüter dagegen als besonders sensibel.*

Generell ist Inzucht, also die Verpaarung von nahe verwandten Stuten und Hengsten, langfristig von Nachteil für eine Zuchtlinie. Vereinzelt wird sie durchgeführt, um etwa seltene Rassen zu erhalten, doch auch in freier Natur paaren sich Tiere normalerweise eher mit nicht oder nur entfernt verwandten Partnern. Hengste im fortpflanzungsfähigen Alter verlassen oft den Familienverband und suchen sich fremde Stuten. Wie bei allen Tieren erhöht Inzucht das Risiko für Erbkrankheiten und Neumutationen.

Das Kreuzen (das Verpaaren von Stute und Hengst unterschiedlicher Rassen oder sogar Arten) kann Vor- und Nachteile haben. Bestimmte Rassen sind für bestimmte Merkmale und Stärken bekannt, die ein Züchter vielleicht in eine andere Rasse übernehmen will. Biologisch gesehen ist eine Kreuzung gut für die Nachkommen, denn die Elterntiere sind wahrscheinlich nicht verwandt, die genetische Vielfalt ist also größer. Natürlich ist eine Kreuzung sorgfältig abzuwägen. Eine kleine Stute kann kaum ein besonders großes Fohlen austragen, das der größeren Rasse des Vaters nachkommt. Allerdings begrenzt der Körper der Mutter meist die Größe des Fötus.

Es gibt viele moderne Pferderassen, die man meist einer von drei Kategorien zuordnet: Pony, Arbeits- oder Sportpferd.

WARMBLUT

Warmblüter, wie etwa der Hannoveraner, sind meist aus Kreuzungen von Voll- und Kaltblutpferden entstanden. Ihr Temperament ist ideal für Dressurreiten, Springsport, Fahren und Vielseitigkeitsreiten.

Hannoveraner

KALTBLUT

Kaltblutrassen stammen meist aus kühleren, weniger trockenen Regionen, so wie dieser französische Percheron. Die großen Pferde dienen meist als Zug- und Arbeitstiere.

Percheron

ZUCHTDOKUMENTATION

Züchter wählen die Elterntiere sorgfältig nach bestimmten Gesichtspunkten aus. Oft nehmen sie gezüchtete Jungtiere in Register oder Zuchtbücher auf, in denen auch die jeweiligen Zuchthengste beschrieben werden. Wie bei vielen kommerziellen Unternehmungen haben manche Register oder Zuchtbücher einen besseren Ruf als andere.

Generell unterscheidet man zwei Arten von Zuchtbüchern: offene und geschlossene. «Geschlossen» bedeutet, dass keine Paarungen mit Tieren anderer Rassen zugelassen sind. Ein Beispiel ist das Finnpferd. Es wurde erstmals im 13. Jahrhundert beschrieben, doch erst seit 1907 führt man ein offizielles Zuchtbuch. Der Anlass dafür war ein deutlicher Niedergang hinsichtlich der Zahl der Tiere und der Eigenschaften der Rasse; die Regierung leitete deshalb gemeinsame Erhaltungsmaßnahmen ein. Viele geschlossene Zuchtbücher konzentrieren sich auf die Bewahrung der Zuchtlinie, entweder im Hinblick auf die Rasse oder auf bestimmte Stärken dieser Linie, etwa ein bestimmtes Äußeres oder eine Linie besonders schneller, erfolgreicher Rennpferde.

Offene Zuchtbücher fordern oft ebenfalls die Erfüllung bestimmter Standards, doch die Elterntiere müssen nicht immer im Register geführt sein. Sie gestatten auch Kreuzungen. Die Auswahlkriterien sind mal strenger, mal lockerer, was zu Kontroversen führen kann.

Eine neuere Form des Registers ist der Appendix. Solche Listen führen oft Pferde auf, die viele, aber vielleicht nicht alle Kriterien eines offenen oder geschlossenen Zuchtbuches erfüllen. Ein Beispiel ist der American Quarter Horse Association Appendix; hier können Tiere, die aus Einkreuzungen von Englischem Vollblut entstanden, eingetragen werden. Je nach Leistung können sie dann auch ins normale Register eingetragen werden.

Zuchtbücher gab und gibt es in aller Welt, ob bei Mönchen des 14. Jahrhunderts,

Unten links *Das Paint Horse zeichnet sich nicht nur durch auffällige Scheckungen und Färbungen aus, sondern ist auch ein vielseitiges Sportpferd.*

Unten rechts *Die schon im 11. Jh. beschriebenen Friesen sind meist rein schwarz, doch auch Füchse und weiße Abzeichen kommen vor. Die schönen und sanftmütigen Tiere sind oft in Film und Fernsehen zu sehen.*

Beduinenvölkern oder heutigen Züchtern. Das General Stud Book of England für das Englische Vollblut gilt als ältestes noch geführtes Zuchtbuch; der erste Band stammt von 1791.

Die Bedeutung von Zuchtbüchern wird klar, wenn man bedenkt, welche Geldsummen bei der Pferdezucht im Spiel sind. Das Rennpferd Frankel wurde zu seiner Zeit auf 100 Millionen Pfund (damals 160 Mio. US-Dollar) geschätzt und brachte in seinem ersten Jahr als Zuchthengst 15 Millionen Pfund (24 Mio. US-Dollar) an Zuchttaxen ein. Ganze 85 % seiner Nachkommen aus diesem Jahr gewannen Rennen. Die Zuchttaxen übertreffen seine Preisgelder bei Weitem, obwohl auch diese enorm waren. Fusaichi Pegasus wurde für 70 Millionen US-Dollar verkauft, und viele weitere Pferde würden vergleichbar hohe Preise erzielen. Dennoch garantiert ein guter Stammbaum noch keinen Gewinner: The Green Monkey etwa wurde für 16 Millionen US-Dollar verkauft, lief jedoch nur drei Rennen (beste Platzierung war ein dritter Platz) und ging dann in die Zucht. Seine Zuchttaxe lag bei je 5000 US-Dollar, doch hatte man mehr von ihm erwartet.

Nach den Durchschnittspreisen sind Araber, Morgan, Englisches Vollblut, Friese und Paint Horse am teuersten, allerdings variieren auch hier die Preise von 25 000 US-Dollar für ein Paint Horse bis zu 100 000 US-Dollar für einen Araber.

Oben beide *Das im 13. Jh. erstmals beschriebene Finnpferd ist ein Beispiel für eine vor dem Verschwinden bewahrte Rasse. Heute ist es das Nationalpferd Finnlands. Es zählt zwar zu den Kaltblütern und ist ein gutes Zugpferd, soll aber auch recht schnell sein.*

Kreuzungen & Hybriden

Die Zucht des Przewalski-Pferdes ist eine Herausforderung, weil nur so wenige Tiere zur Verfügung standen. Im Jahr 1945 brachten nur noch neun der verbliebenen 13 Exemplare Nachkommen hervor; der heutige Bestand leitet sich komplett von diesen neun ab. Verschärft wird die Inzuchtsituation noch dadurch, dass diese wiederum von 15 im Jahr 1900 gefangenen Pferden abstammen. Fraglich ist auch die «Reinheit», denn zwei der neun Tiere waren Hybriden – eines eine Kreuzung aus Wild- und Hauspferd, beim anderen war ein Elternteil ein Tarpan.

Trotz der Inzucht lebten 2011 mehr als 300 Przewalski-Pferde in freier Wildbahn, und in Gefangenschaft waren es in den 1990er-Jahren sogar mehr als 1500 Tiere. Im Jahr 2014 zählte das internationale Zuchtbuch insgesamt 1988 Pferde (1101 Stuten, 883 Hengste und vier Tiere unbekannten Geschlechts). Es führt sowohl in Gefangenschaft gehaltene als auch ausgewilderte Tiere, frei, in Reservaten, Zoos oder kleineren Schutzgebieten lebend.

In der Natur gilt das Pferd bis heute als stark gefährdet; bis 1994 wurde es in der Roten Liste gefährdeter Arten als «ausgestorben», dann als «in freier Natur ausgestorben» geführt. Im Jahr 2008 stufte man es dann als «vom Aussterben bedroht» und 2011 schließlich als «stark gefährdet» ein.

NEUE ARTEN?

Durch Kreuzungen hat der Mensch verschiedene neue «Arten» von Pferden geschaffen. Bei solchen Kreuzungen von Arten ist jedoch zu bedenken, dass die daraus hervorgehenden Hybriden gar nicht erst ausgetragen werden, Missbildungen aufweisen oder unfruchtbar sein könnten.

Klassische Beispiele für diese Unfruchtbarkeit sind das Maultier (Mutter Pferd, Vater Esel) und der Maulesel (Mutter Esel, Vater Pferd). Das Maultier gilt als zäher, stärker und langlebiger als das Pferd und als intelligenter als der Esel. Nur sehr selten kommt es bei Maultierstuten zu Trächtigkeiten; aus den letzten 500 Jahren sind nur 60 solcher Fälle dokumentiert. Maultierhengste sind unfruchtbar. Für den Maulesel ist sogar nur eine Fohlengeburt belegt; die Hengste sind unfruchtbar und die meisten Stuten offenbar auch.

Zebroide (Hybriden aus Zebras mit anderen Pferdearten) und insbesondere das «Zorse» (Vater Zebra, Mutter Pferd), «Zony» (Vater Zebra, Mutter Pony) und der «Zebresel» (Zebra-Esel-Mix) kommen ebenfalls vor.

Fruchtbar sind dagegen Kreuzungen aus Afrikanischem Wildesel und dem von ihm abstammenden Hausesel. In der Vergangenheit

Oben *Ein Zebroid als Kreuzung zwischen Zebra und einem anderen Pferd (etwa das «Zorse» oder der «Zebresel») entsteht meist aus der Paarung eines Zebrahengstes mit einer Stute einer anderen Art. Manchmal paart sich eine Zebrastute mit einem Eselhengst, wobei der meist unfruchtbare und seltene «Ebra» entsteht.*

kam es zudem zu Kreuzungen zwischen Hausesel bzw. Pferd und Onager (einer Unterart des Asiatischen Wildesels). Im Jahr 2006 gab es Berichte über eine angebliche Kreuzung zwischen Pferd und Elch in Kanada. Tiermediziner und Biologen sind hier skeptisch; gut möglich, dass es sich bei der Hybride einfach um ein merkwürdig aussehendes Fohlen handelt. Bisher ist nicht bekannt, ob der Besitzer einem Gentest zugestimmt hat oder ob Ergebnisse eines solchen vorliegen.

Einige alte Lehrbücher erwähnen Kreuzungen zwischen Hirsch und Pferd, doch auch diese sind nicht bewiesen. Eine antike Sagenfigur ist der Kentaur, halb Mensch, halb Pferd – solche Kreuzungen überlässt man gerne der Mythologie. Dennoch legen solche Gestalten Zeugnis von der Beziehung zwischen Mensch und Pferd ab. Der Kentaur wird als starke, elegante Figur voller Autorität dargestellt und demonstriert, welchen Respekt das Pferd seit Jahrtausenden beim Menschen genießt. Von der Antike über mittelalterliche Mönche und Shakespeare bis hin zu Joanne K. Rowling steht dieses Fabelwesen für die Faszination, die Pferde auf Menschen ausüben.

Unten *Maultiere sind Nachkommen einer Pferdestute und eines Eselhengstes und für ihre Zähigkeit, Gutmütigkeit und Geduld geschätzt. Im Jahr 2003 war das Maultier das erste geklonte Hybridwesen; das entstandene Fohlen wurde Idaho Gem genannt.*

Fortpflanzung

An dieser Stelle geht es nicht nur um die Fortpflanzungsorgane, sondern auch um Zuchtmethoden und das Heranwachsen des Fötus.

Stuten werden mit ein bis zwei Jahren geschlechtsreif, bringen aber meist erst mit drei Jahren ihr erstes Fohlen zur Welt. Hengste sind mit zwei bis drei Jahren bereit zur Fortpflanzung.

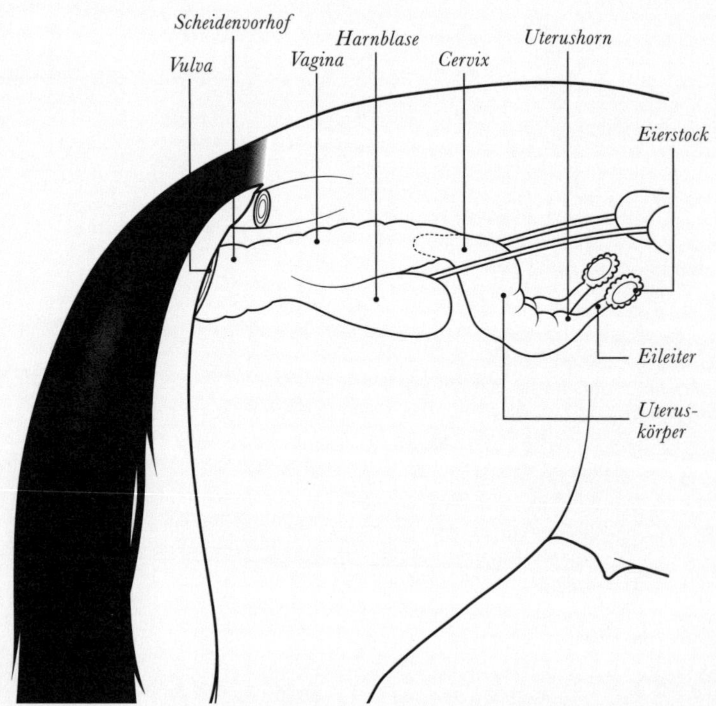

Oben *Bei den meisten Stuten sind die Fortpflanzungsorgane mit ein bis zwei Jahren voll entwickelt.*

FORTPFLANZUNG DER STUTE

Mit Erlangen der Geschlechtsreife setzt bei der Stute der Sexualzyklus ein. Die Phase des Östrus (Rosse) währt etwa 5 Tage, die des Diöstrus rund 20 Tage; der Zyklus ähnelt also durchaus dem der Frau. Angeregt durch das im Gehirn gebildete Follikelstimulierende Hormon (FSH) reifen auf den Eierstöcken (Ovarien) Follikel heran, die Östrogen erzeugen. In dieser Phase zeigt die Stute oft ein verändertes Verhalten, sie ist zugänglicher gegenüber Hengsten, reckt den Hals und hebt die Oberlippe, «blitzt» mit ihrer Vulva und hebt den Schweif. Ihre Cervix erschlafft, und sie setzt häufig Harn ab. Am fünften Östrustag springt ein Follikel durch Einwirkung des Luteinisierenden Hormons auf (Ovulation); die Eizelle wird freigesetzt, und der Follikel wird zum Gelbkörper (Corpus luteum), welcher das Hormon Progesteron bildet. Die Eizelle wandert den Eileiter hinab und kann dort befruchtet werden; anschließend wandert sie bis in den Uterus.

Der Sexualzyklus läuft meist innerhalb von drei bis vier Monaten im Jahr ab; dies variiert jedoch, insbesondere mit der Tageslichtlänge. Die Ovulation erfolgt meist in Monaten mit viel Tageslicht.

FORTPFLANZUNG DES HENGSTES

Die Befruchtung der Eizelle erfolgt durch ein Spermium. Die Bildung der Spermien (Samenzellen) wird ebenfalls durch Tageslicht beeinflusst und ist von April bis August besonders effektiv. In dieser Phase bildet ein Hengst bis zu acht Millionen Spermien täglich, er ist empfänglicher für sexuelle Stimulation und muss weniger oft aufreiten, um zu ejakulieren (meist nur einmal, im Winter zweieinhalbmal).

Bestimmte Probleme treten recht häufig auf. Zu starke Beanspruchung ist oft problematisch, wobei Hengste ganz unterschiedlich oft eingesetzt werden können. Die sogenannte Hämospermie (Blut im Ejakulat) kann in Unfruchtbarkeit resultieren. Bei Kryptorchiden («Klopphengsten») sind die Hoden (einer oder beide) nicht aus der Bauchhöhle abgestiegen. Ist nur ein Hoden betroffen, kann der Hengst fruchtbar sein, doch er sollte kastriert werden, da das Leiden vererbt wird. Krankheiten können generell die Leistung und Fruchtbarkeit eines Hengstes beeinträchtigen, und etliche Faktoren (wie Krankheit oder zu geringes Alter) können die Ejakulation hemmen.
Bei der Stute wie beim Hengst spielen das Alter, der Allgemeinzustand und die Haltung immer eine wichtige Rolle. Ist der Hengst mit Klebsiellen und/oder β-hämolysierenden Streptokokken infiziert, wird die Stute mit geringerer Wahrscheinlichkeit empfangen. Mit Equiner Viraler Arteriitis (EVA) infizierte Hengste sollten nicht eingesetzt werden, da eine nach der Empfängnis infizierte Stute abortieren kann.

Die Frage nach dem eingesetzten Hengst und seiner Gesundheit ist also von zentraler Bedeutung. Zwar paaren sich Pferde von Natur aus, doch bei intensiv gehaltenen und teuren Pferden kommen Techniken wie die künstliche Besamung zum Einsatz, damit weder Hengst noch Stute bei der Paarung Verletzungen davontragen.

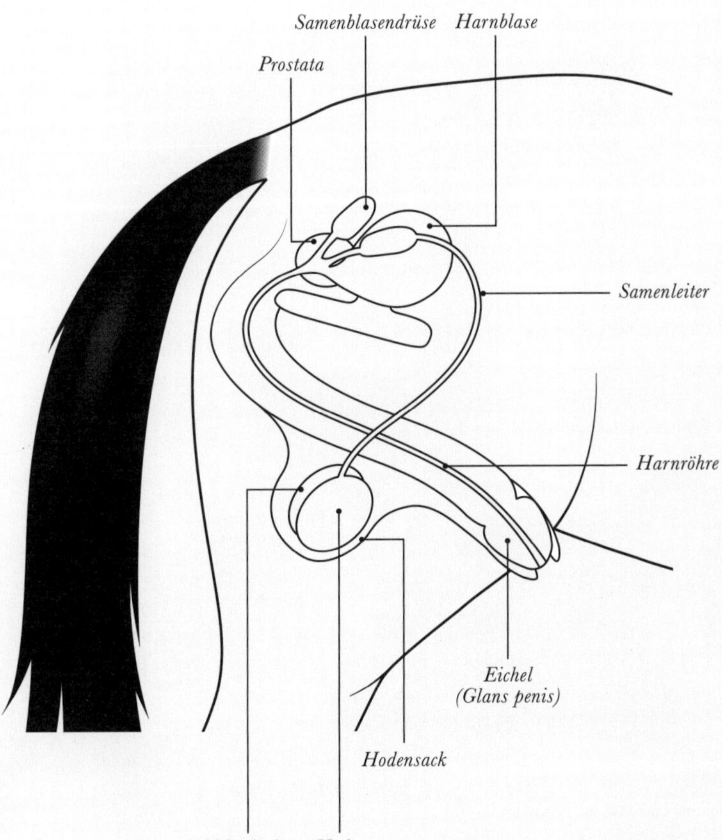

Links *Die Geschlechtsorgane des Hengstes sind meist mit etwa 18 Monaten ausgereift, doch viele Züchter warten mit dem Zuchteinsatz, bis der Hengst drei Jahre alt ist.*

REPRODUKTIONSMEDIZIN

Der Sexualzyklus der Stute lässt sich auf unterschiedliche Weise beeinflussen. Der Tierarzt kann den Zyklus hormonell überwachen und sogar während der Wintermonate einen Östrus induzieren (meist durch Hormongaben und Lichtbehandlung). Ab den 1960er- und 1970er-Jahren verwiesen zahlreiche Studien auf die hohen Trächtigkeitsquoten bei künstlicher Besamung (KB) im Vergleich zum Natursprung. Erste Versuche dieser Methode gab es schon deutlich früher, und natürlich entwickelt sich die Technik stetig weiter. Die KB hat viele Vorteile: Lange Transporte der Zuchttiere entfallen, das Ansteckungsrisiko sinkt bei angemessener Kontrolle, es lassen sich auch Hengste aus dem Ausland verwenden, und gewonnenes, tiefgefrorenes Sperma kann sogar noch nach dem Tod oder der Kastration des Hengstes eingesetzt werden. Dagegen spricht allerdings, dass die Erfolgsrate nicht immer so hoch ist wie bei der natürlichen Besamung; manche Zuchtbücher gestatten keine KB, und bestimmte Krankheiten können in Länder gelangen, in denen sie zuvor nicht auftraten.

Viele Pferdebesitzer und Züchter nutzen bis heute frisches Sperma oder den Natursprung; andere greifen gern auf tiefgefrorenes oder gekühltes Sperma zurück. Im Jahr 2017 stellten Forscher eine neue Methode vor, die Sperma sogar bei Raumtemperatur wochenlang (statt wie bisher 2–3 Tage) haltbar macht. Weitere Tests stehen jedoch noch aus. Ähnliche Fortschritte gibt es bei frischem und tiefgefrorenem Sperma.

Der Embryotransfer ist ebenfalls auf dem Vormarsch. Hier werden Eizelle und Spermium unter kontrollierten Bedingungen zusammengebracht; den Embryo pflanzt man

Unten *Künstliche Besamung und Embryotransfer kommen bei vielen Arten verstärkt zum Einsatz, auch beim Pferd. So können Hengste aus unterschiedlichen Ländern und «Leihstuten» genutzt werden.*

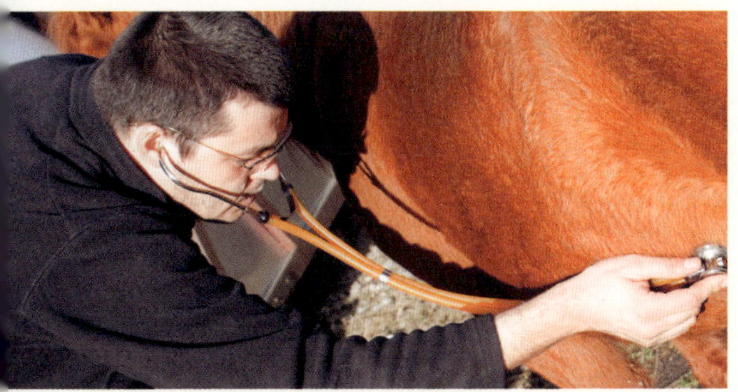

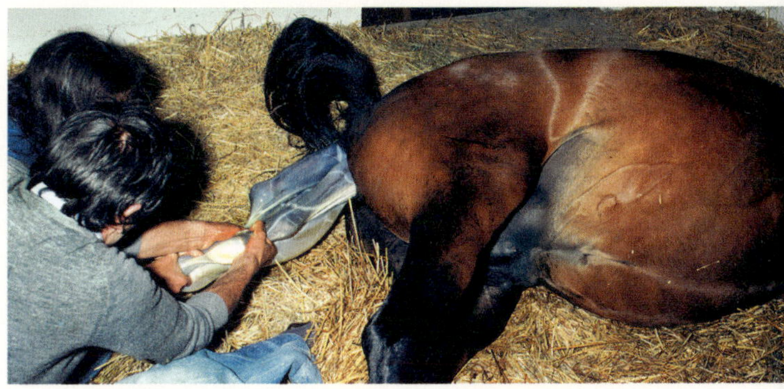

dann einer «Leihstute» ein. Diese Technik kommt oft zum Einsatz, etwa um mehr Nachkommen von herausragenden Stuten zu erzeugen oder Embryonen für eine spätere Einpflanzung zu erzeugen. Mit mehreren Tausend Euro pro Embryo ist diese Methode kostspielig, daher nutzt man sie nur, wenn die Fohlen hohe Preise erzielen werden oder aber zur Erhaltungszucht.

TRÄCHTIGKEIT

Die Trächtigkeit dauert beim Pferd 320–370 Tage (durchschnittlich 342 Tage); bei kleinen Rassen ist sie meist kürzer, bei großen länger. Sie lässt sich mit mehreren Methoden feststellen. Der Besitzer oder Züchter beobachtet Veränderungen im Verhalten oder in der Verfassung der Stute. Ein erfahrener Praktiker kann die Trächtigkeit schon ab dem 20. Tag durch rektale Untersuchung feststellen, sicherer ist die Diagnose jedoch zwischen dem 40. und 50. Tag. Die transrektale Ultraschalluntersuchung ist ebenfalls geeignet und besonders wertvoll für die Feststellung bzw. den Ausschluss von Zwillingsträchtigkeiten. Sie kommt oft schon zwischen dem 12. und 15. Tag zum Einsatz.

Gängige Bluttests sind die Untersuchungen auf Progesteron (Tag 18–25) und equines Chorion-Gonadotropin (auch PMSG, Pregnant Mare Serum Gonadotropine genannt). Letzteres hat eine Trefferquote von 95 % und kommt am 40.–120. Trächtigkeitstag zum Einsatz. Der PMSG-Test sollte bei Eseln nicht verwendet werden; zudem ist er außerhalb der genannten Zeitspanne manchmal ungenau. Nicht alle Tests sind immer ganz akkurat; das gilt besonders im Zeitraum des 90.–120. Trächtigkeitstages. Auch der Östrogenspiegel im Blut kann bestimmt werden. Urin lässt sich leicht gewinnen; Tests sind hier ab Tag 100 am zuverlässigsten.

Zwillingsträchtigkeiten beim Pferd sind problematisch. Etwa 80 % gehen auf natürlichem Wege ab, und selbst wenn sie voll ausgetragen werden, treten oft sogar lebensbedrohliche Komplikationen bei Stute und Fohlen auf. Die Plazenta kleidet beim Pferd den kompletten Uterus aus, anders als bei vielen anderen Säugern. Beim Menschen kann sich eine doppelte oder größere Plazenta entwickeln, doch beim Pferd nicht, sodass die Früchte nicht ausreichend versorgt werden.

Zwillingsfohlen wiegen zusammen so viel wie ein Einzelfohlen und holen dies nach der Geburt oft nicht auf. Angesichts der Risiken für Stute und Fohlen kann es geboten sein, ein Fohlen zu einem frühen Zeitpunkt durch Abdrücken zu eliminieren.

Oben links *Tierärztliche Hilfe ist in der Zucht vielfach vonnöten, ob bei Allgemein- und Voruntersuchungen, Tests auf Trächtigkeit und Zwillingsträchtigkeit, der Beurteilung von Stute und Fötus oder zur Unterstützung beim Abfohlen.*

Oben rechts *Normalerweise wird nur ein Fohlen voll ausgetragen; selten kommt es zu Zwillingsgeburten. Beim Abfohlen braucht die Stute manchmal die Hilfe des Tierarztes.*

Anatomie des Pferdes

Die Anatomie des Pferdes ist von seiner genetischen Ausstattung abhängig. Pferde als Gruppe unterscheiden sich von anderen Säugetieren. Dieser Unterschied kann klein sein, wenn es sich um engere Verwandte handelt, wie dem Zebra oder anderen nahen Verwandten, größer hingegen im Vergleich zu anderen Arten, wie Mensch oder Hund. Die Gene diktieren, wie sich der Körper aus einer einzelnen Zelle zu einem komplexen Organismus entwickelt. Die Gene kontrollieren Knochen- und Muskelwachstum, den Verlauf der Blutgefäße im ganzen Körper, den Bau des Herzens und selbst die Art und Weise, wie Hormone gebildet und freigesetzt werden.

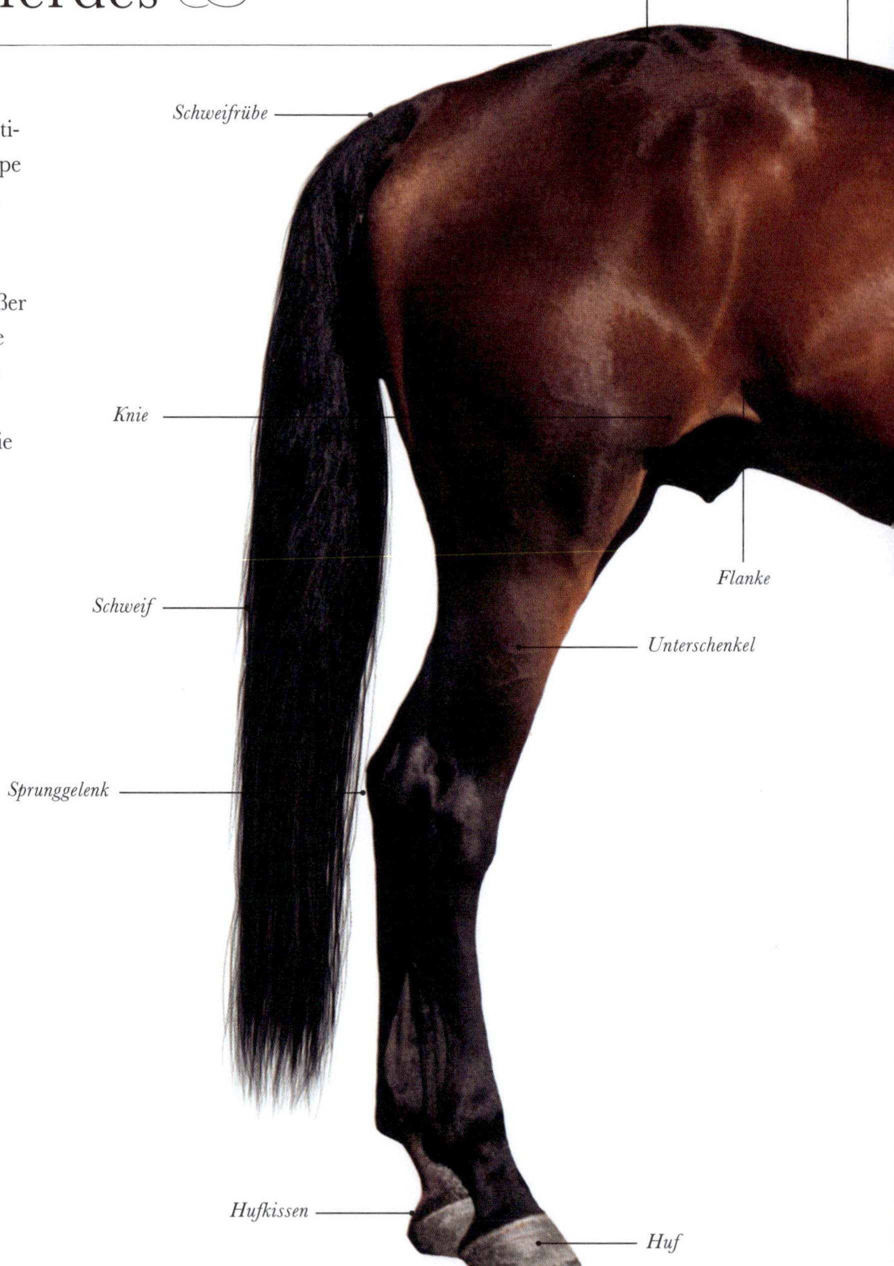

Rechts *Äußerer Bau des Pferdekörpers. Diese Abbildung zeigt einige der häufig benutzten Fachbegriffe.*

Die Umwelt, in der ein Pferd lebt, kann seine Gesundheit beeinflussen. Wenn das Pferd unter- oder mangelernährt wird, kann es nicht die Nährstoffe aufnehmen, die für die Entwicklung von starken Knochen und einer kräftigen Muskulatur nötig sind. Wenn das Pferd hingegen genügend körperliche Bewegung hat, werden die Muskeln gestärkt. Ein Pferd, das in kaltem Klima lebt, hat wahrscheinlich ein dichteres Fell und ist untersetzter gebaut, sodass es weniger Körperwärme verliert als Pferde in trocken-warmen Regionen. Auch Verletzungen und Krankheiten spielen eine große Rolle für die Physiologie der Tiere. Daher basieren Gesundheit und Leistung des Pferdes auf einem sorgfältig austarierten Gleichgewicht von Zucht (Genetik) und der Umwelt, in der es lebt, einschließlich Ernährung, Wasserversorgung, Klima, körperlicher Belastung, Exposition gegenüber chemischen Substanzen, Krankheiten und Verletzungen.

Skelett & übriger Körper

Das Skelett hat viele Funktionen. Es bildet die Grundlage für die Fortbewegung. Die Muskeln und andere Körpergewebe setzen am Skelett an, daher gibt es auch die Körperumrisse in gewisser Weise vor und stützt den ganzen Körper. Darüber hinaus schützt das Skelett die inneren Organe vor Schäden, so liegt das Gehirn beispielsweise gut geschützt im Schädel, das Rückenmark in der Wirbelsäule. Viele Knochen produzieren auch rote und weiße Blutzellen. Die roten Blutzellen transportieren Sauerstoff durch den Körper, die weißen dienen dem Körper zur Abwehr von Infektionen. Darüber hinaus speichern Knochen Mineralstoffe wie Kalziumverbindungen und Phosphat.

DAS SKELETT

Im Verlauf des embryonalen Wachstums wird das Skelett zunächst aus einem weicheren Material, Knorpel, angelegt, doch dieser Knorpel wird größtenteils nach und nach durch Knochensubstanz ersetzt. Das geschieht während der Trächtigkeit, und der Knochen wird anschließend entsprechend den Umweltbedingungen ständig umgebaut, bis zum Tod des Pferdes. Auch im Körper erwachsener Pferde gibt es noch Knorpel, der als Bindegewebe verschiedenen Zwecken dient. So findet sich Knorpel beispielsweise an den Rippen, damit sich der Rippenkasten ausdehnen kann, in den Ohrmuscheln, sodass diese biegsam sind, und in der Luftröhre, um die Atemwege offen zu halten. Das Skelett wird normalerweise in zwei Regionen unterteilt, in Extremitätenskelett (Vorder- und Hinterbeine) und Achsenskelett (alle anderen Strukturen/Knochen). Ein Pferd weist 205–207 Knochen auf: 34 im Schädel, 40–42 in den Vorderextremitäten, 40 in den Hinterextremitäten, 37 Knochen bilden die Rippen und das Brustbein; die Wirbelsäule besteht aus 7 Hals-, 18 Brust-, 6 Lenden-, 5 Kreuzbein- (sie sind miteinander verschmolzen) und rund 18 Steißbein- oder Schwanzwirbeln.

Unten *Pferde verfügen gewöhnlich über rund 205 Knochen. Sie dienen als Stütze, zum Schutz, erzeugen Blutzellen und speichern Mineralstoffe.*

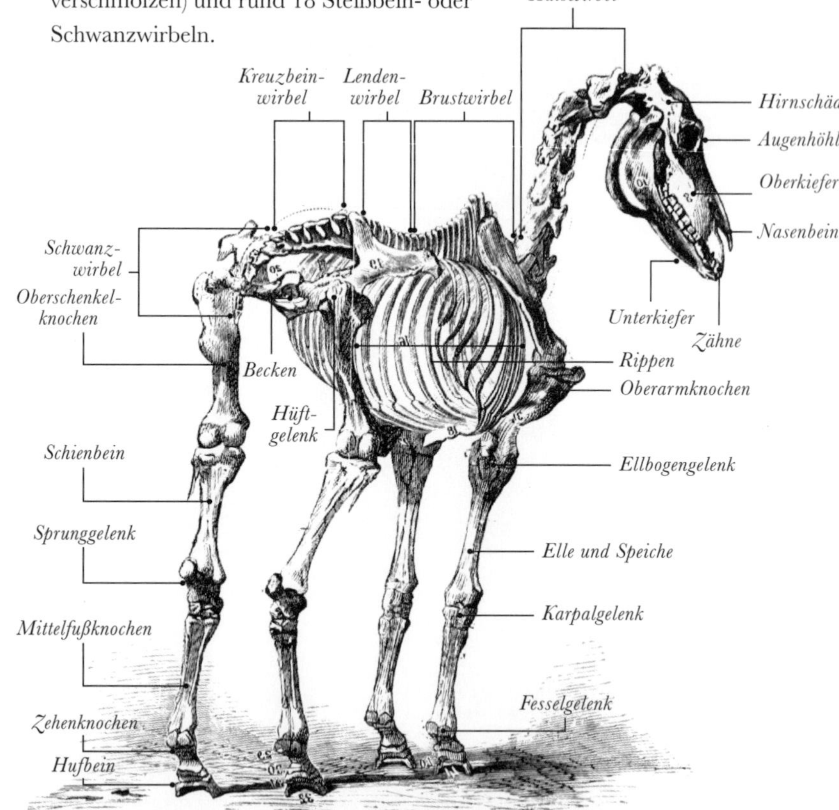

MUSKELN, SEHNEN & BÄNDER

An den Knochen und Knorpelstrukturen setzen Muskeln, Sehnen und Bänder an. Muskeln werden in drei Typen unterteilt: Skelett-, Herz- und glatte Muskulatur. Im Pferdekörper gibt es rund 700 Skelettmuskeln, und sie dienen primär dazu, das Skelett zu stützen, Bewegung und Lokomotion (Fortbewegung) zu ermöglichen und das Pferd, falls nötig, durch Zittern warm zu halten. Herzmuskulatur findet man nur im Herzmuskel. Das Pferd kann die Herzmuskulatur nicht willentlich beeinflussen, weil sie unter der Kontrolle des vegetativen Nervensystems steht, das den Herzschlag regelt. Die glatte Muskulatur wird ebenfalls vom vegetativen Nervensystem kontrolliert; sie findet sich zum Beispiel in der Wand der Blutgefäße, der Harnblase und des Darms und spielt eine wichtige Rolle bei der Verdauung und für das Fortpflanzungssystem.

Die Sehnen verknüpfen die Muskeln miteinander, mit Knochen- oder mit Knorpelstrukturen. Sehnen sind recht elastisch, sodass sie Bewegungen Raum lassen.

Bänder (Ligamente) können elastisch oder unelastisch sein und sind in der Regel fester und weniger flexibel als Sehnen, denn sie haben eine andere Aufgabe: Sie halten die Knochen zusammen oder binden Knochen sogar aneinander, unterstützen ganz allgemein Gewebe und Knochen und tragen dazu bei, Sehnen zu «leiten», indem sie sich um sie wickeln, sie stützen und sie in die richtige Richtung führen.

Gemeinsam bewegen und stützen Muskeln, Sehnen und Bänder das Skelettsystem. Zudem kontrollieren sie die Bewegungsmöglichkeiten eines jeden Gelenks.

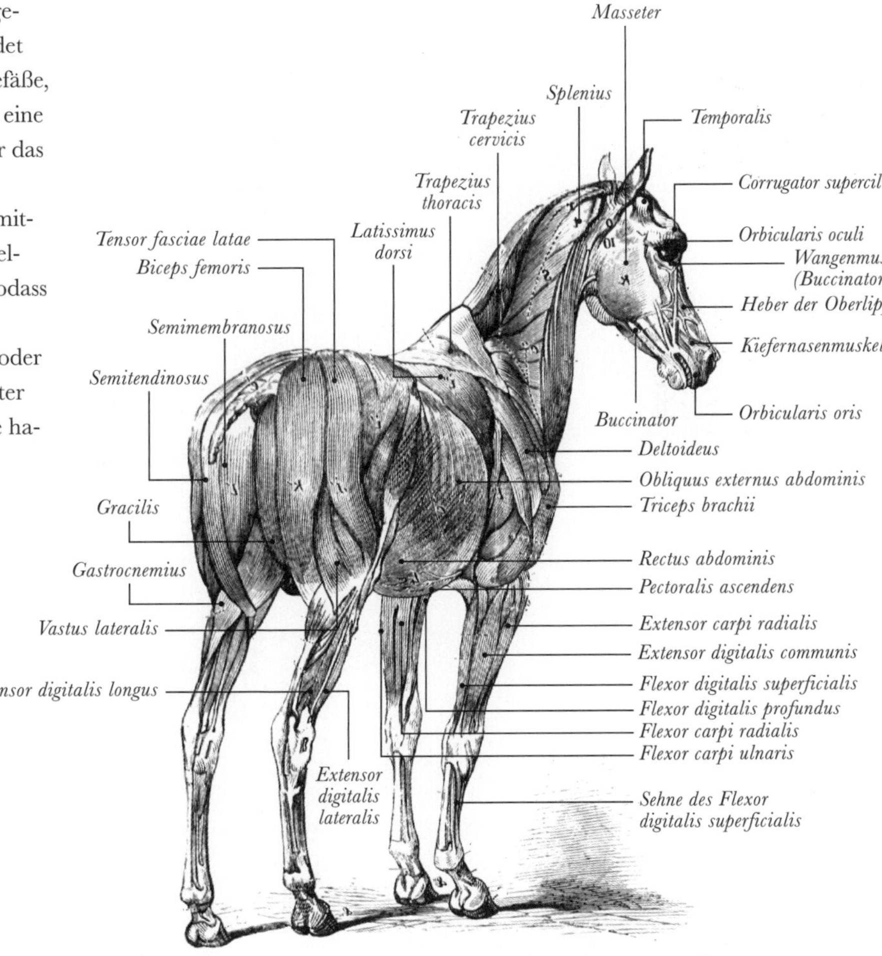

Rechts *Jedes Pferd und jede Rasse können leicht voneinander abweichen, doch bei den meisten Pferden ist die Muskulatur insgesamt ähnlich.*

WICHTIGE ORGANSYSTEME

Im Körper gibt es viele lebenswichtige Organsysteme. Das Fortpflanzungssystem wurde bereits detailliert beschrieben. Die sensorischen Systeme werden später in diesem Kapitel behandelt, ebenso das Verdauungssystem. Daneben gibt es noch das kardiovaskuläre, das lymphatische und das respiratorische System, die Herz und Blutgefäße (Kreislauf) sowie die Atmung kontrollieren.

Das Atmungssystem

Das Atmungssystem beginnt mit dem Maul, den Nasenöffnungen (Nüstern) und den Nasengängen. Menschen können durch Mund und Nase atmen, Pferde nur durch die Nase. Im Mittel atmet ein erwachsenes Pferd in Ruhe 8–16 Mal pro Minute, doch jüngere Pferde haben eine höhere Atemfrequenz. Bei körperlicher Anstrengung braucht der Körper mehr Sauerstoff, sodass diese Rate auf mehr als 120 pro Minute steigen kann.

Die Luft gelangt über die Nasengänge in den Rachenraum und passiert den Kehldeckel (Epiglottis), der sich öffnet, wenn das Pferd einatmet, aber schließt, wenn es frisst und schluckt. Das stellt sicher, dass die Luft in die Luftröhre gelangt, Futter und Wasser hingegen nicht. Die Luft wandert am Kehlkopf (Larynx) vorbei in die Luftröhre und dann durch immer kleinere Röhren, die Bronchien und Bronchiolen, in die Lungenbläschen, die Alveolen. Diese sind von einem dichten Kapillarnetz umgeben. Dort diffundiert Sauerstoff in den Blutstrom, wird zum Herz transportiert und per Kreislauf im ganzen Körper verteilt. Wenn das Blut zum Herz zurückkehrt, wird es zurück in die Lunge gepumpt, wo das überschüssige Kohlendioxid zurück in die Lungenbläschen diffundiert und schließlich ausgeatmet wird.

Beim Einatmen muss Platz für die einströmende Luft geschaffen werden, daher erweitert sich der Rippenkasten, und das Zwerchfell (Diaphragma) flacht sich ab. Wenn Rippen und Zwerchfell wieder in ihre ursprüngliche Position zurückkehren, wird die Luft durch den steigenden Druck wieder aus der Lunge durch die Luftröhre nach draußen gepresst.

Atemwegsinfektionen kommen bei Pferden häufig vor und mindern die Effizienz des Atemsystems. Zusätzlich müssen bei körperlicher Anstrengung Anpassungen vorgenommen werden. Nüstern, Nasenrachenraum und Larynx erweitern sich, wenn das Pferd den Kopf nach vorn drückt, was die Atmung erleichtert.

Unten *Die Anatomie des respiratorischen Systems beim Pferd unterscheidet sich von derjenigen vieler anderer Arten, und das System ist anfällig für Atemwegsinfektionen.*

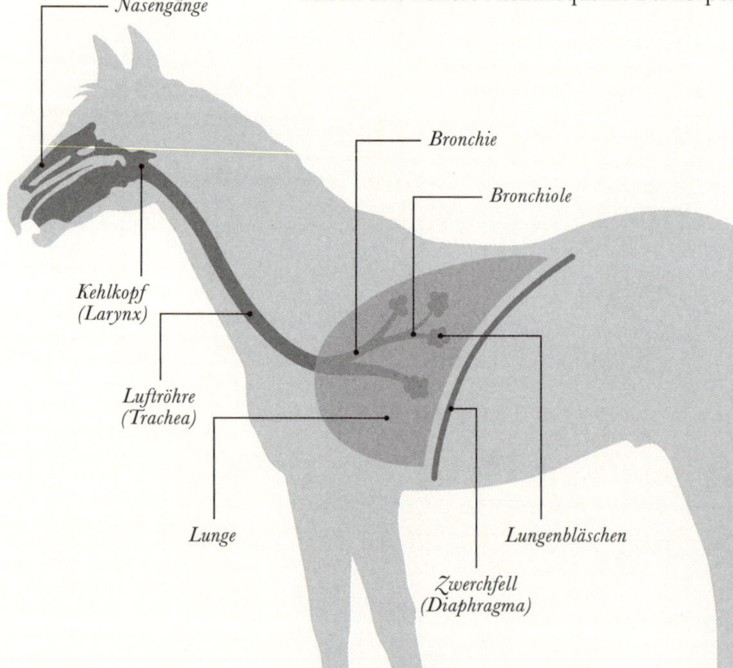

Herz-Kreislauf-System

Wie beim Atmungssystem bereits erwähnt, ist das kardiovaskuläre System eng mit dem Gasaustausch verknüpft. Ein Pferd, das trainiert wird, kann es auf 260 Herzschläge pro Minute bringen, und ein gesundes Pferd kann in Ruhe eine Herzschlagfrequenz von nur 26 Schlägen pro Minuten aufweisen. Das Herz stellt sicher, dass alle Körperzellen mit Sauerstoff versorgt werden und im Gegenzug Kohlendioxid abtransportiert wird. Dazu bedarf es eines Netzwerks von Blutgefäßen. Sauerstoffgesättigtes (oxigeniertes) Blut wandert von der Lunge in die linke Herzhälfte, die das Blut in die Arterien pumpt, gefolgt von den Arteriolen und den noch kleineren Kapillaren. Unterwegs diffundiert Sauerstoff in Gewebe und Zellen. Sauerstoffarmes (desoxigeniertes) Blut gelangt aus dem Kapillarsystem in die Venolen und dann durch das Venensystem in die rechte Herzhälfte, die es zurück in die Lunge pumpt, um Kohlendioxid abzugeben und neuen Sauerstoff aufzunehmen.

Das Blut transportiert aber nicht nur Gase, sondern auch Nähr- und Mineralstoffe aus der Nahrung sowie weiße Blutzellen, die der Immunabwehr dienen. Milchsäure wird aus dem Gewebe zur Leber geschafft, um dort abgebaut zu werden, und Harnstoff zu den Nieren, wo er über das Harnwegssystem ausgeschieden wird. Auch Hormone und Glukose zirkulieren durch den Körper. Außerdem wandert Wärme aus den aktiveren Teilen des Pferdekörpers zu anderen Teilen. Zusammensetzung und pH-Wert des Blutes sowie andere wichtige körpereigene Parameter werden ständig automatisch kontrolliert und reguliert, um die Homöostase zu erhalten.

Die Lymphgefäße des lymphatischen Systems laufen oft parallel zu den Blutgefäßen; zudem verfügt dieses System über ein Netz von Lymphknoten. Das Lymphsystem sorgt für die Ausscheidung von überschüssiger Flüssigkeit und Giften, bekämpft Bakterien, leitet verwertbare Stoffe, wie Proteine, in den Blutkreislauf zurück und transportiert Fette durch den Körper. Wenn Entzündungen einsetzen, können die Lymphdrüsen stark anschwellen, was zeigt, dass sie die Infektion bekämpfen, und man kann die rundlichen Schwellungen unter der Haut spüren.

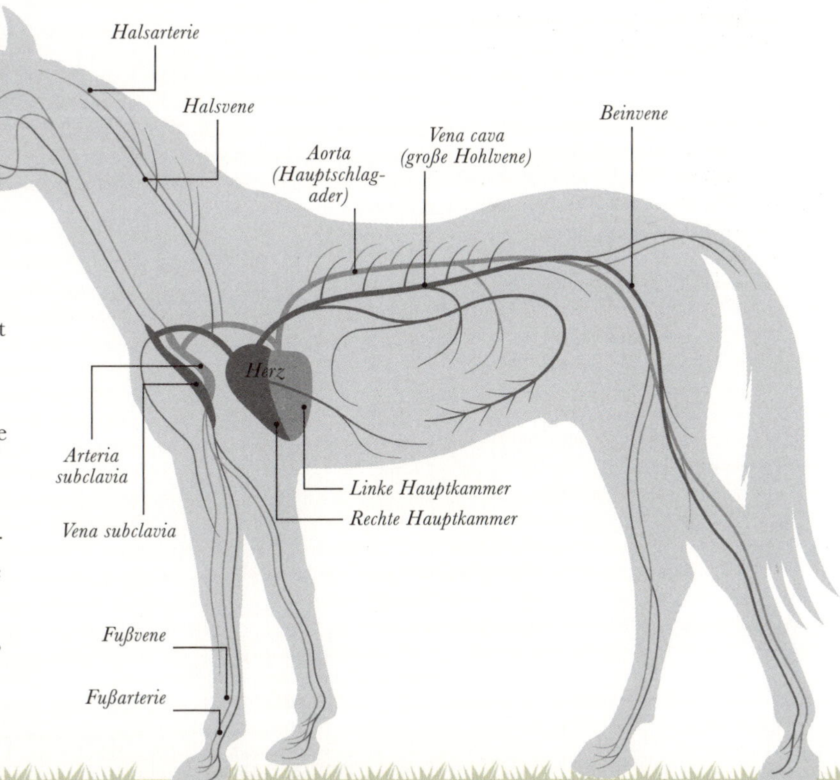

Unten *Das Herz-Kreislauf-System durchläuft bei der Entwicklung vom Embryo zum neugeborenen Fohlen viele Veränderungen, sogar in der trächtigen Stute. (Aus Gründen der Übersichtlichkeit wurde der Lungenkreislauf weggelassen).*

Schädel, Zähne & Kiefer

Pferde sind obligate Herbivoren, das heißt, sie sind keine Fleischfresser, sondern reine Pflanzenfresser; Schädel, Kiefer und Zähne haben sich im Lauf der Evolution an eine spezielle Pflanzennahrung angepasst. Als sich das Pferd zu einem Grasfresser entwickelte, wurden Kiefer und Kiefermuskulatur größer und kräftiger, damit die Nahrung gekaut werden konnte. Zwischen dem Gewicht größerer Kiefer und Zähne sowie dem Gewicht des Schädels insgesamt muss jedoch ein gewisses Gleichgewicht gefunden werden. Der Pferdeschädel enthält daher eine Reihe von luftgefüllten Höhlungen (Sinusse), um Gewicht und Kraftentwicklung auszubalancieren. Einige dieser Sinusse spielen auch eine wichtige Rolle bei der Bezahnung. Beispielsweise beherbergt die Kieferhöhle (Sinus maxillaris) die Wurzeln der drei letzten Backenzähne. Infektionen können sich in diese Höhlen ausbreiten. Solche Höhlungen bieten den großen Zähnen genügend Platz, schützen das Gehirn, lassen Blutgefäße und Nerven zu verschiedenen Regionen des Schädels passieren und nehmen Strukturen wie das Auge auf.

Lippen und Zähne sind daran angepasst, Nahrung zu ergreifen und abzuschneiden. Mehrere Drüsen produzieren anschließend Speichel, um die Nahrung einzuspeicheln und damit anzufeuchten, sodass der Speisebrei die Speiseröhre hinuntergleitet, ohne Schaden anzurichten. Zudem kann sich der Unterkiefer auch seitlich bewegen und damit die Kaubewegungen unterstützen.

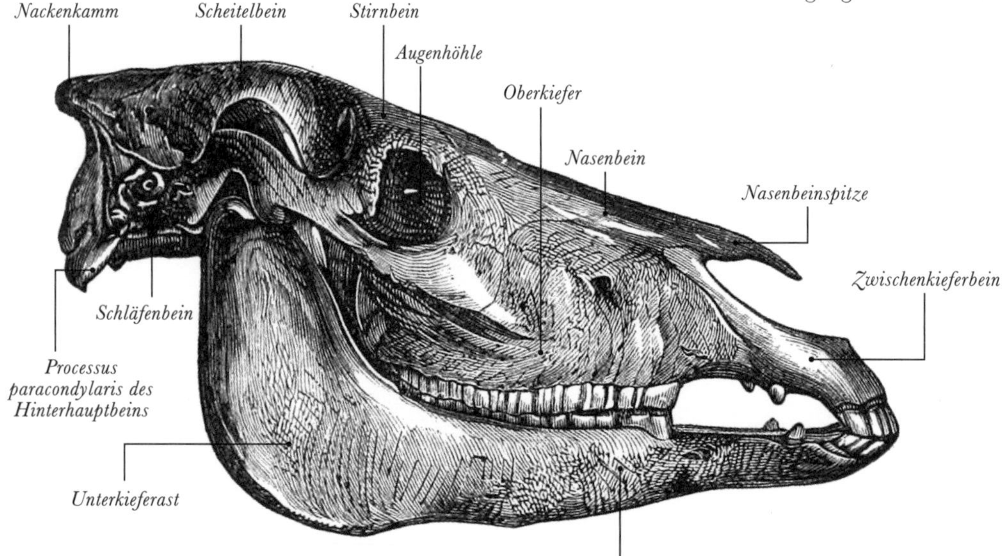

Links *Der Pferdeschädel enthält den großen Unterkiefer samt Unterkieferast (Ramus) zum Kauen; die zahlreichen luftgefüllten Räume (meist Sinus) im Schädel dienen zur Gewichtsreduktion.*

Rechts *Eine Bezahnung ist unverzichtbar für das Pferd, um Futter abzubeißen und zu kauen. Zwar hören die Zähne rund sieben Jahre nach ihrem Durchbruch auf zu wachsen, doch sie können in den darauffolgenden Jahren weiter aus dem Kiefer herausgedrückt werden.*

ZÄHNE

Die Schneidezähne dienen dem Abbeißen der Nahrungspflanzen, die Backenzähne zermahlen sie. Die meisten Zähne im Pferdegebiss sind groß und wachsen über längere Zeit (hypselodonte Zähne). Dieses Wachstum endet ungefähr sieben Jahre nach ihrem Durchbrechen. Danach kann es so aussehen, als wüchsen sie weiter, tatsächlich aber schieben sie sich jährlich etwa 2–3 mm aus dem Kiefer heraus. Man unterscheidet beim Pferdezahn die sichtbare «klinische Krone» und die im Zahnfleisch befindliche, nicht sichtbare «Ersatzkrone».

Die Prämolaren haben sich im Lauf der Evolution so entwickelt, dass sie wie Molaren aussehen. Beiderlei Backenzähne sind «schmelzfaltig» (lophodont), das heißt, der Zahnschmelz bildet Leisten und Falten, die die Kaufläche des Zahnes vergrößern und das Kauen effektiver machen. Die Backenzähne sind im Unterkiefer dichter angeordnet als im Oberkiefer, was wiederum das Zermahlen der Nahrung fördert.

Das übrige Gebiss besteht aus den Eckzähnen (Canini) und den Schneidezähnen (Incisivi). Eckzähne sind meist nur bei männlichen Tieren vorhanden. Der erste rudimentäre Prämolar oder «Wolfszahn» bricht nicht immer durch. Eck- und Wolfszähne sind voll entwickelt, wenn sie durchbrechen, und wachsen nicht mehr weiter; sie sind brachydont.

Oben *Mit den Lippen und Schneidezähnen packt und zerreißt das Pferd die Nahrung, die dann mit seitlich mahlenden Bewegungen zerkaut wird.*

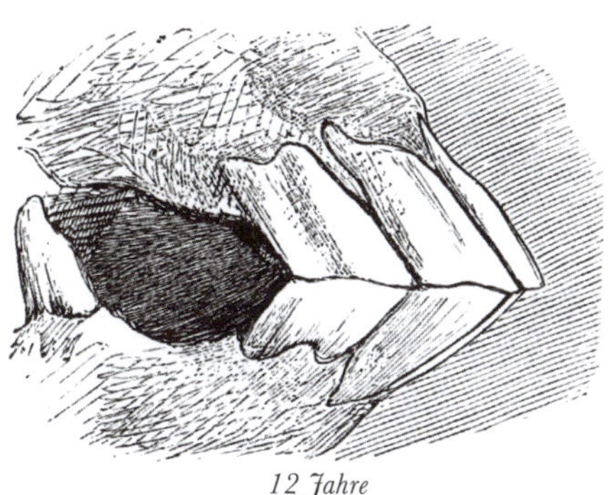

12 Jahre

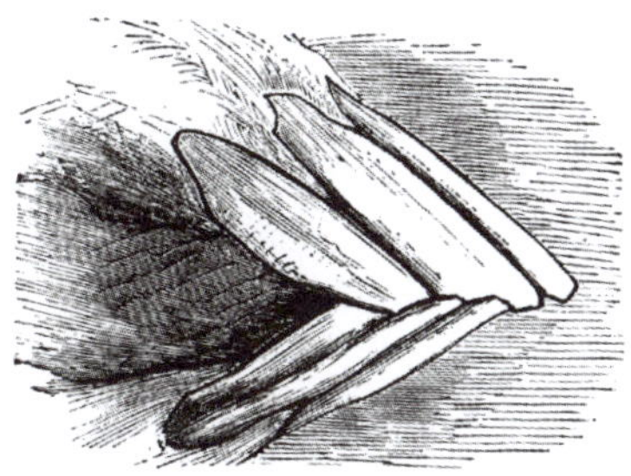

20 Jahre

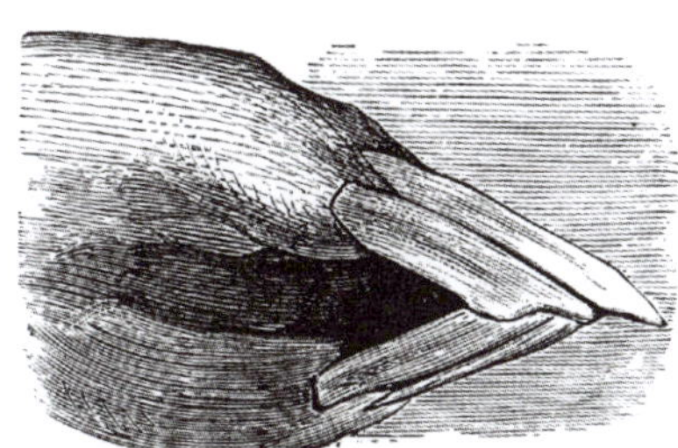

30 Jahre

DAS GEBISS

Das adulte Pferd hat normalerweise zwölf Schneidezähne (je sechs im Ober- und Unterkiefer), vier Eckzähne (je zwei im Ober- und Unterkiefer, bei Stuten fehlen sie jedoch meist), 12–14 Prämolaren (6–8 im Ober-, 6 im Unterkiefer) und 12 Molaren (je sechs im Ober- und Unterkiefer). Stuten besitzen somit 36–40 Zähne, männliche Pferde 40–42 Zähne, je nachdem, wie viele Eckzähne bzw. Wolfszähne durchbrechen. Jungtiere haben 24 Milchzähne (je 12 Schneidezähne und Prämolaren).

Bei neugeborenen Fohlen ist die Kontrolle des Gebisses üblich. Manche Zähne sind bei ihnen bereits durchgebrochen, andere, wie die dritten Schneidezähne, lassen drei bis neun Monate auf sich warten. Auch die bleibenden Zähne brechen zu unterschiedlichen Zeitpunkten durch. Die ersten Prämolaren erscheinen mit fünf bis sechs Monaten, die Eckzähne erst im fünften Lebensjahr. Das voll entwickelte Gebiss ist somit erst mit fünf Jahren vorhanden.

Beim zwei- bis dreijährigen Pferd prüfen Besitzer oft, ob es Wolfszähne hat. Viele lassen sie entfernen, um spätere Probleme mit dem Trensengebiss auszuschließen. Manche Halter bitten den Tierarzt, die Kanten der ersten Prämolaren abzuschleifen, wenn das Pferd eingeritten wird. Dadurch soll Platz für das Trensengebiss geschaffen werden, ohne dass Zahnkanten an der Maulschleimhaut reiben. Allerdings ist nicht belegt, dass dies die Rittigkeit verbessert.

Ab zirka sechs Jahren und bis etwa zum zwölften Lebensjahr schleifen sich die Kunden (die zentralen, dunkel erscheinenden Schmelzeinstülpungen) an den Schneidezähnen allmählich ab, daher ist die Zahnaltersbestimmung in diesem Zeitraum am einfachsten. Mit neun bis zehn Jahren erscheint die «Galvayne-Rinne», die mit zunehmendem Alter den Schneidezahn «hinabwandert». Im 15. Lebensjahr reicht sie bis zu dessen Mitte hinab, im 20. erstreckt sie sich über seine ganze Länge. Im 25. Jahr fehlt sie in der oberen Hälfte, im 30. ganz. Dies gibt Auskunft über das Alter älterer Pferde. Dennoch ist die Zahnaltersbestimmung nie ganz exakt, denn die Gebisseigenschaften variieren je nach Nahrung und Haltungsform.

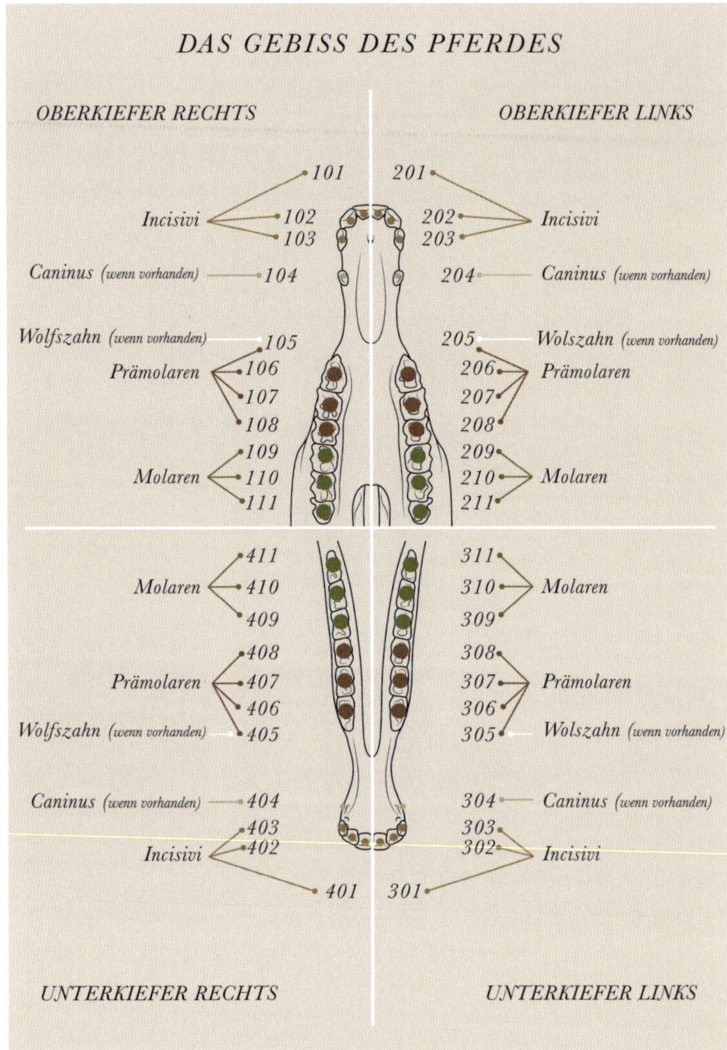

Oben *Das Gebiss des Pferdes entwickelt sich über mehrere Jahre hinweg. Zahnprobleme haben oft schwerwiegende Auswirkungen, daher ist eine regelmäßige Kontrolle angeraten.*

ZAHNPROBLEME

Wie die meisten Tiere haben auch Pferde oft Zahnprobleme, die unterschiedlichste Symptome hervorrufen. Erkennbar sind sie oft durch Blut am Maul, Gewichtsverlust, struppiges Fell, üblen Geruch aus Maul und/oder Nüstern, aus dem Maul fallendes Futter, ineffizientes Kauen, übermäßige Speichelproduktion, Schräghalten des Kopfes, empfindliche Wangen und Schmerzen beim Trinken. Unter dem Sattel können auch Kopfwerfen, Stemmen oder Überempfindlichkeit gegen das Trensengebiss Anzeichen sein, ebenso verschlechterte Rittigkeit, Widersetzlichkeit, Unwillen, sich zu versammeln, eine schlechte Kopfhaltung und Schlagen mit dem Schweif.

Häufige Zahnprobleme sind Milchzahnkappen, Zahnhaken an den Backenzähnen, Überbiss, Wellengebiss und Zahnkanten.

Milchzahnkappen sind nichts anderes als persistierende (festsitzende) Milchzähne. Sie müssen entfernt werden, da sie die bleibenden Zähne beim Durchbrechen behindern; Schädigungen und auch Entzündungen und Infektionen des Weichgewebes können die Folge sein.

Zahnhaken bilden sich, wenn Ober- und Unterkiefer gegeneinander versetzt stehen, sodass der betreffende Zahn zum Haken emporwachsen kann. Betroffen ist der zweite Prämolar im Ober- und/oder der letzte Molar im Unterkiefer.

Beim Überbiss ragt der Oberkiefer über den Unterkiefer vor. Die Fehlstellung ist angeboren und kann zu Hakenbildung bei Molaren führen, die womöglich gezogen werden müssen; bei den Schneidezähnen ist oft regelmäßiges Kürzen erforderlich.

Beim Wellengebiss, das oft beim Überbiss auftritt, wachsen manche Backenzähne höher als andere, sodass sie trotz Abnutzung weiter herausragen.

Zahnkanten können sich in jedem Alter durch die Abnutzung an den Molaren bilden. Die scharfen Kanten schneiden dann oft in die Wangen- oder Zungenschleimhaut und verursachen Geschwüre und Wunden.

Unten *Einen Hinweis auf das Alter eines Pferdes gibt die Galvayne-Rinne, die beim älteren Pferd allmählich am äußeren Schneidezahn «hinabwandert».*

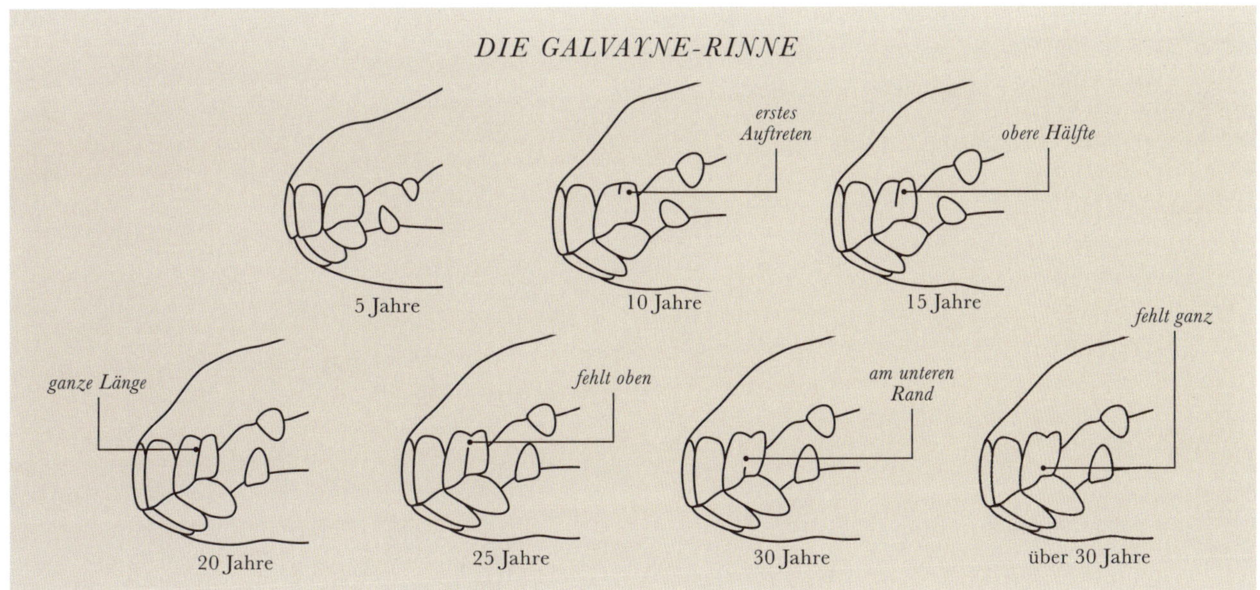

Nahrungsaufnahme & Verdauungssystem

Das Verdauungssystem des Pferdes besteht aus Vorderdarm und Enddarm (Hinterdarm). Zum Vorderdarm gehören Maul, Pharynx (Rachen), Ösophagus (Speiseröhre), Magen und Dünndarm; zum Enddarm zählen Caecum (Blinddarm), großes und kleines Colon (Grimmdarm), Rektum (Mastdarm) und Anus (After). Das Pferd muss genügend Nährstoffe und Wasser aufnehmen, um sicherzustellen, dass der Körper bekommt, was er braucht. Sobald Futter ins Maul gelangt, wird im Darm Natriumhydrogenkarbonat freigesetzt, um den sauren Brei, der bald aus dem Magen austreten wird, zu neutralisieren. Der Speichel, den ein Pferd produziert, enthält auch kleine Mengen an Amylase, einem Enzym, das den Abbau von Kohlenhydraten in Gang setzt.

VERDAUUNG

Die Nahrung gelangt durch den Rachen in die Speiseröhre, die 1,2–1,5 m lang ist. Die eigentliche Verdauung beginnt im Magen, wo Verdauungssäfte wie Enzyme und Salzsäure damit anfangen, die Nahrung abzubauen. Der Magen kann, wenn er leer ist, recht klein sein, bei einem großen Pferd aber bis zu 18 Liter Inhalt halten, wenn er gut gefüllt ist. Optimal arbeitet der Magen dann, wenn er halb gefüllt ist. Die Nahrung bleibt 45–120 Minuten im Magen, wobei ein starker, wie ein Ventil wirkender Schließmuskel verhindert, dass der Mageninhalt wieder die Speiseröhre hochsteigt; das heißt, dass Pferde nur selten in der Lage sind, Aufgenommenes wieder von sich zu geben. Das kann ein Problem sein, wenn ein Pferd zu viel frisst oder etwas Giftiges zu sich nimmt.

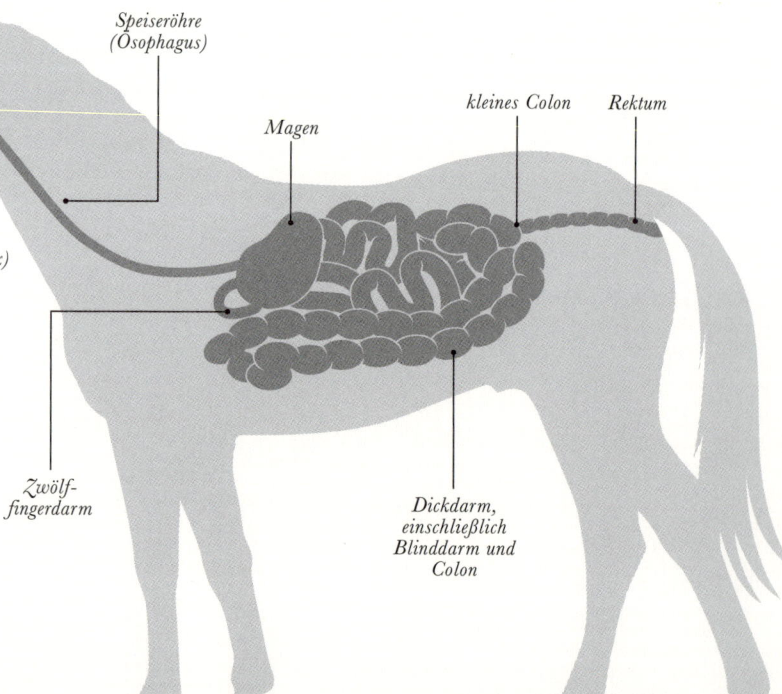

Oben *Der Wasserverbrauch eines Pferdes kann dramatisch steigen, wenn die Umgebungstemperatur hoch oder die Luftfeuchtigkeit niedrig ist.*

Links *Das Verdauungssystem sorgt dafür, dass Nährstoffe und Flüssigkeit in die Blutgefäße des Pferdes gelangen, sodass jede Körperzelle versorgt wird. Weil Pferde ein relativ langes Verdauungssystem haben, gehören Koliken zu den regelmäßig auftretenden Gesundheitsproblemen.*

Dünn- und Dickdarm sind die Hauptorte der Verdauung, und von dort gelangen Nährstoffe aus dem Verdauungssystem ins Blut und werden vom Kreislaufsystem durch den ganzen Körper transportiert. Die Bauchspeicheldrüse (Pankreas) trägt zur Kontrolle des Blutzuckerspiegels bei; sie setzt eine Reihe von Hormonen und Enzymen frei. Die Leber produziert Gallensaft, der die Fettverdauung erleichtert. Im Gegensatz zu Menschen und vielen anderen Tierarten haben Pferde keine Gallenblase, daher wird der Gallensaft kontinuierlich produziert. Der Speisebrei passiert den 15–21 m langen Dünndarm und gelangt in den Blinddarm (Caecum), eine 1,2 m lange Tasche und der erste Teil des Dickdarms. Anschließend wandert der Darminhalt durch den 7 m langen Dickdarm, wo Bakterien Rohfasern abbauen und die Verdauung der Nahrung fortgesetzt wird, sowie Wasser und Vitamine resorbiert und in den Blutstrom aufgenommen werden. Anschließend muss der Speisebrei rund 8 m Colon passieren, bevor er ins Rektum gelangt und Unverdauliches durch den After ausgeschieden wird. Das Pferd ist an den Verzehr von viel Raufutter mit reichlich Ballaststoffen angepasst, kommt aber auch mit dem höheren Flüssigkeitsgehalt von frischen Gräsern und anderen Pflanzen zurecht.

GRASEN

Historisch und in freier Wildbahn grasen Pferde kontinuierlich den ganzen Tag hindurch. Viele Arbeits- und Freizeitpferde werden seltener am Tag gefüttert; wenn möglich, ist eine ständige Zufuhr von Rohfasern jedoch besser für das Verdauungssystem. Pferde reagieren empfindlich auf Veränderungen in ihrer Ernährung und in den Fütterungszeiten; solche Veränderungen machen sie anfälliger für Koliken. Pferdefutter muss sorgfältig geprüft werden, um sicherzustellen, dass es keinen Schimmel oder pathogene Bakterien enthält, die ein Pferd rasch krank machen können.

Ein Pferd von ca. 450 kg Gewicht benötigt bis zu 45 l Wasser pro Tag, doch der Wasserverbrauch nimmt natürlich bei warmem Wetter und bei körperlicher Anstrengung zu. Er kann auch bei einer trächtigen oder säugenden Stute stark ansteigen.

Nervensystem & Sinnesorgane

Wie bei den meisten Säugetieren sind die Hauptsinne eines Pferdes Hörsinn, Geruchssinn, Sehsinn, Geschmackssinn und Tastsinn. Zusätzlich zu diesen Sinnen spielen viele andere Teile des sensorischen Systems eine Rolle dabei, den Körper zu koordinieren und dem Pferd zu helfen, auf seine Umwelt zu reagieren.

NERVENSYSTEM

Die Sinne werden ganz allgemein vom Nervensystem kontrolliert. Die beiden Hauptteile des Nervensystems sind das Zentralnervensystem, das aus Gehirn und Rückenmark besteht, und das periphere Nervensystem, das sämtliche anderen Nerven im ganzen Körper umfasst. Das periphere Nervensystem ist mit dem Rückenmark verbunden und schickt Signale zum Gehirn bzw. empfängt von dort Signale. Die wichtigsten Bausteine des Nervensystems sind die Nervenzellen, auch Neurone genannt. Längs dieser Neurone werden elektrische Impulse weitergeleitet, sodass der Körper Signale senden und empfangen kann.

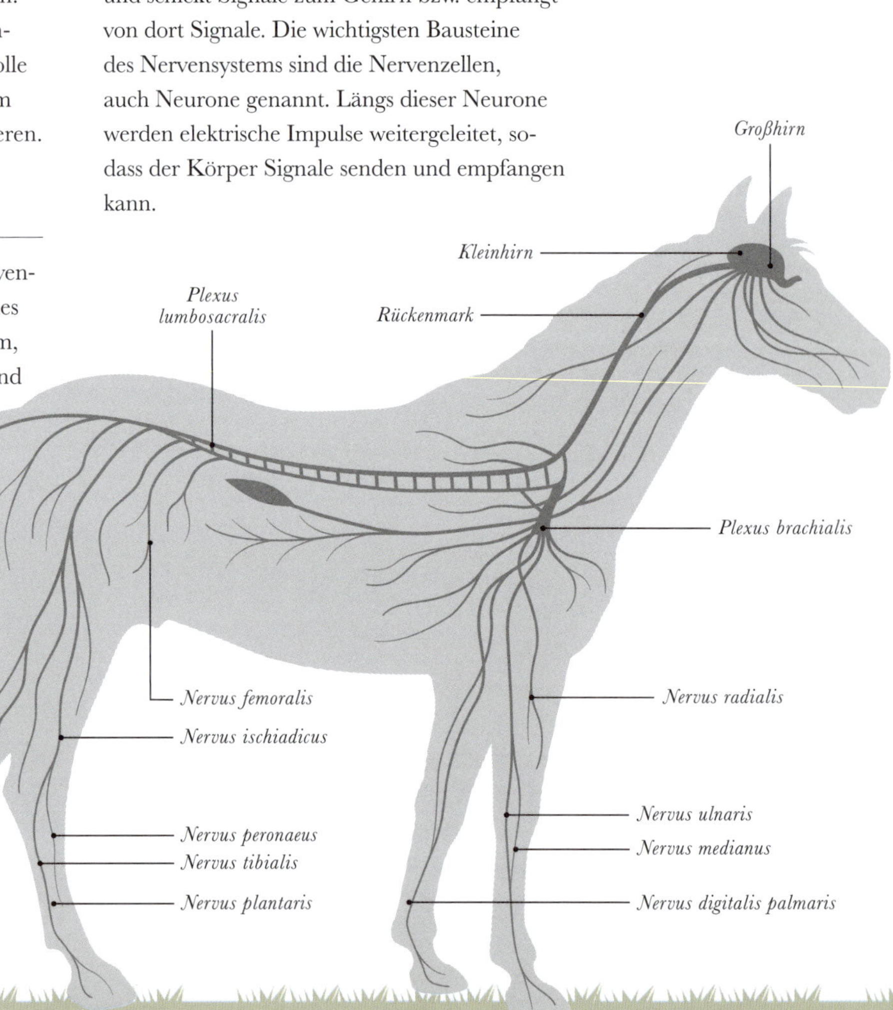

Rechts *Das Nervensystem beim Pferd besteht aus dem Zentralnervensystem, das Gehirn und Rückenmark umfasst, und dem peripheren Nervensystem, zu dem sämtliche anderen Nerven gezählt werden, die durch den Körper laufen. Signale werden von Nervenzellen weitergeleitet.*

aufmerksam und interessiert *schläfrig oder unpässlich* *entspannt, hört dem Reiter zu* *aggressiv*

Oben *Pferde setzen die Ohrmuscheln auch ein, um Stimmungen auszudrücken.*

Gleichgewicht und Koordination werden zu einem beträchtlichen Teil vom Vestibularsystem kontrolliert. Das Innenohr, in dem neben dem Gehör (siehe unten) auch das Gleichgewichtssystem (Vestibularapparat) liegt, spielt eine wichtige Rolle bei diesem Prozess.

Der Vestibularapparat besteht aus drei Bogengängen, die Linear- und Drehbeschleunigungen messen können. Dazu kommen sogenannte Propriorezeptoren, die Körperbewegungen und die Lage von Körperteilen im Raum bzw. zueinander wahrnehmen. Über solche «Eigenempfindungen» machen wir uns im Allgemeinen keine Gedanken, sie laufen automatisch und weitgehend unbewusst ab, aber sie sind für unsere Bewegungskoordination unerlässlich – ohne Propriorezeptoren in Muskeln und Sehnen und ohne das Eigenempfinden, das uns das Vestibularorgan vermittelt, gibt es keine flüssigen und fein abgestimmten Bewegungen und keine Stabilität bei der Fortbewegung.

Nozizeptoren, auch «Schmerzrezeptoren» genannt, ermöglichen uns, Gewebeschädigungen durch extreme Hitze (Verbrennungen) und Kälte (Erfrierungen), mechanische Kräfte (Verletzungen wie Schnitte und Abschürfungen) sowie chemische Substanzen (Verätzungen) wahrzunehmen.

Die Wärmewahrnehmung (Thermorezeption) erlaubt uns, Wärme oder Kälte zu spüren. Rezeptoren im ganzen Körper stellen sicher, dass die entsprechenden Informationen empfangen und an das Zentralnervensystem weitergeleitet werden, sodass der Körper in die Lage versetzt wird, in geeigneter Weise zu reagieren, um die gewünschte Körpertemperatur wiederherzustellen.

HÖREN

Das Gehör ist bei Pferden hoch entwickelt. Im Vergleich zum Menschen können sie beispielsweise höhere Töne und leisere Geräusche wahrnehmen. Pferde können auf akustische Reize reagieren, die wir nicht hören, daher kann es manchmal so aussehen, als reagierten sie sprunghaft oder unerwartet. Hengste reagieren unter Umständen eher auf Geräusche als Stuten, nicht etwa, weil sie besser hören, sondern weil sie im Lauf der Evolution gegenüber der Herde eine Beschützerfunktion entwickelt haben. Sie wollen die «Herde», auch wenn sie gar nicht existiert, vielleicht auf eine Gefahr aufmerksam machen, selbst wenn diese Gefahr ein Pferdehalter oder ein leises Rascheln im Wind ist. Es wird vermutet, dass Pferde hochfrequente Schallsignale hören, denn sie wenden ihre Ohrmuschel der Signalquelle zu, aber es ist wohl nicht so, dass sie hochfrequente Signale zur Kommunikation benutzen.

Die Ohrmuscheln sind auch deshalb wichtig, weil Pferde sie einsetzen, um Stimmungen auszudrücken (siehe oben).

Bau des Ohres

Wie beim Menschen weist das Pferdeohr drei Teile auf: das Innenohr, das Mittelohr und das Außenohr. Zum Außenohr gehört die Ohrmuschel; sie enthält mehrere Muskeln, um sich aufrichten, anlegen oder drehen zu können, sowie Knorpel, um ihre Form zu stabilisieren, und ist von Haut überzogen. Da die Ohrmuschel keine Knochen enthält, ist sie biegsam und flexibel. An die Ohrmuschel schließt sich der Gehörgang an. Das Außenohr hat die Aufgabe, Schallsignale in den mittleren Teil des Ohres zu lenken.

Das Trommelfell sitzt zwischen Außen- und Mittelohr. Der Schall erzeugt Schwingungen in der Luft, die auf das Trommelfell treffen. Das Mittelohr enthält die kleinen Gehörknöchelchen, die in der Paukenhöhle liegen; sie übertragen die Schallschwingungen vom Außenohr zum Innenohr. Die Paukenhöhle steht über die Eustachische Röhre mit der Mundhöhle in Verbindung, sodass zwischen ihr und dem Mittelohr ein Druckausgleich möglich ist.

Das Innenohr liegt geschützt im Schädelknochen und enthält die Gehörschnecke (Cochlea) und die Bogengänge. Die Bogengänge nehmen Kopfbewegung und -haltung wahr, und zwar mithilfe von sogenannten Haarzellen (Hörsinneszellen) und den auf ihnen liegenden Kristallen (Otolithen). Die Bewegung dieser Kristalle, die durch die Druckwellen in der flüssigkeitsgefüllten Hörschnecke ausgelöst werden, lösen Nervenimpulse aus, die zur Hörrinde im Gehirn geleitet werden. Der normale allmähliche Hörverlust beginnt beim Pferd im Alter von rund 5 Jahren. Gewöhnlich wird das Gehör zuerst im Bereich der höheren Frequenzen beeinträchtigt, die wir Menschen nicht hören, daher bemerken wir diesen Hörverlust oft erst, wenn die Pferde älter sind. Ihr guter Gehörsinn bringt es mit sich, dass Pferde es vorziehen, wenn man sich ihnen von vorne nähert, und macht verständlich, warum sie bei unbekannten Geräuschen gelegentlich scheuen. Die Ohren sollten stets nach Schrammen, Infektionen, Zecken und Milben untersucht und regelmäßig von Schmutz gereinigt werden. Das trägt dazu bei, das Gehör zu erhalten und Schmerzen aufgrund von Infektionen, Kratzern oder anderen zufälligen Schädigungen vorzubeugen.

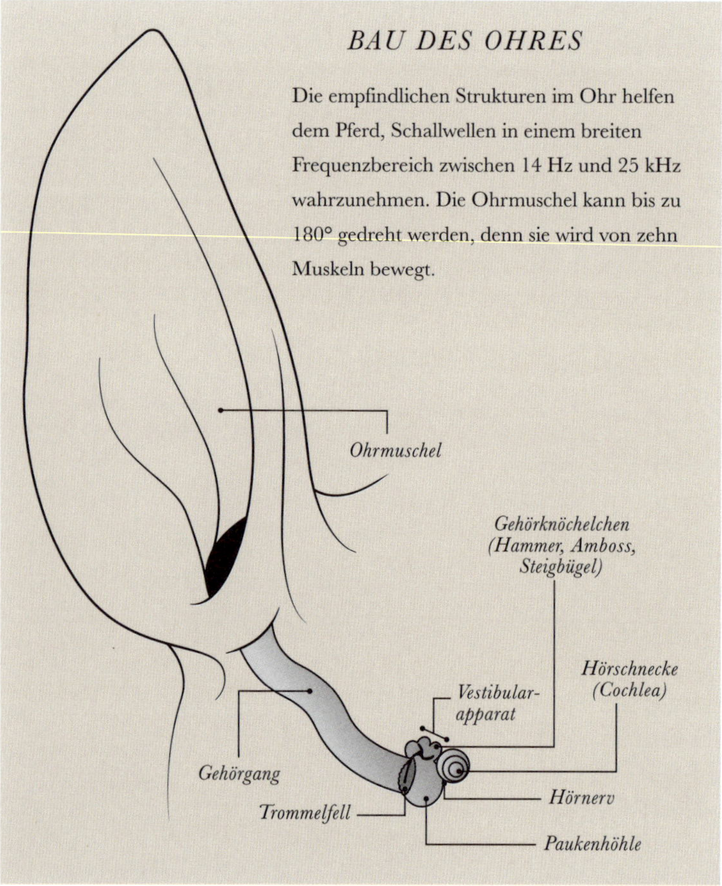

BAU DES OHRES

Die empfindlichen Strukturen im Ohr helfen dem Pferd, Schallwellen in einem breiten Frequenzbereich zwischen 14 Hz und 25 kHz wahrzunehmen. Die Ohrmuschel kann bis zu 180° gedreht werden, denn sie wird von zehn Muskeln bewegt.

Links *Das Pferdeohr besteht aus drei Hauptteilen: dem Innenohr (der Cochlea und den drei Bogengängen), dem Mittelohr (der Paukenhöhle mit den Gehörknöchelchen und der Eustachischen Röhre) und dem Außenohr (Ohrmuschel, Gehörgang und Trommelfell).*

Oben Ähnlich wie beim Gehör der Fall, haben Pferde einen besser entwickelten Geruchssinn als die meisten Menschen. Ihr Pferd kann Sie aus einer Entfernung von rund 100 Schritten riechen.

GERUCHSSINN

Der Geruchssinn, auch olfaktorischer Sinn genannt, spielt eine entscheidende Rolle bei der Suche nach Wasser und Nahrung, beim Meiden von Gefahren und für die Hengste beim Auffinden empfängnisbereiter (rossiger) Stuten. Pferde erkennen einander auch am Geruch, und wie bei vielen anderen Säugetieren ist der Geruch einer der Faktoren, der die Bindung zwischen Mutter und Kind unterstützt.

Die Nasenöffnungen (Nüstern) führen in die Nasenhöhlen. Sie können sich erweitern, um die Menge an Luft zu erhöhen, die in die Nasenhöhlen gelangt. Die «falschen Nüstern» (Nasenflügelfalten) helfen, die Luft zu filtern und Infektionen vorzubeugen, indem sie mithilfe der auf der Haut sitzenden Härchen Staub und Bakterien abfangen. Wenn die Luft nach innen gelangt, passiert sie die Nasenmuscheln; sie sind von Schleimhaut bedeckt, die, wie der Name schon sagt, Schleim absondert. In dieser Schleimhaut liegen viele Millionen von Riechzellen, die, wenn sie von Geruchsmolekülen aktiviert werden, Signale zu den beiden Riechkolben schicken, zwei Ausstülpungen vorne am Gehirn. Die linke Nasenöffnung sendet dabei Impulse zum linken Riechkolben, die rechte zum rechten Riechkolben.

Bei Pferden gibt es ein sekundäres olfaktorisches System, das Vomeronasalorgan (VNO). Dieses paarige Organ liegt dicht unter der Nasenhöhle, und ein Gang, der Ductus nasopalatinus, verbindet Nasenhöhle und VNO. Wenn die Sinneszellen des VNOs durch geeignete Duftmoleküle stimuliert werden, wird ein Signal direkt zum Gehirn geschickt. Man nimmt an, dass sich dieses zweite System hauptsächlich mit Pheromonen und chemischen Signalen von anderen Pferden – und vielleicht anderen Tierarten – beschäftigt. Das Pferd ändert auf solche Signale hin unter Umständen sein Verhalten, und sein Hormonspiegel kann sich ebenfalls verändern, zum Beispiel, wenn das VNO eine rossige Stute signalisiert. Wir können beobachten, wie das Pferd seinen Geruchssinn einsetzt, wenn es seine Oberlippe hebt (Flehmen) und seinen Kopf dabei emporstreckt. Das hilft beim Lufteinsaugen und verbessert das Geruchsvermögen. Menschen verfügen nicht über ein solches Vomeronasalorgan. Geruch ist oft mit Geschmack gekoppelt, denn die beiden können gemeinsam starke Signale aussenden und bei der Nahrungswahl behilflich sein.

Unten *Tasten und Riechen sind für domestizierte wie wilde Pferde lebenswichtige Fähigkeiten.*

Rechts oben *Pferde verfügen über ein gutes Sehvermögen. Sie sind Dichromaten (d. h., sie sehen zwei Farben) und sehen Gelb und Blau, aber kein Rot.*

Rechts unten *Da das Pferd ein Fluchttier ist, liegen die Augen an der Seite des Kopfes. «Scheuklappen» werden oft benutzt, um Pferde zu beruhigen oder dafür zu sorgen, dass sie nicht abgelenkt werden.*

GESCHMACK

Pferde ziehen süße und salzige Nahrung gewöhnlich solcher mit bitterem oder saurem Geschmack vor, wenn dies auch je nach Geschlecht des Pferdes variieren kann. Ihr Geschmackssinn (gustatorischer Sinn) ist wohl entwickelt und schützt sie meist vor dem Verzehr von Giftpflanzen – sie meiden bitter schmeckende Pflanzen.

Die Mehrheit der 25 000 Geschmacksknospen liegt auf der Zunge, einige auch am Gaumendach und im Rachen. Sobald Nahrung ins Maul gelangt, wird sie mit Speichel benetzt, und chemische Substanzen gehen in Lösung. Diese können dann durch eine kleine Öffnung in die Geschmacksknospen und zu den innen liegenden Geschmacksrezeptoren gelangen. Unterschiedliche Geschmäcker werden von spezialisierten Geschmacksknospen (Süß-, Bittergeschmack etc.) wahrgenommen, die auf der Zunge unterschiedlich verteilt liegen. Das Gehirn entschlüsselt dann den Geschmack der Nahrung aufgrund der einlaufenden Nervensignale.

Dieses System der Nahrungsprüfung ist für das Pferd, das sich nicht übergeben kann, sehr viel wichtiger als für ein Tier, das Unbekömmliches oder gar Giftiges wieder von sich geben kann. Natürlicherweise helfen auch Geruch und Textur der Nahrung dem Pferd zu entscheiden, ob es sicher ist, etwas zu fressen oder nicht.

TASTSINN

Das somatosensorische System ist für den Tastsinn verantwortlich. Dieses sensorische System kann Veränderungen im Körperinneren wie auch an der Körperoberfläche wahrnehmen. Dort gibt es unterschiedliche Rezeptoren, wie Thermorezeptoren (Temperatur), Mechanorezeptoren (mechanischer Druck oder Verformung), Chemorezeptoren (chemische Substanzen) und Nozizeptoren (schädigende Reize wie extreme Hitze/Kälte, Druck und ätzende Verbindungen).

Die Zahl der beteiligten Zellen und ihre verschiedenen Reaktionsgeschwindigkeiten sowie die Palette der Reize, auf die sie reagieren, sind riesig. Sie haben eine Wirkung auf den ganzen Körper. Jeder Pferdehalter weiß, dass der Tastsinn rund um Nase und Maul besonders stark ausgeprägt ist. Pferde benutzen diese Region, um mit anderen Pferden und inzwischen auch mit Menschen zu kommunizieren. Auf der anderen Seite benutzen wir diesen Sinn als Hilfe, um dem Pferd Anweisungen zu geben, wenn wir mit ihm arbeiten und Richtung oder Gangart kommunizieren wollen. Trotz der Ganzkörperbehaarung kann ein Pferd dank seiner Hautrezeptoren eine Fliege auf seinem Körper landen spüren und entsprechend mit dem Versuch reagieren, den Lästling zu verscheuchen.

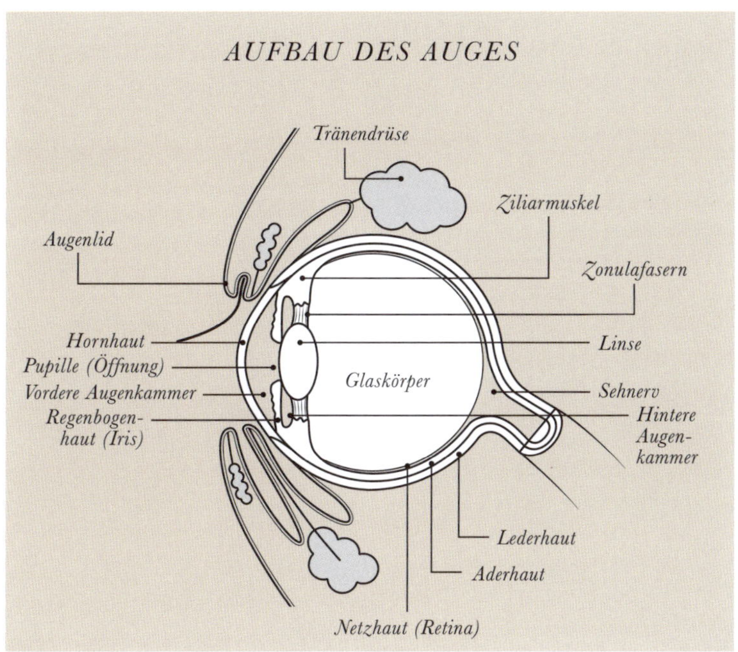

und den dahinterliegenden Glaskörper passiert hat, trifft es auf die Netzhaut (Retina). Sie enthält lichtempfindliche Rezeptorzellen, die je nach Typ auf Schwarz-Weiß-Kontraste oder auf Farbreize reagieren. Die ausgelösten Signale werden via Sehnerv zur Sehrinde im Gehirn geleitet und dort in Seheindrücke übersetzt.

Umgeben ist der Augapfel von der zähen Lederhaut (Sklera), die ihn in Form hält und schützt.

Die Iris ist in der Regel gefärbt; zu den auftretenden Farben gehören Grau, Blau, Gold, Braun, Weiß und, deutlich seltener, Rosa.

SEHEN

Pferde sind Fluchttiere und haben daher einen guten Gesichtssinn. Ihre Augen liegen seitlich am Schädel, was ihnen ein größeres Gesichtsfeld und einen umfassenderen Überblick über ihre Umgebung gewährt. Der Augapfel weist eine Reihe von Muskeln auf, die dem Auge erlauben, sich zu bewegen. Er liegt gut geschützt in der Augenhöhle, und nach vorn bieten die Augenlider Schutz, unterstützt von einem sogenannten dritten Augenlid. Wenn das Pferd blinzelt, wird Tränenflüssigkeit über die Hornhaut (Cornea) verteilt; das ist die äußere dünne Zellschicht auf dem Augapfel.

Wenn das Pferd ein Objekt sieht, fällt Licht durch die Cornea, die vordere Augenkammer und die Pupille (eine Öffnung in der Regenbogenhaut [Iris]) auf die Linse. Die Augenlinse kann ihre Form verändern, sodass das Pferd je nach Fokussierung nähere oder fernere Objekte scharf sehen kann. Sobald das Licht die Linse

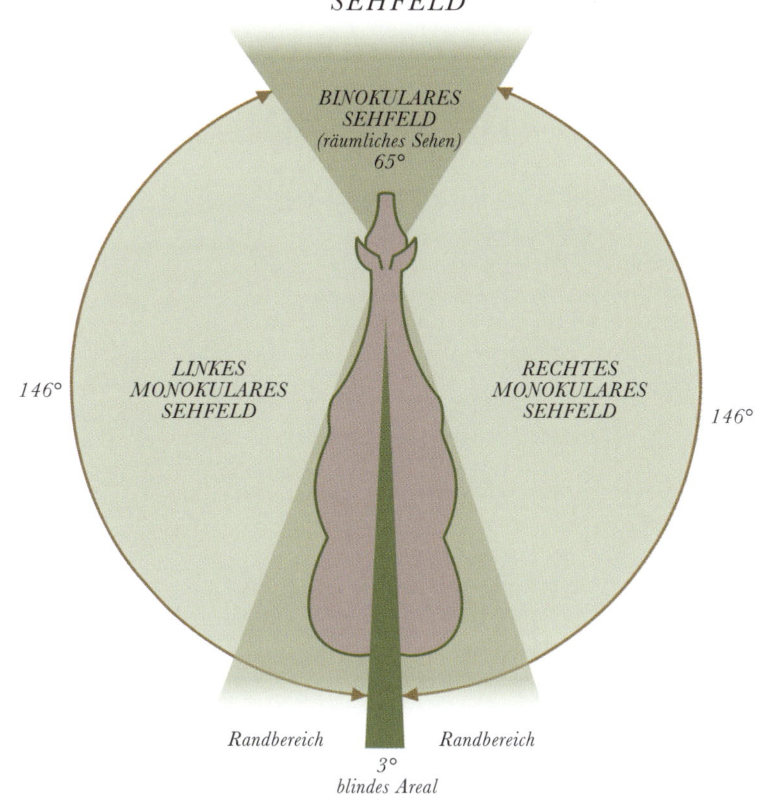

Der Huf

Pferde gehören zur Ordnung der Unpaarhufer (Perissodactyla) und haben im Laufe ihrer Evolution starke Veränderungen durchlaufen; sie stammen von fünfzehigen Säugetieren ab. Über Jahrmillionen entwickelte sich ihr heutiger Fuß mit nur einer Zehe.

ERSTE VERÄNDERUNGEN

Die ersten Equiden liefen auf gespreizten Zehen durch die Wälder, später auch über Grasland. Ältere Fossilien zeigen vier Vorder- und drei Hinterzehen.

Mit dem Vordringen in offene Landschaften wurde die Fähigkeit zur schnellen Flucht entscheidend. Nach und nach verloren so alle Zehen bis auf die dritte den Kontakt zum Boden; die zweite und vierte Zehe trugen je noch einen kleinen Teil des Gewichts. *Parahippus* und *Merychippus* besaßen immer noch drei Zehen, doch die Nebenzehen waren bereits sehr klein. *Pliohippus* schließlich hatte eine stark entwickelte Zehe und Reste der beiden anderen Zehen, und Überreste von *Diohippus* zeigen, dass einige Exemplare nur eine Zehe besaßen, andere noch Relikte der beiden anderen, so wie *Pliohippus*.

Heutige Pferde weisen noch immer Überbleibsel der zweiten und der vierten Zehe auf, die Griffelbeine. Einer Theorie zufolge konnte sich das Pferd mit nur einer Zehe zu einem schwereren Tier entwickeln (tatsächlich nahm seine Körpergröße immer mehr zu); die Reduktion der Muskelmasse im unteren Gliedmaßenbereich sparte dort Gewicht und verhalf zu schnellerem Lauf.

Unten *Die Grafik zeigt, wie sich das Fußskelett im Laufe der Evolution veränderte, während sich das Pferd zu seiner heutigen Größe (ca. 1,60 m) entwickelte.*

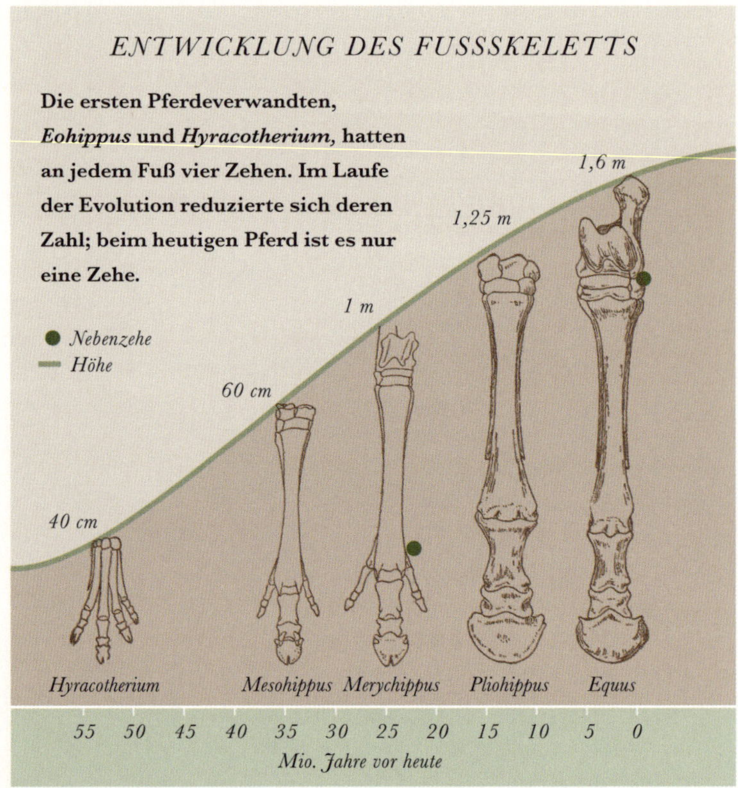

HEUTIGE PFERDE

Heutige Wild- und Hauspferde sind ähnlich gebaut. Im Laufe der Evolution hat ihr Fuß vier Zehen eingebüßt (I, II, IV und V), und die verbliebenen Knochen, Gelenke sowie der Hornschuh haben starke Veränderungen durchlaufen. So ist der Huf heutiger Pferde optimal an die rauen bergigen oder flachen Regionen angepasst, die den Lebensraum der Wildpferde bilden. Mit diesem Fuß kann das Pferd schnell laufen und zugleich das große Körpergewicht tragen.

Die Zehe umfasst die drei Zehenknochen Fesselbein, Kronbein und Hufbein (Phalanx I, II und III). Hinter dem Hufbein sitzt das Strahlbein; beide stehen mit dem Kronbein in gelenkiger Verbindung. An den Knochen setzen Bänder und Sehnen an, die das Zusammenspiel der Muskeln und Knochen unterstützen. Weichgewebe, harte Strukturen, Blutgefäße und Nerven gehören ebenfalls zum Huf. Die mehrschichtige, stabile Hufwand ist 6–12 mm dick; sie schützt das innenliegende Gewebe. An ihrem verhornten Anteil wird das Hufeisen befestigt.

Doch der Huf ist weniger robust, als er aussieht. Vor allem bei unsachgemäßer Pflege können sich Hornspalten bilden, ebenso bei Verletzungen. Auch die Haltung hat darauf Einfluss. Insbesondere durch Hufrehe kann es zu Lahmheiten kommen. Dabei sind die 550–600 Lamellen der Wandlederhaut, die eine im Wortsinne tragende Rolle für den Huf spielen, entzündet und können ihre Funktion nicht voll erfüllen. Schwere Schädigungen können die Folge sein. Pilzinfektionen wie die White Line Disease und bakterielle Infektionen, wie Strahlfäule, können ebenso auftreten wie Infektionen und Abszesse infolge von Traumata.

DER HUF

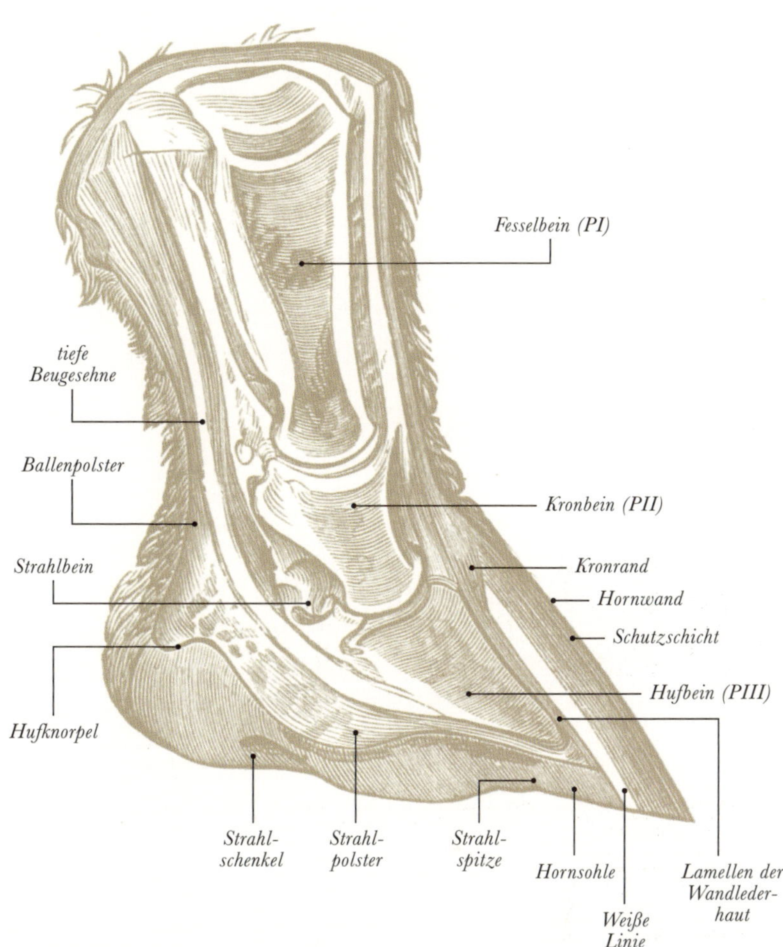

Oben *Die Funktion des Hufes basiert auf dem komplexen Zusammenspiel von Knochen, Hufwand und Weichgeweben wie Bändern, Muskeln, bindegewebigen Polstern und Lamellen.*

Fellfarben & Abzeichen

Die heutigen Hauspferde haben verschiedenste Fellfarben und Abzeichen.

FARBEN

Rappen sind schwarz mit weißen Abzeichen. **Schwarzbraune** haben fast schwarzes Fell, das in einigen Partien etwas heller braun ist. **Schwarzschimmel** sind schwarze oder dunkelbraune Pferde mit weißem Stichelhaar.

Pintos sind **Schecken** mit großflächigen weißen Flecken; man unterscheidet verschiedene Grundfarben und Formen: Die Grundfarbe kann schwarz (Rappschecke) oder eine andere Farbe sein (z. B. Braunschecke). Bei **Tobiano-Schecken** kann der Kopf dunkel sein, die weißen Flecken dehnen sich oft über die Rückenlinie aus; bei **Overo-Schecken** ist dies nicht der Fall. Als **Tovero** bezeichnet man eine Mischung aus beiden. **Sabino-Schecken** sind

Unten *Fellfarbe und Musterung dienten Wildpferden vor Urzeiten dazu, mit der Umgebung zu verschmelzen; heute geben sie Rückschlüsse auf die Zucht. Hauspferde zeigen eine enorme Vielfalt an Farben und Mustern, von denen manche recht selten sind.*

FARBEN UND MUSTER

mäßig gescheckt, doch ihre Beine sind überwiegend weiß.

Schwarzbraune sind sehr dunkel braun mit braunen oder schwarzen Akren («Points»). **Füchse** sind heller rötlich oder gelblich braun; ihr Langhaar hat meist dieselbe Farbe wie das Deckhaar oder ist etwas heller. Die dunkelste Form ist der **Dunkelfuchs**. **Braune** sind braun mit schwarzem Langhaar und manchmal schwarzen Akren. **Palominos** haben lichtfuchsfarbenes oder weißes Langhaar bei goldenem Deckhaar, während **Buckskins** goldenes Fell, aber schwarze Akren und schwarzes Langhaar haben. **Rotschimmel** sind fuchsfarben und weiß gemustert.

Falben haben meist gelbliches Deckhaar auf schwarzer Haut, doch variiert dies. Manchmal zeigen sie einen Aalstrich und Zebrastreifen an den Beinen, vielleicht eine Reminiszenz an evolutionär alte Fellzeichnungen.

Fliegenschimmel sind grau mit dunkleren Flecken. **Schimmel** haben schwarze Haut und weiße und schwarze Haare, sodass verschiedene Grauschattierungen vorkommen. Beim **Apfelschimmel** sind schwarze und weiße Haare so verteilt, dass sich dunkelgraue, heller gefüllte Ringe ergeben. Beim **Forellenschimmel** sind die Punkte rötlich.

Pferde mit Cream-Gen haben ein aufgehelltes Deckhaar; ihre Augen erscheinen oft rosa. **Cremellos** sind reinerbige Träger dieses Gens mit blasser Haut und blauen oder goldenen Augen. **Weißgeborene** gibt es nur selten; sie haben weißes Fell und unpigmentierte Haut bei blauen oder braunen Augen. Schecken werden manchmal als **Appaloosas** bezeichnet; tatsächlich aber handelt es sich hierbei um eine Rasse, keine Färbung.

ABZEICHEN AM KOPF

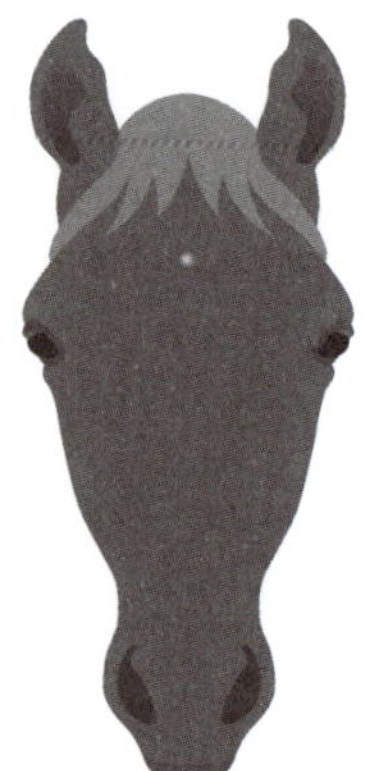

Flocke

schmale Laterne

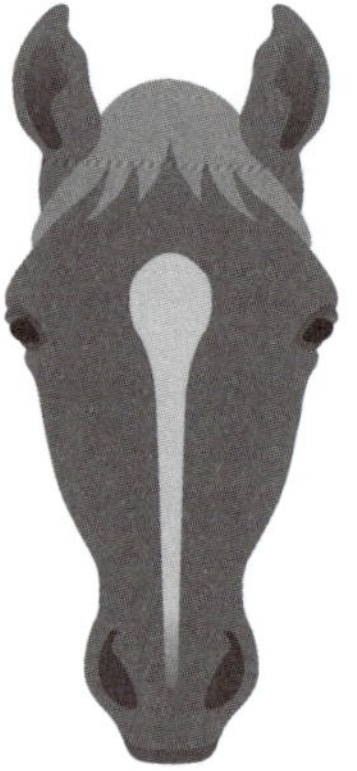

schmale Blesse

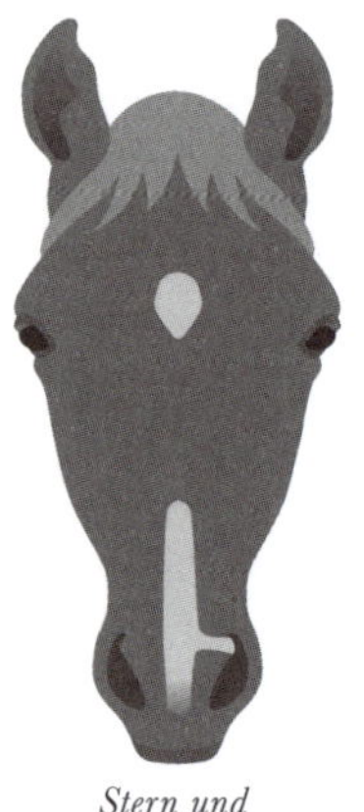

Stern und unregelmäßige Schnippe

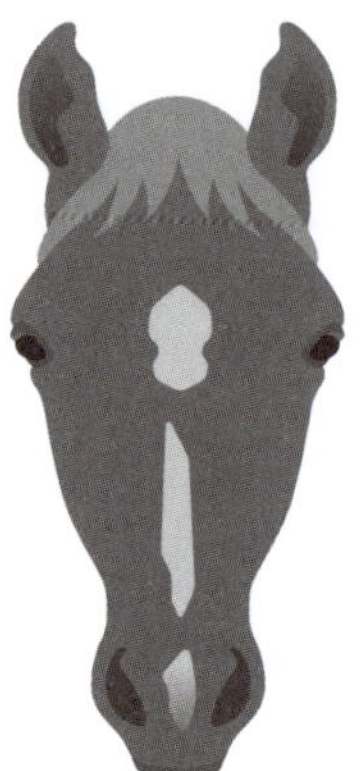

unterbrochene Blesse

FARBEN UND GENE

Es gibt zahlreiche weitere Farbbezeichnungen, die zudem je nach Land variieren. Echter Albinismus mit weißem Haar, rosa Haut und roten/rosa Augen tritt beim Pferd nicht auf, allerdings werden komplett weiße Pferde manchmal als «Albino» bezeichnet. Manchmal tritt ein Gendefekt namens Lethal White Foal Syndrome auf, betroffene Fohlen sterben bald nach der Geburt. Genetisch gesehen sind alle Pferde entweder Füchse oder Rappen. Für die Braunfärbung ist das Agouti-Gen verantwortlich; die anderen Fellfarben entstehen durch zusätzliche Gene zu dieser grundlegenden genetischen Ausstattung.

Für manche Halter und Züchter ist die Fellfarbe dermaßen wichtig, dass einige Zuchtbücher allein auf der Farbe beruhen. Aufgrund der Vererbungsregeln hat der Nachwuchs jedoch nicht immer dieselbe Farbe wie seine Eltern.

Oben *Anhand der Abzeichen am Kopf lassen sich einzelne Pferde gut beschreiben.*

Links *Entwicklung der Fellfarbe: Das Fohlenfell zeigt oft nicht die endgültige Fellfarbe. Das abgebildete Fohlen wird wohl ein Schimmel werden wie die Mutter. Palomino-Fohlen entwickeln ihre goldene Farbe oft erst im zweiten Lebensjahr. Die Fellfarbe variiert auch je nach Jahreszeit.*

ABZEICHEN

Pferde zeigen unterschiedlichste Abzeichen, besonders an Kopf und Beinen. Am Kopf sind dies z. B. Laterne, Blesse, Stern, Flocke und Schnippe. An den Beinen unterscheidet man hochweißen und weißen Fuß, weiße und halbweiße Fessel, weißen Ballen und weiße Krone. Bei Pferden mit weißem Fuß ist das Haar vom Kronrand bis zum Sprunggelenk weiß; die anderen Abzeichen reichen entsprechend weniger weit hinauf. Ein weißer Kronrand bildet nur noch einen schmalen Saum oberhalb des Hufs.

FELLZEICHNUNGEN

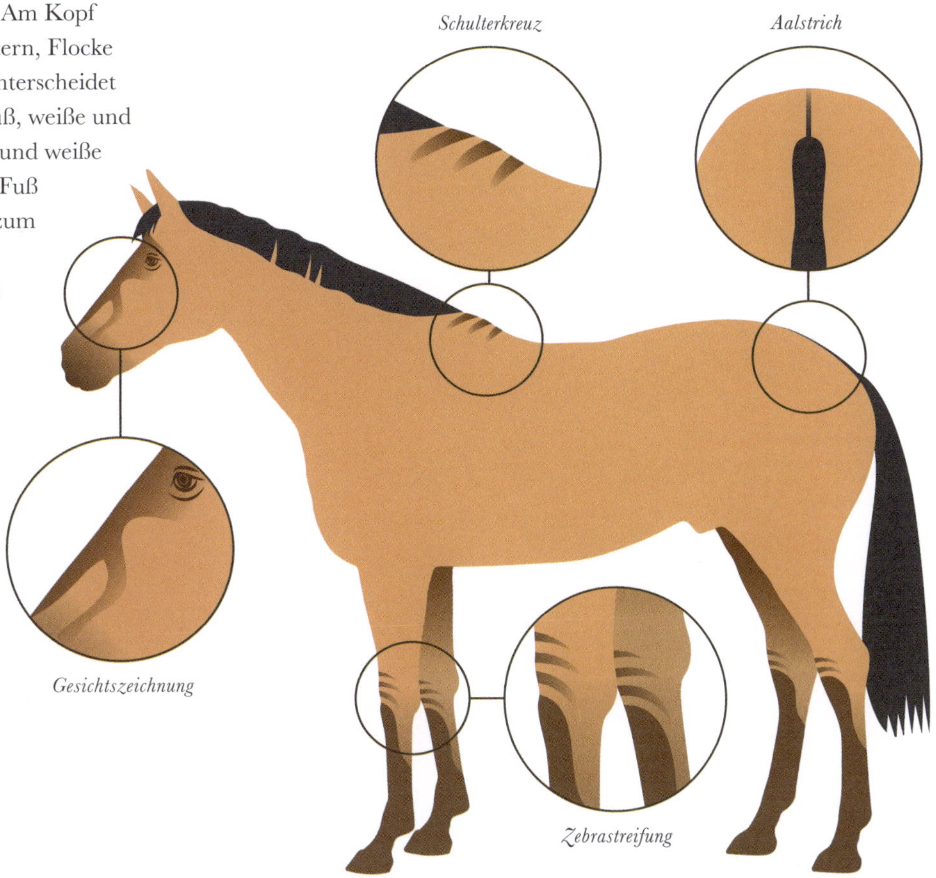

Schulterkreuz

Aalstrich

Gesichtszeichnung

Zebrastreifung

Rechts *Wie viele andere Equiden kann das Hauspferd auch Fellzeichnungen am Körper zeigen, wenn auch nicht so extrem wie Zebras.*

Unten *Abzeichen am Bein werden nach ihrer Ausdehnung vom Kronrand in die Höhe eingeteilt.*

ABZEICHEN AM BEIN

Krankheiten des Pferdes

Die Gesundheit und richtige Pflege des Pferdes sind immens wichtig. Einige Gesundheitsthemen wurden in diesem Buch bereits behandelt, wie künstliche Besamung (Seite 44) und Zahnprobleme (Seite 55). Von besonderer Bedeutung sind die aufmerksame Beobachtung durch Besitzer und Pfleger, ein guter Hufschmied und ein guter Tierarzt. Die Gesundheit des Pferdes hängt auch von der Haltung ab, also von gutem Futter, sauberem Wasser, stressfreier Umgebung, passender Ausrüstung und sauberer Unterbringung. Einige Krankheiten werden hier kurz abgehandelt.

FOHLEN

Bei der Pflege des Fohlens ist zu bedenken, dass Fohlen anfälliger für Krankheiten und Probleme sind als adulte Tiere. Zunächst ist sicherzustellen, dass das Fohlen trinkt: Mit Kolostrum und Milch nimmt es lebenswichtige Immunglobuline auf, die ihm passiv Immunität gegen vielerlei Krankheiten verleihen. Und fehlendes Trinken kann auf Gesundheitsprobleme bei Fohlen oder Stute hinweisen, wie Schwäche des Fohlens, Fieber oder gar eine Septikämie («Blutvergiftung»).

Links *Eine Tierärztin versorgt ein neugeborenes Fohlen. Dieses ist anfällig für Infektionen und Krankheiten. Zwar verleihen Kolostrum und Milch eine gewisse passive Immunität, aber jedes Fohlen sollte nach der Geburt auf seine Verfassung und mögliche Verletzungen untersucht werden.*

Ob die passive Immunisierung fehlgeschlagen ist, lässt sich per Blutuntersuchung prüfen. Manchen Besitzern gelingt es, Kolostrum von verschiedenen Stuten zu gewinnen und betroffene (oder gar alle) Fohlen damit zu versorgen, sodass diese unterschiedlichste Immunglobuline erhalten.

Jedes Fohlen sollte zudem auf Geburtsverletzungen sowie angeborene Leiden, wie etwa Gliedmaßen-Fehlstellungen, Linsentrübungen, Herzfehler oder sogar noch schwerer wiegende Krankheiten, untersucht werden.

Eine besondere Gefahr stellt die neonatale Isoerythrolyse (NI) dar. Dabei zerstören die Antikörper der Mutter die roten Blutkörperchen des Fohlens. Dieses erscheint oft schlapp und zeigt eine erhöhte Atem- und Herzfrequenz; es trinkt wenig und sein Harn verfärbt sich infolge des Abbaus der Erythrozyten. Die Krankheit ist per Blutuntersuchung nachweisbar und kann mit Bluttransfusion, Intensivpflege, intravenöser Flüssigkeitsgabe und Antibiotika behandelt werden.

Fohlen sind generell anfälliger für Krankheiten des Verdauungstraktes als adulte Pferde. Ob Parasitenbefall, bakterieller oder viraler Infekt, falsche oder übermäßige Fütterung oder Durchfall während der «Fohlenrosse» der Mutter, alles erfordert eine angemessene Behandlung, z. B. mit Antibiotika, Elektrolytgaben und viel Pflege.

Unmittelbar nach der Geburt können sich auch Komplikationen am Herzen ergeben. Beim Übergang vom Fötus zum Fohlen macht das Herz eine starke Veränderung durch, die durch den ersten Atemzug des Tieres ausgelöst wird. In den ersten Lebenstagen zeigen Fohlen deshalb oft eine schwankende Herzfrequenz.

ANGEBORENE HERZFEHLER

Atriumseptumdefekt

Kleine Defekte haben meist eine gute Prognose, doch große schränken die Herzfunktion massiv ein. Dabei bleibt das Foramen ovale bestehen, eine Öffnung zwischen rechtem und linkem Vorhof, die Teil des fötalen Kreislaufes ist und sich nach der Geburt normalerweise schließt. Das Blut fließt dann direkt vom linken wieder in den rechten Vorhof, was die Pulmonalklappe überlasten kann. Entdecken kann man diesen Defekt per EKG. Solche Probleme sind oft erblich und nicht leicht zu behandeln. Engmaschige Beobachtung ist angeraten.

Trikuspidalatresie

Dieser schwere Defekt führt zu Zyanose (Blaufärbung durch Sauerstoffmangel), schwachem Puls, Herzgeräuschen, gestörter Reizleitung im Herzen, Vergrößerung der linken bei unterentwickelter rechter Herzkammer sowie Ventrikelseptumdefekt. Die Lebenserwartung ist gering.

Fallot-Tetralogie

Bei dieser auch beim Menschen vorkommenden Fehlbildung treten vier Probleme zugleich auf. Aufgrund der Schwere der Defekte ist es meist angeraten, betroffene Fohlen zu euthanasieren.

Persistierender Ductus arteriosus

Hier bleibt wiederum ein Teil des fötalen Kreislaufs als «Kurzschluss» zwischen Lungenarterie und Aorta bestehen und erzeugt ein Herzgeräusch. Komplikationen können, müssen aber nicht auftreten.

ADULTE PFERDE

Lungenkrankheiten kommen beim Pferd häufig vor. Die sogenannte Recurrent Airway Obstruction (RAO, wiederkehrende Atemwegsverlegung) geht meist auf Pilzsporen im Heu zurück und kann die Lunge anhaltend schädigen. Man behandelt sie medikamentös und durch Vermeidung der Ursachen (sporenbefallenes Heu entfernen, Haltung auf staubfreiem Untergrund).

Auch Koliken stellen ein ernstes Problem dar. Es gibt über 75 Auslöser für Schmerzen im Bauchraum beim Pferd und entsprechend viele Behandlungsansätze, von der Flüssigkeitsgabe über die Gabe von Krampflösern oder Abführmitteln, Entzündungshemmern und Schmerzmitteln bis hin zu operativen Eingriffen. Die Behandlung kann kostspielig sein; nach der Diagnose und Prognose durch den Tierarzt sollte man daher abwägen, ob etwa eine Operation tatsächlich dauerhaften Erfolg verspricht.

Wie alle Tiere sind auch Pferde dem Befall mit vielerlei Parasiten, Viren und Bakterien ausgesetzt. Dieser kann äußere Bereiche (Augen, Ohren, Haut) sowie das Innere des Körpers betreffen (innere Organe, Blutgefäße). Häufige Parasiten sind Spul-, Faden- und Bandwürmer, Dasselfliegen, Maden- und Magenwürmer. Gute Weide- und Stallhygiene, gründliche Pferdepflege sowie das Vermeiden eines zu dichten Tierbesatzes wirken einem Parasitenbefall entgegen. Die Behandlung erfolgt mit speziellen Medikamenten (wie Anthelmintika), oft begleitet von Flüssigkeitsgabe und besonderer Pflege.

Im Luftsack kann es zu einer bakteriellen Infektion kommen; dieser Bereich ist auch anfällig für Traumata und Fremdkörper. Nasenausfluss zeigt oft eine Infektion des Luftsacks an; manchmal ist auch eine örtliche Schwellung erkennbar. Oft erfolgt die Behandlung mit Antibiotika, in schweren Fällen auch eine Spülung. Ist beides erfolglos, kann eine Operation notwendig sein. Auch Pilzinfektionen und angeborene Leiden können den Luftsack betreffen.

Pferdehalter sollten ihr Tier regelmäßig auf Hautkrankheiten untersuchen. Natürlich kommt es hin und wieder zu Kratzern und Wunden; es können aber auch Warzen, Flechten, Entzündungen und sogar Melanome auftreten, außerdem Insektenstiche, Verätzungen sowie virale, bakterielle und Pilzinfektionen, Abszesse, Zysten, Tumoren, Geschwüre und sonstige Hautleiden.

Unten *Ein Pferd mit Kolik. Koliken sind immer Anlass zur Besorgnis. Oft gehen sie auf Haltungsfehler zurück. Sie rufen Schmerzen im Bauchraum hervor und können den Magen-Darm-Trakt schädigen.*

Das Genom des Pferdes

Dank der genetischen Forschung können heute viele erbliche Krankheiten bereits per Gentest ermittelt werden, und man hofft, mithilfe dieser Informationen neuartige Therapien entwickeln zu können. In Kapitel 1 erfuhren wir, wie die Genetik Auskunft über die Abstammung und Vielfältigkeit des Hauspferdes und anderer Vertreter dieser Familie gibt. Die Genforschung ist weiter dabei, die Geschichte und Abstammung des Pferdes zu erhellen. Doch genetische Informationen werden heute auch zu Zuchtzwecken genutzt und verschaffen uns Erkenntnisse über Gesundheit und Krankheit.

CHROMOSOMEN UND NUKLEINSÄUREN

Vor einigen Jahrzehnten ermittelte man, dass das Hauspferd über 32 Chromosomenpaare (darunter zwei Geschlechtschromosomen) verfügt, die in fast jeder Körperzelle komplett vorliegen. Stuten haben zwei X-Geschlechtschromosomen, Hengste je ein X- und Y-Chromosom. Zwar ist das Genom (die Gesamtheit der Gene) beim Menschen größer als beim Pferd, aber er verfügt nur über 23 Chromosomenpaare inklusive Geschlechtschromosomen (XX bzw. XY).

Das Genom besteht aus den vier Nukleinbasen Thymin, Cytosin, Adenin und Guanin sowie weiteren Molekülen, die alle zusammen doppelsträngige, langkettige Nukleinsäuren (DNA oder RNA) bilden. Dabei stehen sich die Basen paarig gegenüber. Ein Gen entspricht einem Abschnitt dieser Nukleinsäuren und hat eine bestimmte Abfolge von Nukleinbasen. Diese Sequenz ist bei jedem Individuum anders, besonders große Unterschiede finden sich aber zwischen Rassen und vor allem Arten. Das Pferdegenom umfasst etwa 2,7 Milliarden Basenpaare, je nach Art, Rasse und Individuum. Damit ist sein Genom etwas kleiner als das des Hundes sowie kleiner als das des Rindes und des Menschen. Erstaunlicherweise befindet sich etwa die Hälfte der Gene an vergleichbarer Stelle wie beim Menschen (Syntänie).

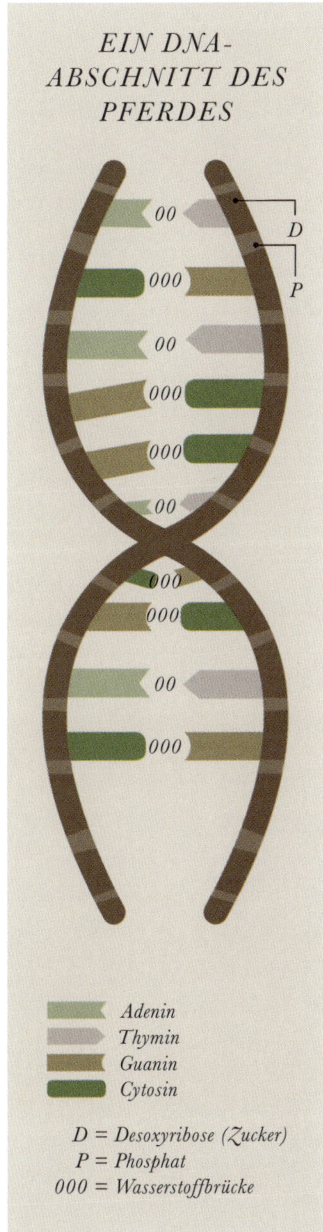

Rechts *Die DNA (Desoxyribonukleinsäure) enthält den Bauplan des Lebens. Die «Buchstaben» sind die vier Basen (abgekürzt A, T, G und C), die mit Zuckern und Phosphaten sowie über Wasserstoffbrückenbindungen einen Doppelstrang bilden. Im Jahr 2009 wurde das erste vollständig sequenzierte Pferdegenom veröffentlicht. Wissenschaft, Zucht und Tiermedizin werden davon noch jahrzehntelang profitieren.*

GENOMSEQUENZIERUNG

Das erste Pferd, dessen Genom komplett sequenziert wurde, war die Vollblutstute Twilight. An dem internationalen Projekt waren mehr als 100 führende Wissenschaftler mit ihren Laborteams beteiligt. Im Januar 2007 schließlich war nach jahrelanger Arbeit die Sequenzierung abgeschlossen.

Im Jahr 2012 wurde das Genom einer Quarterhorse-Stute sequenziert, und zeitgleich erschien eine große Studie, die die Sequenzen verschiedener domestizierter Pferdearten präsentierte: vom Przewalski-Pferd, einer Eselart sowie mehreren prähistorischen, 13 000 bzw. 50 000 Jahre alten Pferden. Zudem wurden in Studien viele verschiedene Rassen untersucht, kleinere Genomabschnitte sequenziert und Mutationen identifiziert. All dies trug zur Gesamtkartierung des Pferdegenoms bei.

Nicht nur diese, sondern alle genetischen Studien haben der Entschlüsselung des Pferdegenoms und dem Verständnis für die Genfunktion den Weg geebnet. Zwar ist die Sequenz ermittelt, doch wissen wir noch nicht von jedem Gen und jeder Mutation, was sie bewirken. Viele wichtige Gene und Krankheiten wurden jedoch bereits identifiziert.

SPEZIFISCHE TESTS AUF GENE UND MUTATIONEN

Für Tests auf bestimmte Gene oder Mutationen benötigt man nur wenige Zellen, etwa aus Blut oder Speichel; daher sind solche Tests besonders praktikabel. Gentests nutzt man bereits für die Erforschung der Evolution des Pferdes, ebenso in der modernen Zucht, um – wie beim Menschen – Abstammungen nachzuweisen.

Ist ein Pferd Träger eines bestimmten Gens, bedeutet das nicht zwangsläufig, dass man mit ihm nicht züchten kann. Das andere potenzielle Elterntier sollte jedoch getestet werden, da manche Gene nur dann einen (erwünschten oder unerwünschten) Effekt erzielen, wenn die Nachkommen sie von beiden Eltern erhalten (rezessiver Erbgang). Bei einem dominanten Gen dagegen genügt ein einzelnes Gen.

Gentests können auch Aufschluss über den richtigen Umgang geben. Bei der Malignen Hyperthermie etwa treten die Symptome oft nur unter bestimmten Bedingungen (wie einer Narkose) auf; Tiere mit dem entsprechenden Gen sind also besonders genau zu beobachten.

Gentests gibt es heute für verschiedene Leiden, darunter Glycogen Branching Enzyme-Defizienz (GBED), Hereditäre equine regionale dermale Asthenie (HERDA, rezessiver Erbgang), Hyperkaliämische periodische Paralyse (HYPP, rezessiv), Maligne Hyperthermie (MH, intermediär), Polysaccharid-Speicher-Myopathie Typ 1 (PSSM1, dominant) und das Fohlen-Immundefizienz-Syndrom (FIS). Mit fortschreitenden Kenntnissen zum Genom werden wir bald auf weitere Erbkrankheiten, aber auch auf erwünschte Merkmale (etwa die Fellfarbe) testen können.

Die Genome der verschiedenen Pferdearten unterscheiden sich deutlich. Das Przewalski-Pferd hat die höchste Chromosomenzahl aller Pferde; es verfügt über ein Chromosomenpaar mehr als das Hauspferd. Trotz der zusätzlichen Chromosomen ($2n = 66$ gegenüber $2n = 64$ beim Hauspferd) entstehen bei Kreuzungen der beiden Arten fruchtbare Nachkommen. Interessanterweise wissen wir noch nicht, ob das Chromosom 5 des Hauspferdes beim Przewalski-Pferd in zwei Chromosomen aufgeteilt ist oder ob dessen Chromosomen 23 und 24 beim Hauspferd zu einem einzigen ver-

63 *Maultiere und Maulesel haben 63 Chromosomen.*

62 *Esel haben 62 Chromosomen.*

32 *Das Bergzebra hat 32 Chromosomen.*

46 *Das Grevy-Zebra hat 46 Chromosomen.*

schmolzen. Bekannt ist, dass die Zahl beim Przewalski-Pferd stets höher ist als bei anderen Pferden, daher vertreten viele die Teilungstheorie. Zudem wurden trotz der unterschiedlichen Chromosomenzahl nur vier Allele gefunden, die spezifisch für das Przewalski-Pferd sind, was wiederum seine starke Ähnlichkeit zum Hauspferd nahelegt.

CHROMOSOMENZAHLEN

Maultiere und Maulesel haben 63 Chromosomen; dies ergibt sich aus den Chromosomenzahlen der Elterntiere (Hauspferd 64, Esel 62). Sie spielen für die genetische und gentechnische Forschung eine wichtige Rolle. Auch das Klonen wird seit einigen Jahren praktiziert, so schufen die Forscher des Project Idaho 2003 das geklonte Maultier Idaho Gem. Er war somit der erste geklonte Equide und der erste geklonte Arthybride. Später wurden zwei weitere Maultiere (Utah Pioneer und Idaho Star) geklont. Idaho Gem und Idaho Star nahmen an Maultierrennen teil und erreichten mehrfach gute Platzierungen, sie waren also kräftig und gesund.

Zebras haben unterschiedlich viele Chromosomen. Das Grevy-Zebra besitzt mit 46 die meisten Chromosomen, Steppenzebras haben 44, Bergzebras 32 Chromosomen. Interessanterweise besitzen Zebroide (Hybriden aus Zebras und anderen Pferdearten) 54 Chromosomen.

DIE ZUKUNFT

Inzwischen hat die Wissenschaft nicht nur den genetischen Code entschlüsselt; sie ist auch dabei, solche Veränderungen zu enträtseln, die nicht durch unterschiedliche Codes oder Mutationen bedingt sind. Diese «Epigenetik» wurde 2008 erstmals formal definiert, sie ist somit ein junger Wissenschaftszweig. Dennoch ist der Erkenntnisgewinn bereits gewaltig. Epigenetische Veränderungen beeinflussen, ob und wie Gene exprimiert werden, also phänotypisch in Erscheinung treten. Bei anderen Arten kennt man bereits Veränderungen, die über viele Generationen bestehen; beim Pferd werden sie derzeit erforscht. Zukünftig werden Genetik und Epigenetik nicht nur helfen, Erbkrankheiten aufzuspüren und die Zucht zu verbessern, sondern auch neue Möglichkeiten zu Therapie, Prophylaxe und Genmanipulation eröffnen.

44 *Das Steppenzebra hat 44 Chromosomen.*

KAPITEL 3

Sozialleben & Verhalten

Paarungsverhalten

Partnerwerbung und Paarung erfolgen meist innerhalb eines «Harems», einer Familienstruktur mit zwei oder drei sich fortpflanzenden Hengsten. Diese verteidigen «ihre» Stuten, aber kein eigentliches Revier, denn die Tiere durchstreifen je nach Jahreszeit und Nahrungsangebot wechselnde Gebiete.

Das Paarungsverhalten folgt bei Wildpferden einem festen und meist jahreszeitlich vorgegebenen Muster und wird entweder von der Stute oder dem Hengst eingeleitet.

PAARUNG

Paarungsbereite Hengste kontrollieren ständig den Geruch der Stuten und auch den von deren Urin und Kot; so ermitteln sie, in welchem Status sich die Stuten befinden. Während der Paarungssaison ist ein Hengst besonders aufmerksam. Ist eine Stute im Östrus, zeigt sie dies durch häufiges Urinieren an. Zudem ändert sich der Geruch ihres Urins – ein olfaktorisches Signal, das beim Hengst ein angeborenes Paarungsverhalten auslöst.

Meist nähert sich die Stute dem Hengst und initiiert die sexuelle Aktivität, indem sie ihm das Hinterteil zukehrt und den Schwanz zu einer Seite hebt, um ihre Genitalien zu präsentieren. Der Hengst beschnüffelt diese und flehmt danach oft. Die Stute wendet dem Hengst oft den Kopf zu, und er berührt ihre Nüstern mit seinen, grummelt sacht und

ANGEBORENES PAARUNGSVERHALTEN

Angeborene Verhaltensweisen sind meist fest im Nervensystem verankert und laufen auf einen externen oder internen Stimulus hin ab, ohne dass das Tier diesen zuvor schon einmal erlebt haben muss. Feste Handlungsmuster bestehen aus einer Abfolge vorhersagbarer Handlungen, die durch einen spezifischen Reiz ausgelöst und meist von allen Artgenossen ähnlich ausgeführt werden. Die einfachste Form angeborenen Verhaltens ist ein Reflex, wie der Patellarsehnenreflex beim Menschen: Klopft man auf die Sehne unterhalb der Kniescheibe, aktiviert das einen neuronalen Schaltkreis zwischen Knie und Gehirn, und es wird eine unbewusste Trittbewegung ausgelöst.

Instinkte sind komplexer. Sie sind angeboren, relativ unflexibel und helfen einem Tier bei der Anpassung an seine Umwelt. Ein Pferd, das seinen Schweif an einem Baum scheuert, ist ein Beispiel dafür. Chemische Signale, z. B. Pheromone, spielen eine wichtige Rolle bei der Auslösung instinktiver Handlungen, wie Angst-, Paarungs- und Fürsorgeverhalten. Instinktives Verhalten wird oft durch die Wechselwirkung innerer und äußerer Stimuli ausgelöst und ist somit auch abhängig vom körperlichen Zustand eines Tieres. Werbungs- und Paarungsverhalten findet statt, wenn Sexualhormone im Blut zirkulieren. Dies bewirkt, dass der Hypothalamus im Gehirn feste Handlungsabläufe auslöst, die zur Paarung führen. Diese Reaktionen erfolgen spezifisch nur auf bestimmte Anteile dessen, was die Sinne eines Tieres registrieren. Das zeigt, dass ein Tier nur auf Reize reagiert, die sich evolutionsgeschichtlich als bedeutsam für Überleben und Fortpflanzung erwiesen haben.

fährt dann mit dem «Grooming» fort. Dabei leckt und stupst er ihren Körper entlang bis zu den Hinterbeinen und umfasst manchmal ihr Sprunggelenk mit dem Maul. Wenn der Hengst sich der Stute genähert hat oder ihrer Aufforderung gefolgt ist, hat er meist bereits eine Erektion und legt seinen Kopf auf ihren Rumpf; so stellt er fest, ob sie paarungswillig ist. Dann besteigt er die Stute und führt rasch seinen Penis ein.

Während der Kopulation beißt der Hengst die Stute meist in den Nacken oder den Widerrist; nach einigen Sekunden steigt er ab. Beide Pferde zeigen danach noch einige Minuten einander zugewandtes Verhalten, und nicht selten grasen sie hinterher noch bis zu drei Stunden beieinander.

PARTNERWAHL

Die Wahl des Partners liegt eindeutig bei der Stute, die meist dem Hengst gestattet, sie zu besteigen, und Avancen unerwünschter Partner – unerfahrener Junghengste aus der eigenen Gruppe oder fremder Hengste – durch Bisse oder Tritte abwehrt. Untersuchungen an Gruppen mit mehreren Hengsten ergaben jedoch, dass sich rangniedere Hengste mit derselben Stute paarten; zudem ist vielfach belegt, dass sich Stuten mit Hengsten außerhalb ihres «Harems» paarten, manchmal während desselben Östrus. Stuten, die in eine andere Gruppe getrieben wurden, versuchen manchmal sogar, in ihre alte Gruppe zurückzukehren. Bekannt ist auch, dass Stuten dichtes Gebüsch aufsuchen, um Annäherungsversuchen eines Hengstes zu entgehen.

Links *Ein paarungsbereiter Hengst prüft ständig den Geruch der Stute und betreibt vor der Paarung Fellpflege bei ihr. Beide verhalten sich auch nach der Paarung einander zugewandt und grasen oft noch stundenlang beisammen.*

Rechts *Nach dem Aufreiten des Hengstes erfolgt das Eindringen recht schnell. Während der Kopula beißt der Hengst die Stute meist in Nacken oder Widerrist.*

Elterliche Fürsorge

Das Pferd ist ein potenzielles Beutetier, daher ist elterliche Fürsorge unerlässlich, um eine gute Ernährung des Fohlens zu gewährleisten und es vor Raubfeinden zu schützen. So hat es gute Chancen, das Erwachsenenalter zu erreichen und sich selbst fortzupflanzen.

TRAGZEIT UND GEBURT

Wenn die Geburt naht, sucht die Stute einen ruhigen Ort auf – meist nachts, damit das Neugeborene eine Weile vor Beutegreifern geschützt ist. Nachts ist zudem der Oxytocin-Blutspiegel höher, und eine Funktion dieses Hormons besteht darin, die Wehen auszulösen. Auch das Verhalten verrät, dass die Geburt bevorsteht: Die Stute wirkt unruhig, schaut auf ihren Bauch, scharrt und geht wiederholt umher und legt sich nieder. Sie sondert sich von der Gruppe ab. Im zweiten Stadium der Geburt liegt die Stute am Boden und zeigt starke Bauchkontraktionen. Während und nach der Geburt ist das Fohlen vollkommen still, denn jeder Laut könnte in dieser verwundbarsten Phase seines Lebens Raubfeinde anlocken.

Nach der Geburt bleibt die Stute oft noch einige Minuten liegen, während die Plazenta abgestoßen wird; nach dem Aufstehen untersucht sie diese minutenlang (und frisst sie manchmal), außerdem beschnuppert und leckt sie ihr Fohlen. Dabei überträgt sie Substanzen aus ihrem Speichel auf das Fohlen. Gleichzeitig nimmt sie das Fruchtwasser auf, das den Körper des Fohlens noch bedeckt. Dies ist der Augenblick der mütterlichen Prägung, bei der die Stute das Fohlen als ihr Junges kennenlernt, das sie verteidigen und säugen muss. Die Prägung erfolgt innerhalb der ersten 30 Minuten nach der Geburt; danach lässt die Stute kein anderes Fohlen an sich saugen oder schnüffeln.

Oben *Ein junges Fohlen mit seiner Mutter auf der Waldweide. Beim Pferd als potenziellem Beutetier entscheidet die elterliche Fürsorge über das Überleben der Nachkommen und der Art. Das Fohlen muss lernen, was sicher ist und wo und wie es Nahrung und Wasser findet. So kann es gut heranwachsen und sich selbst fortpflanzen.*

ABLEHNUNG DES FOHLENS

Manches Fohlen verliert seine Mutter, weil sie stirbt oder es ablehnt oder weil sie es nicht aufziehen kann. In freier Natur wird es dann nicht überleben, weil es keine Immunität gegen Infektionen hat, die es sonst über die Muttermilch erwirbt.

Eine Stute kann ihr Fohlen aus verschiedenen Gründen ablehnen, etwa aus Furcht, Verwirrung und infolge von Störungen durch den Menschen. Manche Stuten verhalten sich gegenüber jedem Fohlen, das sie zur Welt bringen, aggressiv.

In Zuchtbetrieben beansprucht die Handaufzucht sehr viel Zeit und bringt womöglich Verhaltensauffälligkeiten mit sich; die Aufzucht durch eine Ammenstute ist dagegen ideal.

Unten *Ein neugeborenes Islandfohlen macht die ersten Schritte. Die gegenseitige Prägung von Mutterstute und Fohlen muss innerhalb der ersten 30 Minuten nach der Geburt erfolgen, damit die Mutter ihr Fohlen erkennt, es säugt und verteidigt. Manchmal kommt es dennoch zur Ablehnung.*

Fohlenalter & Jugend

Pferde sind «Nestflüchter», das heißt, sie kommen gut entwickelt zur Welt und können praktisch sofort nach der Geburt laufen und sogar rennen. Sie sind Fluchttiere, daher muss ein Fohlen sehr schnell atmen, aufstehen und laufen können.

FRÜHES VERHALTEN

Das Verhalten des Fohlens muss sich nach einem ganz bestimmten Muster entwickeln, damit es überleben und sich den Herausforderungen seiner neuen Umwelt nach seiner

Oben *Ein Islandfohlen und seine Mutter. Als Nestflüchter kommen Pferde weit entwickelt zur Welt; fast unmittelbar nach der Geburt kann das Fohlen bereits vor Raubfeinden flüchten.*

Links *Dieses Scheckfohlen und seine Mutter bleiben mindestens seine ersten vier Lebenswochen hindurch dicht beieinander. Die Mutter bietet nicht nur Sicherheit, sondern lehrt das Fohlen auch, Nahrung und Schutz zu suchen, und schult es in sozialen Interaktionen wie dem Spiel.*

Geburt stellen kann. Das Fohlen steht innerhalb von 50 Minuten nach der Geburt auf. Es kann zwar bereits sehen, aber das Gesehene noch nicht verarbeiten, also tastet es sich mit der Nase an Brust, Vorderbeinen und Flanke der Mutter (die es dabei oft sanft stupst) entlang und sucht die Zitzen. Die erste Milch der Stute, das Kolostrum, enthält wichtige Proteine, die dem Fohlen Immunität verleihen. Sie sollte binnen zwei Stunden nach der Geburt aufgenommen werden.

Der Körper des Neugeborenen braucht bis zu 24 Stunden, um sich physiologisch den Gegebenheiten der neuen Umgebung außerhalb des Mutterleibs anzupassen. Klinisch rechnet man für diese Phase der körperlichen und Verhaltensanpassung vier Tage. Daher beschränkt man in Zuchtbetrieben das menschliche Eingreifen auf das medizinisch notwendige Minimum; frühe Erziehungsmaßnahmen wie das «Imprint Training» sind nicht angeraten.

ENTWICKLUNG DES VERHALTENS

Nicht nur in den ersten Lebenstagen erfolgen entscheidende Entwicklungsschritte. Die Entwicklung von Verhaltensweisen, die dem Fohlen die besten Überlebenschancen in der Natur verschaffen, ist in den Genen der Pferde festgeschrieben; diese Entwicklung verläuft in den ersten elf Lebensmonaten in einer stereotypen Abfolge von Schritten. Können sich diese Entwicklungsschritte nicht normal vollziehen, wird das Pferd später wahrscheinlich nicht nur beim Training Probleme haben. Die Probleme werden oft von späteren Ereignissen ausgelöst und aufrechterhalten, doch die Neigung dazu entsteht in diesem frühen Entwicklungsstadium. Manche der Verhaltensweisen sind angeboren, wie Stadien des Schlafens, Erschrecken und Lautäußerungen; andere werden durch Lernen verstärkt, etwa Appetenzverhalten und Endhandlungen in Reaktion auf Umgebungsreize, Vermeidungs- und Fluchtreaktionen sowie konditionierte Assoziationen mit Objekten und Ereignissen.

Das Grasen ist ein Beispiel für angeborenes Verhalten, das in mehreren Schritten erlernt wird. In der ersten Lebenswoche spielt das Fohlen sehr kurze Zeit mit Gras, ohne es zu fressen. Noch am ersten Lebenstag knabbert es am Gras und zupft es mit den Zähnen ab; an Tag 3 kann es das Gras mit den Zähnen zermalmen. Erst nach drei Wochen gelingt das Grasen im Gehen, und das selektive Grasen wie bei Adulttieren erfolgt erst in der 4.–6. Lebenswoche. Junge Fohlen betreiben Koprophagie (Kotfressen); dies dient wahrscheinlich der Entwicklung des Nervensystems, der Stabilisierung des Darmes und dem Erlernen des selektiven Fressens.

FOHLEN UND IHRE MÜTTER

In den ersten vier Lebenswochen bleibt das Fohlen stets in der Nähe der Mutter, die ihm Sicherheit und Nahrung bietet. Sie zeigt ihm, wie und was es fressen soll, und lehrt es all die Dinge, die es zum Überleben wissen muss, vom Spielen bis zum Suchen von Schatten und Schutz. Das Fohlen orientiert sich an der Mutter und entwickelt sein eigenes Verhaltensprofil anhand ihrer Erfahrung.

Wenn die Herde nicht gerade an einen neuen Ort weiterzieht, beschränkt sich der Aktionsradius des Fohlens auf die «Kinderstube» im direkten Umfeld der Mutter und anderer Mutterstuten. Im zweiten Lebensmonat verbringt es deutlich mehr Zeit mit anderen Mitgliedern des Harems oder der Herde.

Nun beginnt die Phase der Sozialisation, die bis zum Ende des dritten Lebensmonats währt. In dieser Phase entwickelt das Fohlen affiliative Verhaltensweisen, wie das Spiel mit Gruppenmitgliedern und soziale Fellpflege (Allogrooming).

In freier Natur bleibt ein Fohlen bei der Mutter, bis diese das nächste Fohlen zur Welt bringt, also etwa bis ins Alter von 12 Monaten. Dann lässt sie das neue Fohlen trinken, wehrt das ältere aber ab. Ist die Stute jedoch im Folgejahr nicht wieder trächtig, säugt sie das letzte Fohlen oft längere Zeit (manchmal mehrere Jahre), wenn auch immer seltener. Binnen zwei bis vier Wochen nach dem Entwöhnen gleicht der Tagesablauf eines Fohlens fast exakt dem eines adulten Pferdes.

Unten *Die Mutter bildet für das heranwachsende Fohlen einen sicheren Anlaufpunkt, von dem aus es die Welt erforschen sowie Selbstvertrauen und Unabhängigkeit entwickeln kann.*

Die Bindung zwischen Stute und Fohlen ist sehr förderlich für dessen Entwicklung, ist doch die Mutter eine sichere Basis, von der aus es die Welt erkundet und immer mehr Selbstbewusstsein und Unabhängigkeit entwickelt. Auch der Vater und die Geschwister sowie weitere Gruppenmitglieder spielen eine wichtige Rolle in seiner sozialen Entwicklung, bis es mit Erreichen der Fortpflanzungsfähigkeit den Harem verlässt.

HERANWACHSEN

Junghengste und -stuten verlassen die Gruppe, in der sie geboren wurden, ab dem Alter von ungefähr zwei Jahren innerhalb von ein bis fünf Jahren. Manche Tiere bleiben bei ihrer Gruppe, bis sie das Erwachsenenalter erreicht haben, doch die meisten jüngeren Herdenmitglieder wandern ab. Das ist wichtig, um Inzucht zwischen dem Leithengst und den fortpflanzungsfähigen Stuten zu vermeiden.

Oben *In freier Natur bleibt das Fohlen bis zur Geburt des nächsten Fohlens bei der Mutter, meist bis zum Alter von etwa 12 Monaten. Mit rund zwei Jahren verlassen Jungtiere die Herde; so wird Inzucht vermieden.*

Gruppen- & Sozialverhalten

Pferde sind Tiere der offenen Steppe und ständig vor Raubfeinden auf der Hut. Daher ergibt es evolutionär gesehen Sinn, abwechselnd Ausschau zu halten und als Gruppe zu leben, bei der viele Augen wachsam sind. Manchmal müssen die Tiere lange Strecken zurücklegen, um neue Nahrungsgründe, Wasser oder Schutz zu finden, deshalb steigert es die Überlebenschancen der Gruppe, wenn einzelne Tiere abwechselnd unterschiedliche Aufgaben übernehmen, sei es als Wachtposten oder als Leittier. Das verschafft dem einzelnen Gruppenmitglied bessere Aussichten, zu überleben und sich fortzupflanzen. Als Gruppe können Pferde zudem besser Ressourcen und ihren Nachwuchs verteidigen und gemeinsam für ihre Jungtiere sorgen.

HAREMS, TRUPPS UND HERDEN

Frei lebende Pferde leben in zweierlei Gruppenformen: als Harem, einer Fortpflanzungsgemeinschaft, oder als Trupp von (Jung-) Hengsten ohne Harem. Eine Fortpflanzungsgemeinschaft kann mehr als einen Hengst haben; meist paart sich der Leithengst (manchmal auch zwei oder mehr Hengste) mit den Stuten der Gruppe. Gelegentlich wählen Stuten einen anderen Hengst der Gruppe oder einen gruppenfremden Hengst für die Paarung – wenn sie sich dem wachsamen Auge des Leithengstes entziehen können, was gar nicht selten der Fall ist.

Trupps sind meist stabile Gruppen von drei bis zwölf Tieren, deren Streifgebiet sich mit denen anderer Trupps überschneidet. Je nach Verfügbarkeit und Lokalisation von Ressourcen sowie den herrschenden Umweltbedingungen vermischen sich solche Trupps mehr oder weniger mit anderen. Bei Wassermangel

Rechts *Die Pferde auf Shackleford Banks bilden Harems, verteidigen aber auch Reviere. Dieses ungewöhnliche Verhalten ist vermutlich die Folge des hohen Anteils von Stuten an der Population.*

Unten *Als potenzielle Beutespezies lebt das Pferd sicherer in einer Gruppe. So kann immer ein Tier Ausschau nach möglichen Raubfeinden halten.*

Fortpflanzungsgemeinschaft aus 2–3 Hengsten und mehreren Stuten («Harem»)

Trupp aus Junghengsten, die über keinen Harem verfügen

Hengste wandern aus Trupps ab und versammeln Stuten zu einem eigenen Harem

etwa können sich mehrere Gruppen an einer Wasserstelle zusammenfinden, und in großen offenen Gebieten können sie gemeinsam eine größere Herde bilden. Bei territorialen Equidenarten wie Grevy-Zebra oder Kiang verteidigt ein Hengst ein Revier, während er beim haremsbildenden Hauspferd «seine» Stuten verteidigt.

HAREMSBILDUNG

Hengste bilden ihren Harem auf unterschiedliche Weise. Zum einen versammeln sie Jungstuten, die sich von ihrer Ursprungsgruppe gelöst haben, zum anderen adulte Stuten, die ihre Gruppe verlassen haben oder deren Hengst tot oder zu schwach ist, um sie länger zu verteidigen. Ein Hengst kann Stuten aus einem anderen Harem entführen oder in seltenen Fällen auch einen ganzen Harem übernehmen, indem er einen anderen Hengst im Kampf besiegt. Dazu schließen sich manche Hengste einem Harem zunächst als «Satellitenmännchen» an. Junghengste eines Trupps können sich all dieser Methoden bedienen und bilden dazu anfangs manchmal Allianzen. So lösen sich Junghengstetrupps allmählich auf, und neue Harems entstehen.

DIE PFERDE VON SHACKLEFORD BANKS

Shackleford Banks ist eine vorgelagerte Barriereinsel vor der Küste North Carolinas (USA), auf der etwa hundert Pferde leben. Zwar gelten Pferde als nicht territoriale Tiere, die Harems bilden, doch gibt es auch Ausnahmen von dieser Regel. Einige Pferde auf der Insel bildeten wie erwartet Harems; bei einigen Harems wurde jedoch beobachtet, dass die Hengste nicht nur ihre Stuten, sondern auch ein Revier verteidigten. Ein Grund dafür ist der hohe Anteil von Stuten an der Population, aufgrund dessen diese nicht so heftig gegen Konkurrenten verteidigt werden müssen. Da höhere Vegetation fehlt, sind Rivalen überdies schon früh auszumachen. Die begrenzte Fläche der Insel trug ebenfalls zum Revierverhalten bei. Im Lauf der Zeit jedoch nahm die Vegetation zu, und die Inselpferde kehrten wieder zum nicht territorialen Verhalten zurück.

TAGESABLAUF

Der Tagesablauf oder das Aktivitätsmuster spiegelt wider, mit welchen Verhaltensweisen aus dem Verhaltensinventar (Ethogramm) eines Tieres dessen Tag angefüllt ist. Bei verwilderten oder halbwilden Pferden unterliegt dies dem Einfluss von Tageslichtlänge, Temperatur, jahreszeitlichen Veränderungen, Nahrungs- und Wasserangebot sowie -qualität, Parasitenbefall, Wetter und Prädatorenaktivität. Grasen und Ruhen oder Schlafen beanspruchen bis zu 98 % der Zeit eines frei lebenden Pferdes, nach manchen Beobachtungen auch nur 90 %. Das Verhältnis von Grasen zu Ruhen variiert je nach Vegetationsdecke im Streifgebiet; wüstenbewohnende Pferde etwa verbringen weniger Zeit mit Fressen. Pferde grasen im Winter mehr tagsüber als nachts, während sich das Grasen im Sommer mehr in die Nacht verlagert – vielleicht weil dann mehr Nahrung vorhanden ist und die Tiere tagsüber ruhen, um Insekten zu entgehen.

Bewegung macht nur einen geringen Anteil im Zeitbudget frei lebender Pferde aus; allerdings sind sie auch beim Fressen meist in Bewegung und machen alle paar Maulvoll einen oder mehrere Schritte. Innerhalb einer 24-Stunden-Periode bewegen sie sich vor allem, um bevorzugte Ruheplätze anzusteuern und Schutz zu suchen. Bei Trockenheit begeben sich die Tiere außerdem mehr zu Wasserstellen. Ist die Entfernung zwischen Futterstellen und Wasserquellen groß, trinken die Pferde seltener; halbwilde Pferde in Australien etwa warten bis zu 48 Stunden, bevor sie eine Tränke aufsuchen.

Das übrige Zeitbudget eines Einzeltiers oder der Gruppe ist durch soziale Kommunikation und Pflegeaktivitäten bestimmt. Typische Verhaltenskategorien sind also Bewegungs- und Nahrungs- sowie Pflegeverhalten (wie Wälzen, Schweifschlagen, Kratzen mit den Hinterhufen und Scheuern an Bäumen oder Zaunpfählen). Zur Thermoregulation suchen die Tiere Schatten, sonstigen Schutz oder Wasser oder stellen sich mit der Kehrseite in den Wind.

Interaktionen zwischen Gruppenmitgliedern bewirken recht ausgeprägte individuelle Unterschiede im Potenzial zur Kontrolle von Ressourcen (*resource-holding potential*, RHP), je nach Motivation des Einzeltieres und Verfügbarkeit der Ressourcen.

Unten *Halbwild gehaltene Pferde in der Türkei. Das Zurücklegen weiter Strecken nimmt bei frei umherstreifenden Pferden erstaunlich wenig Zeit in Anspruch. Unter warmen, trockenen Bedingungen (wie hier) sind die Tiere mehr unterwegs, um Tränken aufzusuchen.*

DAS ETHOGRAMM DES PFERDES

Ein Ethogramm verzeichnet systematisch sämtliche Verhaltensweisen einer in einem bestimmten Lebensraum lebenden Spezies; die beobachteten Tiere können wild, verwildert bzw. halbwild oder in Gefangenschaft leben. Die «normalen» Verhaltensweisen schwanken entsprechend den Möglichkeiten der jeweiligen Umgebung. Menschliche Einflussnahme kann hier negative Auswirkungen haben, und viele «abnorme» Verhaltensweisen sind das Ergebnis der Domestikation oder Gefangenschaft.

Verhaltenskategorie	Anforderungen für das Ausleben der Verhaltensweise	
Aggression/Flucht: Reaktion auf echte oder empfundene Bedrohungen von außen	• Orientierungsmöglichkeit hin zu potenziellen Bedrohungen, fluchtbereite Positionierung	• uneingeschränkte Beweglichkeit (Schmerzfreiheit) • Fähigkeit zur individuellen und zur Reaktion als Gruppe
Nahrung: Fressen und Trinken	• bis zu 16 Stunden Futtersuche und Fressen am Tag, täglich Zugang zu frischem Wasser	
Pflege: Wälzen, Strecken usw.	• Möglichkeit zum Wälzen auf unterschiedlichem Untergrund, um sich zu scheuern, loses Fell abzustreifen oder sich mit Schlamm zu bedecken	• vertraute Herdenmitglieder, mit denen soziale Fellpflege ausgeübt werden kann • uneingeschränkte Beweglichkeit (Schmerzfreiheit)
Ruhen/Schlafen: stehend oder liegend	• Möglichkeit zur Wahrnehmung normaler Schlafrhythmen mit Dösen im Stehen bei eingerastetem Patellarmechanismus • Möglichkeit, sich in Brustlage niederzulegen • Möglichkeit, sich ausgestreckt auf die Seite zu legen (nur dann ist REM-Schlaf möglich)	• vertraute Umgebung mit vertrauten Artgenossen, von denen einige «Wache halten» und andere schlafen (nur dann ist angemessener Schlaf möglich) • uneingeschränkte Beweglichkeit (Schmerzfreiheit)
Bewegung	• Möglichkeit, sich frei im Auslauf/Streifgebiet zu bewegen, also (nicht nur) im Voranschreiten zu grasen, auf Bedrohungen zu reagieren und mit Artgenossen zu spielen • stabile, vertraute Gruppe (nur dann ist Spielen möglich) • Möglichkeit, angeborenes Spielverhalten schon kurz nach der Geburt und bis ins Erwachsenenalter auszuleben, besonders unter Hengsten und Wallachen	• Spiele auch mit Objekten, um Furcht gegenüber neuartigen Objekten in der Umgebung zu reduzieren • Möglichkeit für Laufspiele («Fangen»), Kontaktspiele («Rangeln») und spielerisches Aufreiten • uneingeschränkte Beweglichkeit (Schmerzfreiheit) • Spiel dient der Stärkung des Gruppenzusammenhalts
Erkundung der Umgebung	• Möglichkeit, die Umgebung zu durchstreifen, und Zugang zu allen Ressourcen, wie	Artgenossen, Wasser, bevorzugte Futterpflanzen, Schatten, Schutz
Assoziierung: Herdendynamik	• Möglichkeit, anhaltende Bindungen zu Artgenossen einzugehen, auch mit Blutsverwandten	• Möglichkeit, Paarungsverhalten und elterliche Fürsorge auszuleben

Fressen & Schlafen

Pferde, die gemeinsam fressen und schlafen, sind weniger Stress ausgesetzt als allein gehaltene Pferde. Diese Verhaltensweisen sind nicht nur unerlässlich für den Erhalt der Körperfunktionen und der Gesundheit – für eine Beutespezies wie das Hauspferd sind Fressen und Schlafen als soziale Verhaltensweisen auch für das psychische Wohlbefinden entscheidend.

Unter den Bedürfnissen des Pferdes ist Sicherheit Voraussetzung für alle anderen Aktivitäten. Pferde, die sich nicht sicher fühlen, fressen nicht mehr und schlafen oft zu wenig. Natürlicherweise fressen, ruhen und schlafen die Tiere in der Sicherheit der Gruppe und wechseln sich darin ab, nach Raubfeinden und anderen Gefahren Ausschau zu halten.

Unten *Pferde grasen bis zu 16 Stunden täglich. Sie fressen von Natur aus ständig kleine Mengen und legen dabei in freier Natur bis zu 80 km am Tag zurück.*

NATÜRLICHES NAHRUNGSVERHALTEN

Frei lebende Pferde sind bis zu 16 Stunden täglich grasend unterwegs. Als Tiere der Ebenen können sie täglich bis zu 80 km zurücklegen, wobei sie permanent kleine Mengen Nahrung aufnehmen und vor allem nachts und in der Dämmerung aktiv sind. Sie fressen nicht nur verschiedenste faserreiche, energiearme Gräser und krautige Pflanzen, sondern auch Blätter, Zweige und Rinde von Bäumen und Büschen – eine Reminiszenz an die Frühzeit ihrer Evolution, als der nur etwa hundegroße *Eohippus* das fraß, was ihm sein Lebensraum Wald bot. Pferde manipulieren Blätter und Halme mit ihren beweglichen Lippen und reißen sie dann mit den Schneidezähnen ab; Rinde und Zweige werden dagegen abgenagt. Während des Kauens heben die Tiere den Kopf und prüfen die Umgebung auf Gefahren. Unter natürlichen Bedingungen fressen Pferde langsam und bedächtig; dabei selektieren sie bestimmte Pflanzen nach ihrem Geschmack und Geruch und übergehen solche, die unangenehm schmecken oder ihnen fremd sind.

Das Grasen ist mehr als nur die reine Nahrungsaufnahme, denn dem Aufnehmen und Schlucken der Nahrung geht eine appetitive oder Suchphase (allgemein oder nach einer bestimmten Nahrung) voraus. Dies ist zu bedenken, wenn man Pferden Nahrung als Belohnung vermittelt; dabei sollte nicht nur Zeit für das Fressen, sondern auch für das initiale Suchverhalten gewährt werden.

Anders als Wiederkäuer haben Pferde nur einen Magen, dessen Bau und Funktion von den Tieren verlangt, in ständiger Bewegung kleine Mengen Nahrung aufzunehmen. Verwehrt man ihnen ihre natürlichen Verhaltens- und Ernährungsbedürfnisse, indem man sie von Bewegung oder Nahrungssuche abhält, drohen gesundheitliche Probleme, wie Magengeschwüre, Koliken oder das equine metabolische Syndrom (u. a. mit Hufrehe) sowie stereotype Verhaltensstörungen, wie Weben, Koppen/Krippensetzen oder Kreiswandern in der Box.

Unten *Das Nahrungsspektrum wild lebender Pferde umfasst vor allem Gräser (Süß- und Sauergräser, also auch Riedgräser und Binsen); andere Pflanzen und Sträucher spielen eine untergeordnete, vor allem im Winter aber dennoch wichtige Rolle.*

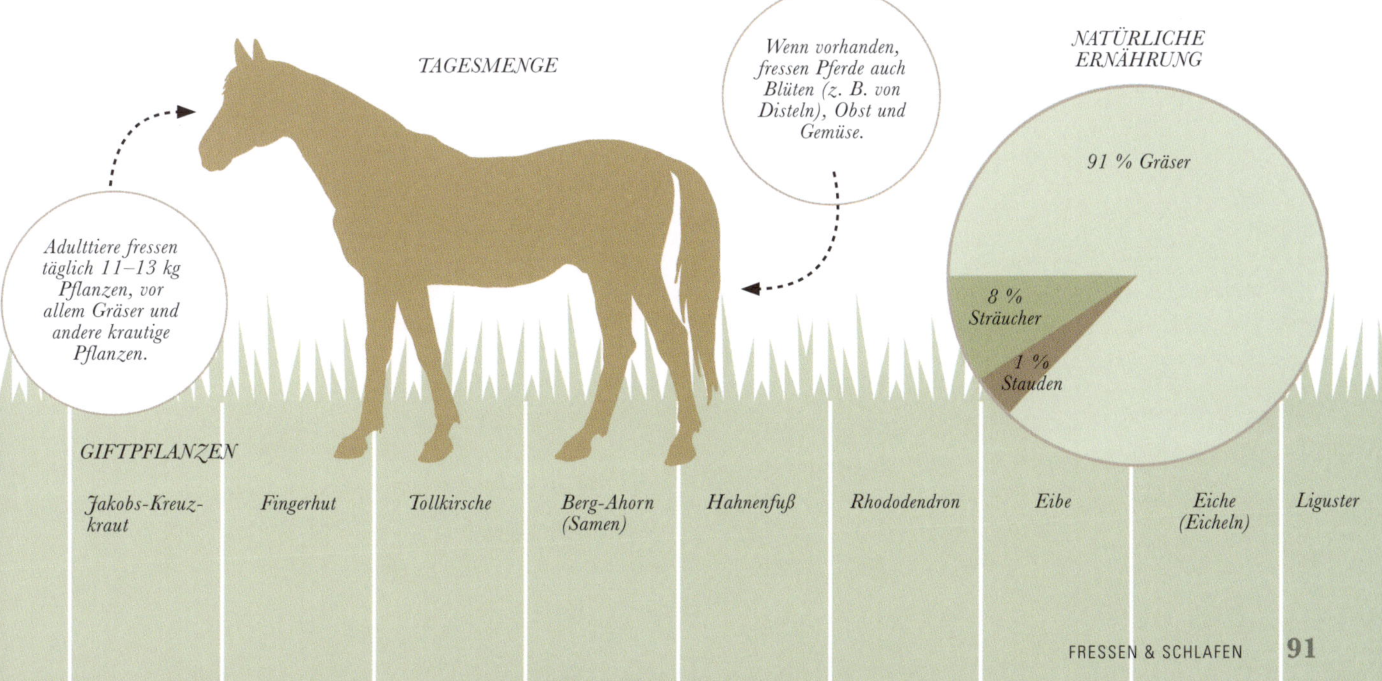

NATURNAHE STALLHALTUNG

Bei der Pferdehaltung sollte man darauf achten, dass die Tiere täglich so lange schlafen und fressen können, wie es dem Zeitbudget ihrer wild lebenden Artgenossen entsprechen würde. Aufgestallte Freizeit- und Sportpferde erhalten oft energiereicheres Futter in Mengen und zu Zeiten, die ihrem natürlichen Verhaltensrepertoire nicht entsprechen; die Isolation bei Einzelstallhaltung beeinträchtigt zudem das Nahrungs- und Schlafverhalten und damit das mentale und körperliche Wohl.

Verhaltens- und Tierwohlforscher raten Pferdebesitzern und -pflegern zu Maßnahmen zur Bereicherung (Enrichment) der Umwelt, wie sie teils schon in der Nutz- und Zootierhaltung Anwendung finden. Bei Pferden sind dies verschiedene ad libitum verfügbare Futtermittel, die im Stall verstreut werden, Streufütterung von Kraftfutter, die Ermunterung zum Objektspiel als angeborenes Motorikmuster, das Ermöglichen von «Futtersuche» an Holz und Zweigen sowie die soziale Interaktion mit Herdenmitgliedern.

Wenn sich die Pferde einer Stallung gut kennen und die Gruppe keinem ständigen Wechsel unterworfen ist, stellt die Gruppenaufstallung in einer Scheune eine kostengünstige und relativ unaufwendige Möglichkeit dar, soziale Interaktionen und Bewegung herbeizuführen.

SCHLAFVERHALTEN

Das Ruhe- und Schlafverhalten des Pferdes teilt sich in Dösen im Stehen und Schlafen im Liegen. Wenn das Grasen mehr Zeit in Anspruch nimmt, was bei frei umherziehenden Pferden jahreszeitgemäß geschieht, nimmt die Ruhezeit ab, doch die Zeit, die liegend verbracht wird, bleibt konstant bei mindestens einer Stunde am Tag.

Oben *Studien legen nahe, dass Halter nach Möglichkeit das natürliche Verhaltensrepertoire der Tiere zulassen sollten. Aufstallung oder Auslauf in Gruppen ermöglichen soziale Interaktionen; Beschäftigung bieten Möglichkeiten zur Futtersuche, Spielobjekte und Zugang zu Ästen und Zweigen.*

Anders als der Mensch sind Pferde dämmerungsaktiv und polyphasisch; sie schlafen, dösen oder ruhen zirka drei bis fünf Stunden pro Tag in kurzen Phasen, die über den ganzen Tag verteilt sind, vor allem aber nachts. Schlafstörungen können sich auf die physische und psychische Gesundheit auswirken. Pferde müssen sich sicher fühlen, um ihrem normalen Schlafrhythmus nachzugehen, daher brauchen sie die Nähe einer Gruppe oder zumindest eines Artgenossen.

In Gruppen oder Zweiergespannen legen sich die miteinander vertrauten Individuen abwechselnd nieder, um zu schlafen, sodass stets mindestens ein Pferd stehen bleibt und nach Raubfeinden und anderen Gefahren Ausschau hält.

Pferde nehmen je nach Schlafstadium unterschiedliche Haltungen ein. Beim Dösen stehen sie entspannt und entlasten ein Hinterbein, die Augen sind halb geschlossen. Dabei verhindert der sogenannte Patellarmechanismus (Kniescheibenmechanismus), dass das belastete Hinterbein wegknickt. Im Tiefschlaf liegen die Pferde in Brusthaltung mit aufgestütztem Kopf, während des REM-Schlafs dagegen flach ausgestreckt auf der Seite. Letzteres erfolgt jeweils in Phasen von drei bis zehn Minuten, pro Tag insgesamt etwa 30 Minuten. Man nimmt an, dass die Tiere im REM-Schlaf träumen, da sie dabei manchmal Laute von sich geben, ausschlagen oder Laufbewegungen machen. Der REM-Schlaf ist für das körperliche und psychische Wohl der Tiere unerlässlich; wenn sie sich nicht flach ausstrecken können oder mögen, etwa weil sie unter Schmerzen oder Isolationsängsten leiden, stellt sich schnell Schlafmangel ein. Pferde mit Schlafmangel brechen nicht selten aus dem Stand zusammen, weil sie in REM-Schlaf sinken und ihr Muskeltonus versagt; oft wird dann fälschlich eine Narkolepsie vermutet.

Pferde legen sich nicht gern auf Bodenbelägen wie Beton oder Gummimatten ab; eine neue Umgebung, räumliche Enge sowie Transporte stören ebenfalls den Schlaf. Forscher ermittelten, dass der REM-Schlaf bei Pferden bis zu drei Tage nach einem Transport ausbleibt. Auch dies kann ihr Wohlbefinden beeinträchtigen, besonders wenn zusätzlich Stress oder Angst bestehen. Pferde gähnen normalerweise, wenn sie müde sind, doch in schneller Folge wiederholtes Gähnen kann ein Anzeichen für Stress sein.

Unten *Die REM-Schlafphase ist für das körperliche und psychische Wohl unerlässlich. Kann sich ein Pferd nicht zum REM-Schlaf auf der Seite ausstrecken, entsteht bald Schlafmangel, der wiederum zu Stress und Ängsten führt.*

Kommunikation

Als soziale, in großen Gruppen lebende Tiere haben Pferde ein ausgeklügeltes Kommunikationssystem entwickelt, mit dem sie Informationen über ihre Umwelt, Beziehungen und emotionale Verfassung austauschen können. Viele der übermittelten Informationen sind überlebenswichtig, etwa Hinweise auf einen Raubfeind, Nahrungs- und Wasserstellen oder Fluchtwege. Ihre Fähigkeit, durch Hören, Riechen, Kontakt oder Ablesen der Körperhaltung Signale von Artgenossen wahrzunehmen und diese zu interpretieren, hat für sie dieselbe Bedeutung wie die Sprache für uns Menschen. Die Bedeutung dieser Signale ist immer noch nicht ganz erforscht. Bei einer Studie etwa sollten Pferde anhand der Ohrstellung und Blickrichtung eines auf einem Foto gezeigten Pferdes einen Eimer mit Futter auswählen; dabei lagen sie zu 75 % richtig. Wurden jedoch entweder die Ohren oder die Augen des Pferdes auf dem Foto abgedeckt, ging die Trefferzahl zurück und entsprach nur noch dem Zufallswert. Vermutlich betrachten also Pferde die Augen und Ohren ihrer Artgenossen, um etwas über die Lokalisation von Nahrungsquellen und vielleicht auch andere wertvolle Ressourcen zu erfahren.

VISUELLE KOMMUNIKATION

Besonders komplex ist die mimische Kommunikation, bei der mittels Gesichts- und Halsmuskulatur über Veränderungen an Ohren, Augen, Nüstern, Maul, Kinn und Hals verschiedenste emotionale und kognitive Zustände signalisiert werden, wie Furcht, Frustration, Aggression, Vertrautheit, Neugier und Überraschung. Typisch bei Furcht sind ein hoch getragener Kopf, angespannter Hals, weit geöffnete Augen, die die weiße Sklera zeigen, und geblähte Nüstern. Bei miteinander vertrauten Pferden, die um eine Ressource streiten, kann das dominante Pferd schon durch kurzes Ohrenanlegen oder eine leichte Kopfwendung dem Konkurrenten sein Vorrecht auf ein Fleckchen Weideland signalisieren.

Pferde kommunizieren auch räumlich, indem sie etwa einem Artgenossen ausweichen – ein deutliches visuelles Signal, das als Unterwürfigkeitsgeste ausgelegt wird, aber auch ein Zeichen für individuelle Abneigungen gegen bestimmte Gruppenmitglieder sein könnte. Denkbar wäre auch, dass so eine Konfrontation vermieden werden soll, um Energie zu sparen und den Gruppenzusammenhalt nicht zu schwächen.

Rechts oben *Pferde begrüßen einander durch gegenseitiges Beschnüffeln, ganz gleich, ob sie sich kennen oder fremd sind. Mit ihrer guten Nase nehmen sie Pheromone wahr und erkennen, ob eine Gefahr droht oder nicht.*

OLFAKTORISCHE KOMMUNIKATION

Mit ihrem feinen Geruchssinn nehmen Pferde Pheromone, Nahrung, Wasser und andere für sie wichtige Ressourcen oder Gefahren in der Umwelt wahr. Vertraute und einander fremde Pferde beschnüffeln sich bei der Begrüßung Nase an Nase, Hengste auch an Ellbogen, Flanke und Genitalien. Ein werbender Hengst beschnüffelt die Stute im Bereich von Ellbogen und Flanke; dort befinden sich zahlreiche Schweißdrüsen.

FLEHMEN UND MARKIERVERHALTEN

Eine sehr auffällige Reaktion auf olfaktorische Reize ist das «Flehmen». Dabei wird die Oberlippe weit nach oben und hinten gezogen. Beim Einatmen gelangt der Geruch so an das Vomeronasalorgan (Jacobsonsche Organ), das sehr viele Riechzellen enthält. Flehmen beobachtet man bei Fohlen und adulten Pferden in Reaktion auf starke oder ungewohnte Gerüche; Hengste zeigen es, wenn sie eine im Östrus befindliche Stute oder aber deren Harn oder Kot riechen. Will sich der Hengst mit ihr paaren, uriniert oder defäkiert er auf ihre Exkremente.

Hengste zeigen auch Markierverhalten, indem sie auf den Kot anderer Hengste defäkieren. Leithengste markieren ihr Revier mit Kothaufen, die sie verteilt absetzen, oft exponiert entlang von Wegen, die andere Gruppen zu bestimmten Ressourcen nehmen. Diese Markierungsverhalten findet sich bei den meisten interagierenden frei umherstreifenden Hengsten. Junghengste defäkieren oft nach Rangordnung, erst der höchststehende, dann die rangniederen. In ihrem offenen Lebensraum mit wenig Vegetation, die Gerüche bewahrt, liefert das komplexe Gemisch flüchtiger Gerüche im Kot, der mehrere Tage präsent bleibt, wichtige Informationen über Alter, Geschlecht, Fortpflanzungsstatus und Identität des anderen Pferdes.

TAKTILE KOMMUNIKATION

Die Kommunikation unter Pferden umfasst oft auch die Nähe zu Artgenossen oder einem bevorzugten Partner. Pferde betreiben soziale Fellpflege (Allogrooming); dabei schaben sie mit den Schneidezähnen über bevorzugte Körperregionen, meist Widerrist und Halsansatz, wo sich ein größeres Ganglion des autonomen Nervensystems befindet. Experimente ergaben, dass dies beim Empfänger die Herzfrequenz senkt. Soziale Fellpflege stärkt die Paar- und Gruppenbindung und ist somit für das Gruppentier Pferd eine wichtige evolutionäre Errungenschaft.

AGONISTISCHE KOMMUNIKATION

In Gruppen lebende Pferde beißen, treten mit den Vorder- oder Hinterbeinen, jagen sich, rempeln und drohen einander. Agonistische Kommunikation ist die Folge von aggressiven oder defensiven Interaktionen zwischen Individuen. Oftmals läuft sie so subtil oder rasch ab, dass wir sie gar nicht sehen. Echtes aggressives Verhalten wird in der sozialen Gruppe zugunsten der Kooperation vermieden, denn Aggression verbraucht viel Energie, birgt die Gefahr von Verletzungen und bringt die Tiere auseinander, was den Gruppenzusammenhalt schwächt.

SPIEL

Auch im Spiel taucht agonistisches Verhalten auf, doch dabei sind die Ohren nicht angelegt wie bei echten Auseinandersetzungen. Pferde spielen miteinander, indem sie rennen und Scheinkämpfe führen; einzelne Pferde zeigen auch exploratives Objektspiel, indem sie beispielsweise einen Gegenstand mit dem Maul untersuchen.

Man unterscheidet zwei Spielmuster: Bei der «wilden Jagd» galoppieren zwei oder mehr Pferde von einer Stelle zur anderen, bleiben mit hoch erhobenem Kopf angespannt stehen, als würden sie nach einem Raubfeind Ausschau halten, und wiederholen das Ganze dann in eine andere Richtung.

Unten *Pferde können starke Bindungen eingehen. Ihre Kommunikation umfasst oft Berührungen und vertraute Interaktionen.*

Beim «Zwicken und Rempeln» stehen sich zwei Pferde gegenüber und zwicken sich gegenseitig in Kinn oder Unterkiefer, manchmal auch in die Ellbogen und Rückseite der Vorderbeine. Manchmal rempeln sie einander sogar an und versuchen, den Spielpartner zu Boden zu drücken.

Junge und halbwüchsige Pferde spielen mehr als adulte und Hengste mehr als Stuten. Das Spiel fördert die kognitive, motorische und soziale Entwicklung und Flexibilität, stärkt Muskeln und Fitness und fördert den Zusammenhalt zwischen den Tieren. Gemeinsames oder solitäres Spiel verweist auf positive affektive oder emotionale Zustände, die wir als Fröhlichkeit oder Freude beschreiben würden.

Oben *Spielen stärkt Muskeln und Fitness, fördert den Gruppenzusammenhalt und unterstützt die kognitive und motorische Entwicklung.*

Lautäußerungen

Als potenzielle Beutetiere, die in der weiten Steppe mit nur wenig Deckung leben, sollten Pferde möglichst nicht die Aufmerksamkeit von Raubfeinden auf sich ziehen – folgerichtig geben sie eher wenige Lautäußerungen von sich.

UNTERSCHIEDLICHE LAUTE

Bislang hat man fünf Laute der innerartlichen Kommunikation identifiziert.

Grummeln: Ein mit bebenden Nüstern von sich gegebener, tiefer Laut. Meist von zwei Pferden geäußert, die sich kennen, etwa Stute und Fohlen oder Mitglieder einer Gruppe. Er dient der Begrüßung und ist oft zu hören, wenn ein Pferd aus größerer Entfernung zurückkehrt oder sich einem bevorzugten Partner nähert. Grummeln wird auch gegenüber einem vertrauten Menschen geäußert, etwa wenn dieser Futter bringt.

Wiehern: Als «wo bist du?» oder «wo warst du?» geäußert gegenüber einem bestimmten Gefährten, zu dem vorübergehend kein Kontakt besteht oder bestand oder den das wiehernde Pferd nicht mehr sehen kann. Hauspferde richten diesen Laut auch an betreuende Menschen.

Quietschen: Ein kürzerer, höherer Laut, der bei sozialer oder emotionaler Erregung geäußert wird, etwa wenn zwei einander fremde Hauspferde aufeinandertreffen; bei frei lebenden Pferden ist er bei Auseinandersetzungen um Ressourcen oder bei Paarungsritualen zu hören. Das Quietschen dominanter Hengste erklingt länger als das rangniederer und hat eine höhere Anfangsfrequenz. Beides signalisiert Status und Kampfbereitschaft – und kann somit Hengsten oftmals Rangordnungskämpfe ersparen, die sie viel Energie kosten und das Risiko gefährlicher Verletzungen bergen würden.

Links *Pferde geben als potenzielle Beutetiere, die in offenen Landschaften leben, eher selten Laute von sich. Dennoch verfügen sie über ein differenziertes Repertoire von Lautäußerungen.*

Rechts unten *Schon sehr junge Fohlen können ein charakteristisches Geräusch erzeugen, indem sie mit geschürzten Lippen die Zähne aufeinanderschlagen. Man vermutet, dass sie sich damit selbst beruhigen.*

Schnauben: Dabei blasen Pferde rasch und kraftvoll Luft aus den Nüstern; gleichzeitig ist der Kopf auf eine vermeintliche Gefahrenquelle gerichtet; besonders bei Hauspferden ist dies oft ein unbekanntes Objekt. Nach dem anfänglichen Schnauben beäugen sie das Objekt meist stehend, als würden sie abwägen, ob sie bleiben oder davonlaufen sollen. Währenddessen schnauben sie nicht selten weitere zwei oder drei Male.

Röhren/Schreien: Höchst intensive Laute extremer emotionaler Erregung, die oft geäußert werden, wenn Gefahr für Leib und Leben besteht.

Pferdebesitzer und -pfleger kennen oft noch vielfältigere Laute mit verschiedensten Bedeutungen.

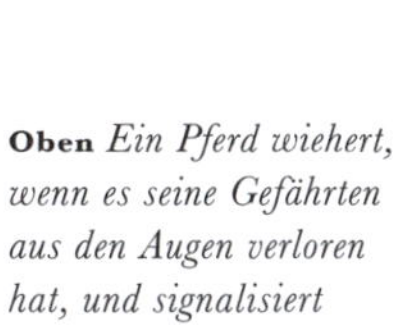

Oben *Ein Pferd wiehert, wenn es seine Gefährten aus den Augen verloren hat, und signalisiert damit «wo bist du?».*

Eine neuere Studie ergab, dass Pferde gleichzeitig mit zwei unabhängigen Frequenzen wiehern, die je nach emotionaler Erregung (ruhig oder aufgeregt) bzw. emotionaler Valenz (negative oder positive Emotion) variieren, das Wiehern ist also zweitönig. Ist das Pferd sehr aufgeregt, ist die untere der beiden Frequenzen höher, ist die Emotion negativ, ist die obere Frequenz höher und das Pferd wiehert länger. So können die Tiere anderen Gruppenmitgliedern komplexe und nuancierte Informationen übermitteln und sie z. B. auf die Handlungen oder möglichen Absichten anderer hinweisen.

FOHLENVERHALTEN

Bereits kurz nach der Geburt zeigen Fohlen manchmal ein typisches «Schnappen» in Richtung auf adulte Artgenossen. Sie schürzen die Lippen und klappern rhythmisch mit den Zähnen. Dies wird oft als unterwürfiges Beschwichtigungsverhalten beschrieben. Allerdings tritt es auch in Situationen ohne jegliche Auseinandersetzung auf, und es scheint aggressives Verhalten anderer Pferde auch nicht zu mindern. Manchmal scheint es bei sozialer Verunsicherung aufzutreten; aktuell geht man davon aus, dass es ein Zeichen von Unbehagen ist oder der Selbstberuhigung dient.

Kognition

Lange Zeit beschränkten sich die Vorstellungen davon, wie Pferde denken, auf anthropomorphe, von menschlichem Denken und Fühlen abgeleitete Vermutungen oder aber die Ansicht, dass all ihre Handlungen einem mechanistischen Prinzip von Reiz und Reaktion gehorchen und ihr artspezifisches Verhalten einfach ihrer neuronalen Architektur folgt. Haus- wie Wildpferde müssen jedoch Tag für Tag verschiedenste kognitive Leistungen erbringen, etwa das Auf- und Wiederfinden von Nahrung oder Wasser, Erkennen von Raubfeinden, Erfassen ihrer komplexen Sozialstruktur sowie Erlernen und Ausführen unnatürlicher Aufgaben. Nicht zuletzt müssen sie auch mit der Persönlichkeit und variierenden Trainingsideen von Menschen zurechtkommen.

WAS WISSEN PFERDE?

Pferde haben eine ausgeprägte soziale Kognition. Sie können komplexe Informationen über Herdenmitglieder oder Weidegenossen sowie positive Beziehungen zu Individuen aufnehmen, speichern, verarbeiten und abrufen – und das über Monate oder Jahre. Die Behauptung, sie könnten sich an einen individuellen Rang oder das Potenzial zur Kontrolle von Ressourcen (*resource-holding potential*, RHP) erinnern, ist jedoch unbestätigt.

Darüber hinaus speichern Pferde natürlich auch Informationen über Menschen, Orte und Objekte; dies spielt für ihre Ausbildung eine wichtige Rolle. Sehr hilfreich ist es, auf positive Lernerfahrungen zu achten, denn so Erlerntes bleibt lange im Gedächtnis und hat – anders als negative Erlebnisse – keine unerwünschten Auswirkungen auf das Verhalten, die ebenso lange Bestand haben und das Verhältnis von Pferd und Halter belasten.

Wie Forschungen ergaben, zeigen Pferde auch weitergehende kognitive Fähigkeiten, wie das Erlernen von komplexen Kategorien und Konzepten. Höhere kognitive Funktionen stellen einen adaptiven Vorteil dar, da sie bei-

Oben *Psychologische Forschungen ergaben, dass Schulpferde ihre Umgebung tendenziell negativ bewerten. Unter natürlicheren Haltungsbedingungen schätzen Pferde ihre Umgebung dagegen eher optimistisch ein.*

Links *Sowohl Haus- als auch Wildpferde sehen sich täglich verschiedensten kognitiven Herausforderungen gegenüber. Dies sollten Pferdehalter stets bedenken. Bei der Arbeit mit dem Pferd ist es für Mensch und Tier gleichermaßen bereichernd, wenn diese positiv erlebt wird; negatives Erleben kann zu anhaltenden Verhaltensproblemen führen.*

spielsweise eine Kategorisierung der Umwelt (etwa in unterschiedliche Nahrung, Raubfeinde und Landschaften) ermöglichen; so können die Tiere auch neue oder unvorhergesehene Stimuli einordnen und sich entsprechend verhalten.

Studien zur Kognition ergaben, dass Pferde sozusagen in zwei Schritten lernen: Zunächst lernen sie assoziativ und stimulusbedingt, auf unterschiedliche Objekte oder Ereignisse in ihrer Umwelt verschieden zu reagieren. Später können sie dann «lernen zu lernen», was als weiterentwickelte Form des Lernens gilt. Bei Unterscheidungstests lernt beispielsweise ein Pferd, dass es, wenn es einen von zwei Stimuli wählt, eine Belohnung (meist Nahrung) erhält, nicht aber, wenn es sich für den anderen entscheidet.

PSYCHOLOGIE

Emotionen und Kognition sind eng miteinander verknüpft. Die Bewertungstheorie befasst sich mit der kognitiven Bewertung *(appraisal)* der Umgebung anhand von Merkmalen wie Vertrautheit und Vorhersagbarkeit; sie löst emotionales Erleben aus, das sich am Verhalten und an physiologischen Messgrößen zeigt. Tiere reagieren emotional auf die Vorwegnahme und Vorhersagbarkeit eines Ereignisses, die Diskrepanz zwischen Erwartung und Wirklichkeit sowie das Maß der Kontrolle, die sie über ihre Umwelt haben.

Emotionale Reaktionen schließen kognitive Prozesse ein, darum untersuchten Forscher bei verschiedenen Tierarten die Voreingenommenheit («Fehler», engl. *bias*) bei der Bewertung, auch bei Pferden. Wie sich zeigte, neigen Schulpferde eher zu negativer Voreingenommenheit, während Pferde unter natürlicheren Haltungsbedingungen ihre Umgebung eher positiv bewerten.

Gedächtnis

Das Gedächtnis spielt eine entscheidende Rolle für das Lernen. Die Gedächtnissysteme im Gehirn sind komplex und wissenschaftlich bis heute nicht ganz ergründet. Beim Gedächtnis geht es darum, Informationen zu kodieren, zu speichern und abzurufen; dabei arbeiten verschiedene neuronale, kognitive und emotionale Systeme zusammen.

Auf neuronaler Ebene bewirkt die Aktivierung von Neurotransmitter-Rezeptoren bestimmte, anhaltende Veränderungen in den Synapsen. So werden neue Informationen aufgenommen und gespeichert.

GEDÄCHTNISKATEGORIEN

Man unterscheidet das Kurzzeit- und das Langzeitgedächtnis. Das Kurzzeitgedächtnis wird leicht gestört; dann wird das Erlebte nicht ins Langzeitgedächtnis übernommen, und es steht für spätere Entscheidungen oder Handlungen nicht zur Verfügung.

Das Langzeitgedächtnis ist robuster; dort gespeicherte Informationen sind auch noch viel später abrufbar. Der im sogenannten limbischen System im Gehirn befindliche Hippocampus spielt für das Langzeitgedächtnis eine entscheidende Rolle; ist er beschädigt, können keine neuen Gedächtnisinhalte gebildet werden.

Pferde speichern Erlebnisse vor allem dann im Langzeitgedächtnis, wenn sie besonders salient sind, also intensiv wahrgenommen und als angenehm oder unangenehm, ja sogar als lebensbedrohlich empfunden werden. Als potenzielle Beutetiere erinnern sich Pferde gut an sehr furchterregende Erlebnisse; das ist auch sinnvoll, da ihr Überleben davon abhängt, einen bedrohlichen Stimulus aufmerksam wahrzunehmen und sich zu merken, dass er möglichst zu meiden ist.

Eine weitere Unterteilung ist diejenige in das deklarative oder explizite («Was-») sowie

Links *Die Fähigkeit, komplizierte Dressurschritte korrekt auszuführen, beruht auf dem sogenannten prozeduralen Gedächtnis. Dieses befähigt Pferde zu lernen, also zu wissen, wie sie etwas tun müssen.*

das prozedurale oder implizite («Wie-») Gedächtnis. Über das deklarative Gedächtnis können Pferde Informationen über Revier, Stallung, Auslauf, Objekte in der Umgebung, Gruppenmitglieder und besondere Menschen abrufen; das prozedurale Gedächtnis lässt Pferde lernen, wie sie ihre Beine im Galopp, beim Springen oder bei komplizierten Dressurschritten koordinieren müssen.

GEDÄCHTNIS UND LERNEN

Im Gedächtnis gespeicherte Informationen werden am leichtesten in derselben Umgebung abgerufen, in der sie auch gespeichert wurden («kontextabhängiges Gedächtnis»). Die emotionale oder körperliche Verfassung des Tieres wirkt sich ebenfalls auf dessen Fähigkeit aus, zu lernen und Erinnerungen abzurufen – wichtig für die Arbeit mit dem Pferd. Sorgt man dafür, dass eine neue Aufgabe oder Verhaltensweise an einem Ort etabliert wird und das Pferd dabei emotional ausgeglichen ist, schafft dies gute Voraussetzungen dafür, dass diese wirksam gespeichert und in diesem Kontext auch wieder abgerufen wird. Anschließend kann sie an anderen Orten bekräftigt werden. Manche Aspekte der Haltung als Haustier bedeuten Stress für das Pferd, etwa falsche Haltungsbedingungen, Frustration, schlechte Trainingsmethoden, Zwang und widersprüchliche Reaktionen des Ausbilders.

Studien ergaben, dass Strafen das Erlernen neuer Aufgaben erschweren und sogar zu konditionierter Suppression führen können. Effektives Lernen setzt also voraus, dass das Pferd keine Strafen erlebt und innerhalb seiner Möglichkeiten auf die Anforderungen der Ausbildung und Haltung reagieren kann.

Oben *Das Lern- und Erinnerungsvermögen des Pferdes ist stark durch seinen physiologischen und emotionalen Zustand beeinflusst. Je entspannter es ist und je positiver es die Situation erlebt, desto empfänglicher wird es für das Training sein und desto besser wird es die gewünschten Aufgaben erfüllen.*

Emotionen

Die Wissenschaft ist uneins darüber, inwieweit Tiere Emotionen erleben oder zeigen können. Schwierigkeiten bereitet unter anderem die Vielfalt der Begriffe, die für «Emotion» verwendet werden können, etwa Gefühle, Stimmung oder mentaler Zustand. Da das Wort «Emotion» selbst emotional befrachtet sein kann, benutzt man stattdessen oft den Begriff «Affekt».

Unten *Schon viele Studien widmeten sich der Frage, ob Tiere Emotionen erleben – und bestätigten dies. Das Pferd bildet keine Ausnahme; es kennt unter anderem Ängstlichkeit, Furcht, Frustration und Erregung.*

HABEN PFERDE EMOTIONEN?

Woher wissen wir, ob ein anderes Lebewesen, ob Mensch oder Tier, Emotionen empfindet, und wie können wir diese als Außenstehender beschreiben? Menschen können über ihre Gefühle sprechen, doch Psychotherapeuten wissen, dass selbst wir Probleme haben, unsere Emotionen zu beschreiben – wie viel schwieriger ist es da, auf diejenigen eines Tieres zu schließen und sie zu beschreiben!

Das limbische System ist eine der wichtigsten Hirnregionen für die Verarbeitung von Emotionen. Es umfasst Hypothalamus, Amygdala und Hippocampus und gilt als sehr ursprünglicher Teil des Gehirns, den wir mit anderen Säugern gemein haben.

Bei vielen ethologischen und physiologischen Studien zu Emotionen bei Tieren gelangten die Forscher zu dem Schluss, dass Tiere empfindsam sind und vielerlei Emotionen erleben, wie Furcht, Frustration, Ängstlichkeit, Freude und Traurigkeit. Einige dieser Studien wurden mit *Equus ferus caballus* durchgeführt.

WAS IST EINE EMOTION?

Es gibt keine einheitliche Definition des Begriffs Emotion. Neuerdings beschreibt man diese als vorübergehende Reaktionen auf kurzfristige Ereignisse, aus denen sich im Laufe der Zeit anhaltende affektive Zustände (wie Stimmungen) entwickeln. In der Humanpsychologie gibt es verschiedene Ansichten zum Thema, und ähnlich unterschiedlich lassen sich Emotionen bei Tieren untersuchen. Die Bewertungstheorie *(appraisal theory)* erklärt, wie die Wahrnehmung und Interpretation äußerer Situationen eine subjektive emotionale Reaktion und eine Handlungstendenz (wie Sich-Nähern oder Vermeiden) bewirken.

In seiner Theorie der Basisemotionen beschreibt Paul Ekman Emotionen als adaptive Reaktionen auf die Grundfunktion aller Tiere (also zu überleben und sich fortzupflanzen); gilt es etwa, Raubfeinde zu entdecken und zu meiden oder Nahrung zu finden und aufzunehmen, läuft ein automatisches Emotionsmuster ab, mit allen jeweils typischen Veränderungen in autonomem Nervensystem, Verhalten und Mimik. Forscher haben bereits etliche Emotionen bei Tieren identifiziert, wie Furcht, Sorge, Panik, Trauer, Zorn, Wollust, (Spiel-) Freude, Liebe, Verzweiflung, Fröhlichkeit und Scham.

James A. Russels Darstellung der Emotionen über Kernaffekte ist hilfreich, um die Dimensionen von Affekten einzuschätzen. Diskrete Emotionen, die ja selbst beim Menschen nicht universal vorkommen, werden nicht definiert; stattdessen beurteilt er die Faktoren Valenz (von angenehm bis unangenehm) und Arousal (von aktiviert bis deaktiviert). So kann man Emotionen abseits der oft nicht hilfreichen Oberbegriffe aus der Humanpsychologie betrachten.

Die evolutionären Grundlagen affektiven Verhaltens lassen sich zudem vor dem Hintergrund der zugrunde liegenden neurobiologischen Systeme ergründen. Eine neuere Studie legt nahe, dass operante Verstärker, die bisher meist als Effekt einer zugrunde liegenden Emotion galten, eher vor dem Hintergrund zellulärer und molekularer Vorgänge in bestimmten neuronalen Schaltkreisen zu betrachten sind denn als «vage Vorstellungen von Furchtreduktion»; sie sind auch von den Schaltkreisen abzugrenzen, die bewusste Gefühle wie Furcht oder Ängstlichkeit auslösen, also eher «defensives Meideverhalten» als «Furcht».

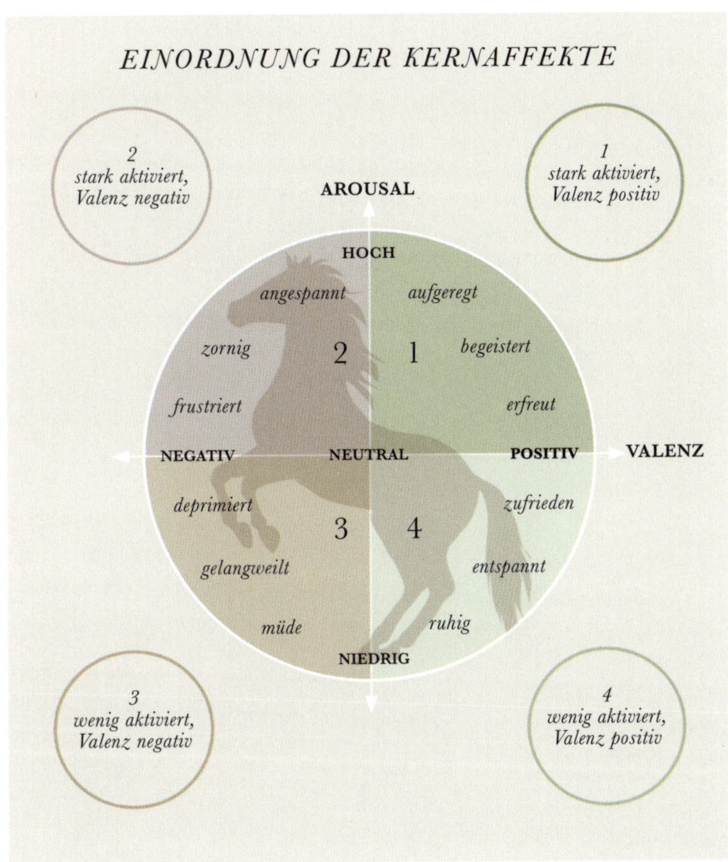

Oben *Russells Modell der Kernaffekte ordnet Emotionen anhand der Dimensionen Valenz (angenehm bis unangenehm) und Arousal (aktiviert bis inaktiviert) ein.*

Lernen

Das Wissen darüber, wie Pferde lernen und wie sich ihr Lernen von dem des Menschen unterscheidet, ist die Basis für effektives Training und eine gute Beziehung zwischen Pferd und Mensch. Pferde müssen lernen, woraus ihre Umgebung besteht und wie sie bestimmte Aktionen und Bewegungen durchführen, welchen Objekten sie sich nähern und welchen sie ausweichen sollten, damit sie gesund bleiben, überleben und sich fortpflanzen können. Auf der Suche nach wertvollen Ressourcen zeigen sie Appetenzverhalten, beim Erreichen von Zielen dagegen Endhandlungen. Ist ein Ziel erreicht, flaut die Motivation zur Ausführung der entsprechenden Handlung nur langsam ab; sie kann wieder auftreten, wenn die entsprechenden Bedingungen erneut vorliegen.

Links *Ein Pferd lernt durch operante Konditionierung schlichtweg, dass sein Handeln Folgen hat. Hier wird das Heben des linken Vorderbeins mit einem Leckerbissen belohnt. Das Pferd lernt so, was es tun muss, um ein angenehmes Erlebnis herbeizuführen.*

LERNEN ZU ÜBERLEBEN

Evolutionär gesehen ist Lernen die Voraussetzung für Anpassung und Überleben. Ein Pferd, das lernt, seine Umgebung und seine Erfahrungen zu nutzen, hat einen Selektionsvorteil, denn es weiß, wie es Futter, Wasser, Schutz, eine Herde und einen Partner finden kann. Zu wissen, welchen Dingen Aufmerksamkeit gebührt und welchen nicht, spart zudem wertvolle Energie.

DIE WELT KENNENLERNEN

Will man in einer Welt mit jahreszeitlich oder örtlich begrenzten Ressourcen überleben, muss man Energie sparen. Pferde erreichen dies unter anderem durch die sogenannte Habituation (Gewöhnung): Sie lernen, dass sie auf ein immer wiederkehrendes Ereignis, das keine nennenswerten Folgen hat, nicht reagieren müssen. Die adaptive Funktion besteht darin, dass das Pferd bei nicht signifikanten Ereignissen seine Energie spart, aber auf potenziell signifikante Veränderungen der Umgebung, die Sicherheit oder Zugang zu Ressourcen gefährden könnten, weiterhin reagiert.

Die Habituation ist also eine verringerte Reaktivität gegenüber der Umgebung oder Erlebnissen. Die Desensitivierung erfolgt, wenn das Pferd langsam zunehmende Stimuli erlebt und lernt, dass eine Reaktion darauf nicht nötig ist.

DAS RICHTIGE HANDELN

Pferde lernen mit der Zeit, was in ihrer Welt geschieht und wie sie in ihrer Umwelt handeln müssen, um essenzielle Ressourcen wie Nahrung und Wasser zu erreichen sowie Raubfeinden zu entgehen. Durch die klassische oder «pawlowsche» Konditionierung bilden sie Assoziationen zwischen einem unwichtigen oder neutralen Reiz und einem mit biologischer Bedeutung. Geht der neutrale Reiz zuverlässig etwa dem Eintreffen einer wertvollen Ressource voraus, wird das Pferd auf ihn reagieren. So lernt es, dass das Klicken der Stalltür Aufmerksamkeit verdient, weil es stets dem Eintreffen des Besitzers oder Pflegers und somit der Fütterung vorausgeht.

Pferde lernen zudem durch operante (bzw. instrumentelle) Konditionierung, dass ihr Verhalten Folgen hat. Dies kann durch positive oder negative Verstärkung erfolgen, etwa wenn das Heben eines Hufes mit einem Leckerbissen belohnt wird oder der Reiter unangenehmen Druck mit dem Unterschenkel ausübt und diesen wieder lockert, wenn das Pferd losgeht.

DIE KLASSISCHE KONDITIONIERUNG

Die klassische oder pawlowsche Konditionierung ist nach dem russischen Wissenschaftler Iwan Pawlow benannt, der dieses Verhaltensphänomen 1902 erstmals beobachtete und beschrieb. Der Begriff bezeichnet den assoziativen Lernprozess, durch den anfangs neutrale Umgebungsreize als Ankündigung eines biologisch bedeutsamen Stimulus aufgefasst werden. Geht ein neutraler Reiz zuverlässig einem Stimulus von biologischer Bedeutung voraus, wird ein Tier auf diesen neutralen Reiz allmählich so reagieren, wie es auf den biologisch signifikanten Reiz reagiert.

Bei seinen Forschungen zur Verdauungsphysiologie sammelte Pawlow den Speichel, den seine Versuchshunde angesichts von Futter produzierten. Er bemerkte, dass die Tiere bereits zu speicheln begannen, wenn er oder seine Helfer den Raum betraten, selbst wenn sie kein Futter dabeihatten. Daraus leitete er ab, dass bestimmte Reaktionen automatisch (reflexhaft, unwillkürlich) erfolgen. Das überprüfte er, indem er unmittelbar vor der Fütterung mit einem Glöckchen klingelte. Nach einer Weile speichelten die Hunde bereits zum Klang der Glocke, auch wenn gar kein Futter da war.

Diese Konditionierung spielt evolutionär eine große Rolle, denn sie befähigt das Tier, Hinweiszeichen aus der Umgebung zu erlernen, die auf Nahrung, Artgenossen und andere wichtige Ressourcen hinweisen oder potenzielle Gefahr (etwa einen Raubfeind) ankündigen.

Wildpferde & Hauspferde

WAS IST WILD?

Die wissenschaftliche Artbezeichnung des Hauspferdes ist *Equus ferus caballus*. Von dieser Art gibt es keine Wildform mehr. Heutige «wild» lebende Pferde oder Ponys sind allesamt Nachkommen von früher mehr oder weniger intensiv gehaltenen Pferden. Die britischen Exmoor-Ponys etwa lassen sich auf eine primitive, aber von Menschen gehaltene Rasse von Pferden zurückführen, die erst als Fleischlieferanten, später als Last-, Zug- und Reittiere genutzt wurden. Die frei lebenden Mustangs Nordamerikas und die Brumbies Australiens stammen von entlaufenen Tieren ab, die von Siedlern mitgebracht wurden, und Rassen wie der Konik wurden gezüchtet, um in Naturreservaten die Nische des echten, heute ausgestorbenen Wildpferdes *(Equus ferus)* einzunehmen.

EIN FISCH AUF DEM TROCKENEN?

Im Vergleich mit wilden Pferden, wie dem Przewalski-Pferd oder verwilderten Gruppen, die sich wieder zum Wildtypus zurückentwickelt haben, zeigt sich, dass die Sozialstruktur und Verhaltensweisen beim Hauspferd fast unverändert sind. Ist die Domestikation womöglich nicht mehr als ein dünner Firnis, trotz aller züchterischen Aktivität in den vergangenen Jahrhunderten? Die natürlichen, artspezifischen Verhaltensweisen, die im Laufe der Evolution durch Selektion entstanden, sind nach wie vor da und bei Hauspferden genauso häufig und anhaltend zu beobachten wie bei ihren wilden Verwandten. Anders sind beim Hauspferd jedoch die Anforderungen, die die Haltung durch den Menschen stellt:

Unten *Australiens Brumbies sind keine echten Wildpferde, sondern verwilderte Abkömmlinge von Hauspferden, die mit frühen Siedlern ins Land kamen. Das echte Wildpferd Equus ferus ist heute ausgestorben.*

Stallhaltung, Weidegang, Zucht und Ausbildung erlauben oft nicht das Ausleben aller adaptiv entwickelten Verhaltensweisen des Pferdes.

Ein großer Unterschied zu wild lebenden Pferden besteht darin, dass die meisten männlichen Hauspferde kastriert und somit nicht mehr fortpflanzungsfähig sind. Sie zeigen dann kein Hengstverhalten mehr, kommunizieren also anders mit Stuten.

Einzeln gehaltene Hengste leiden vor allem unter fehlendem Kontakt zu Artgenossen und haben oft Probleme, die Paarung mit einer Stute erfolgreich zu vollziehen. Und ohne Gelegenheit zum natürlichen Paarungsverhalten mit einem selbst gewählten Hengst werden Stuten oft einem vom Menschen ausgesuchten Hengst zugeführt und dann mit Zwangsmaßnahmen zum Stillstehen gebracht.

Oben *Berittene Life Guards der britischen Gardekavallerie. Pferde sind von Natur aus nicht darauf eingestellt, geritten zu werden. Beim Einreiten ist daher mit Einfühlung und Geduld vorzugehen, um Stress und Verwirrung zu vermeiden.*

STRESS UND STEREOTYPIEN

Zunehmende Aufmerksamkeit gilt heute der Diskrepanz zwischen den natürlichen Verhaltensweisen des Pferdes und der Unmöglichkeit, diese in intensiver Haltung auch auszuleben. Oft können die Tiere ihr Verhaltensrepertoire überhaupt nicht ausleben, manchmal ist das Verhältnis zwischen «domestizierter» und «freier» Zeit unausgewogen. Unter anderem haben Hauspferde oft keinerlei Einfluss auf ihre Tagesgestaltung.

Eine große Herausforderung stellt ein Wechsel des Besitzers oder der Unterbringung dar; dies erfordert die Integration in eine vollkommen neue Gruppe mit noch nicht vertrauten Mitgliedern. Solche Erlebnisse, aber auch die durch starre Haltungsformen erzeugten Leerlaufzeiten stellen für manche Pferde ein echtes Problem dar.

Pferde sind von Natur aus nicht darauf eingestellt, geritten zu werden. Erfolgt das Einreiten nicht mit angemessener Sorgfalt und Geduld, kann es beim Pferd Schmerzen, Verwirrung und Frustration auslösen. All dies kann, zusammen mit genetischen Prädispositionen, zu stressbedingten Verhaltensweisen wie Problemen im Umgang und beim Reiten, Aggression, Schreckhaftigkeit oder gelernter Hilflosigkeit führen.

Haltungsfehler, etwa die Gabe von zu wenig Raufutter und somit zu kurze Fresszeiten, können stereotype Verhaltensweisen wie Koppen/Krippensetzen, Kreiswandern in der Box, Weben oder Zungenspiel hervorrufen. Eine Verbesserung des emotionalen und mentalen Zustandes des Pferdes erreicht man, indem man die Umgebung den kognitiven und sozialen Bedürfnissen entsprechend anreichert, so wie es schon viele Zoos praktizieren.

KAPITEL 4

Pferde & Menschen

Frühe Beziehungen

Das erste Pferd mit einer einzelnen Zehe war *Pliohippus*, der Vorfahr von *Equus ferus caballus*, dem modernen Pferd, das rund 1,5 Mio. Jahre vor dem Menschen auftauchte. *E. f. caballus* gelangte über damals existierende Landbrücken aus dem amerikanischen Doppelkontinent nach Europa und Asien. Als sich die Eisdecke zurückzog, verschwanden die Landbrücken und verhinderten so einen weiteren Austausch zwischen den Kontinenten. Vor rund 11 000 Jahren starben viele Großsäuger in Nord- und Südamerika aus, darunter ebenso wie Mammut und Säbelzahnkatze auch *E. f. caballus*. Die Ursache für dieses Aussterben kennen wir nicht, vermutet wird eine Überjagung durch den Menschen und/oder ein Klimawandel, hervorgerufen von der herannahenden Eiszeit. Erst mit den Europäern kamen wieder Hauspferde und Hausesel nach Amerika.

Das Pferd hatte sich in drei eigenständige und primitive Typen aufgespaltet: das asiatische Wildpferd sowie einen leichteren Typ, Tarpan genannt, der im östlichen Europa und in den ukrainischen Steppen dominierte, und das langsamere, schwerere Pferd des nördlichen Europas, von dem sich die rezenten schweren europäischen Pferderassen ableiten.

BELEGE FÜR EINE DOMESTIKATION

Um herauszufinden, wann der Domestikationsprozess beim Pferd tatsächlich begann, haben Forscher Knochenstrukturen aus archäologischen Fundstätten analysiert. Eine geringere Knochengröße und eine Zunahme an Variabilität gelten als Zeichen für eine Haustierwerdung. Variabilität spiegelt Zucht unter Kontrolle des Menschen wider; eine geringere Größe wird auf das Zusammenpferchen der Tiere und eine eingeschränkte Ernährung zurückgeführt. Die Forscher suchten auch in Grabstätten nach Indizien, z. B. nach Werkzeugen, die zur Herstellung von Sattel und Zaumzeug hätten verwendet werden können, und hielten nach Kunstwerken und Schmuckgegenständen mit Pferdedarstellungen Ausschau.

Unten *Von den ursprünglich sieben Pferden, die den Kampfwagen des hinduistischen Sonnengottes Surya zogen, existieren heute noch sechs; diese Statue zeigt eines von ihnen. Der Sonnentempel von Konark im indischen Bundesstaat Odisha stammt aus dem 13. Jh. und ist dem Sonnengott geweiht. Alle Pferdestatuen bestehen aus Stein, ebenso der Streitwagen, und die Ausmaße sind beeindruckend – allein die 24 Räder haben einen Durchmesser von 3,7 m.*

Oben *Die Terrakotta-Armee in Xi'an, China. Das Mausoleum ist die Grabstätte von Qín Shi Huang, dem ersten Kaiser von China, der 210–209 v. Chr. zusammen mit Terrakotta-Skulpturen von Soldaten und Pferden seiner großen Armee beigesetzt wurde. Sie sollten den Kaiser im Jenseits beschützen.*

In den Steppen Eurasiens (Große Steppe) findet sich eine Fülle von Belegen für die Domestikation des Pferdes. Pferde tauchen auf paläolithischen Höhlenmalereien häufiger auf als irgendein anderes Tiermotiv. Man hat Pferdekopfzepter gefunden, die auf 4200 v. Chr. datiert wurden. Das spricht für eine besondere Beziehung zwischen Mensch und Pferd, wenn man von einer Domestikation im strengen Sinne vielleicht noch nicht sprechen konnte.

VOR DER DOMESTIKATION

Vor Beginn der Domestikation gegen Ende der Jungsteinzeit war die Beziehung zwischen Menschen und Pferden hauptsächlich die von Jäger und Beute. Wie uns Höhlenmalereien in Spanien und Frankreich zeigen, bestand die bevorzugte Jagdmethode in der Eiszeit darin, ganze Pferdeherden über Steilfelsen zu treiben, was viel einfacher war, als ein einzelnes Tier zu isolieren und zu verfolgen.

In jüngerer Zeit ist jedoch vermutet worden, dass die Pferde jahreszeitliche Wanderungen unternahmen. Analysen des Zahnzements zeigen, dass die meisten Tiere während der wärmeren Monate des Jahres getötet wurden; vielleicht wurden sie in einen Talkessel getrieben und dort in der natürlichen Einpferchung festgehalten, bevor sie mit Speeren getötet wurden. Weitere Untersuchungen haben zudem ergeben, dass nur wenige Knochen Schnittspuren aufwiesen, daher waren die Tiere wohl nicht vollständig zerlegt worden. Vielleicht konnten die Jäger nur einen Teil des Fleisches verwerten und überließen den Rest Aasfressern, oder, so vermuten andere, die Pferdehaut war der eigentlich wertvolle Teil, weniger das Fleisch.

Die ersten Pferdehalter

Was die Domestikation angeht, so ist unter Experten heftig umstritten, zu welchem Zeitpunkt genau das Pferd zum Haustier wurde. War es, als das Pferd Nomadenstämmen als Nahrungsquelle diente, oder kam dieser Wendepunkt in der Beziehung zwischen Mensch und Pferd erst dann, als das Pferd geritten wurde oder als Lasttier diente? An welchem Punkt wurde aus Nutzung Domestikation? Muss Domestikation echte Belege für eine selektive Zucht und in Gefangenschaft geborene Nachkommen beinhalten?

Eine ganze Reihe von Quellen liefern Hinweise auf eine Domestikation, darunter archäologische Überreste von Zähnen und Skeletten evolutionsbiologisch alter Equiden. Weitere Hinweise geben Veränderungen in der geografischen Verbreitung von Pferdefossilien – beispielsweise die Entdeckung von Artefakten und Knochen in Regionen, wo es zuvor keine Pferdepopulationen gab – wie auch andere Indizien, die für eine Veränderung der Beziehung zwischen Mensch und Pferd sprechen, zum Beispiel die Tatsache, dass Pferde als Grabbeigaben dienten und zusammen mit ihrem Reiter begraben wurden.

Unten *Detail der Standarte von Ur, einem Holzkasten von 2600 v. Chr. Er wurde in den 1920ern in einer der größten königlichen Grabkammern in der antiken Stadt Ur im Irak entdeckt. Die Einlegearbeit aus Muschel und rotem Sandstein auf einem Grund von Lapislazuli zeigt Mensch und Pferd gemeinsam.*

FRÜHE DOMESTIKATION

Die Domestikation des Pferdes nahm ihren Lauf, als Nomaden, wie die arischen Stämme in der Großen Steppe am Kaspischen und am Schwarzen Meer, damit begannen, Pferdegruppen zu hüten und diese in der Nähe ihrer Lager zu halten. Auswahl und Beschaffung der Nahrung waren so einfacher als die Jagd auf wilde Herden. Dies geschah vor rund 6000 Jahren, und nicht zuletzt wegen der rauen klimatischen Bedingungen fiel die Wahl auf das Pferd, denn nur wenige Arten konnten mit den begrenzten pflanzlichen Nahrungsressourcen und der Witterung zurechtkommen und überleben.

Eine Pferdeherde konnte einen Nomadenstamm daher dank ihres Fleisches mit Nahrung versorgen, und aus ihren Häuten ließen sich Kleidung und Zelte herstellen. Die Stuten gaben Milch, die häufig fermentiert und zu Kumys weiterverarbeitet wurde, dem leicht alkoholischen Getränk der zentralasiatischen Steppen, das bis heute dort getrunken wird. Stutenmilch hat im Vergleich zu der Milch anderer Säugerarten einen relativ hohen Zuckergehalt, daher die alkoholische Gärung. Der griechische Geschichtschreiber Herodot beschreibt im 5. Jh. v. Chr. in seinen *Historien*, wie die Skythen Stutenmilch verarbeiten.

Es gibt Hinweise, dass Mitglieder des Botai-Volkes die Ersten waren, die Pferde allmählich domestizierten und zu verschiedenen Zwecken nutzten, sei es zur Gewinnung von Milch und Fleisch oder auch als Lasttiere. In Krasny Jar in Kasachstan fanden Archäologen mithilfe von Magnetfeld-Gradientenmessungen eine Reihe von kreisförmig angeordneten Pfostenformen. Bodenanalysen ergaben dort einen hohen Phosphat-, aber geringen Stickstoffgehalt, so wie man es an Orten erwarten würde, an denen vor langer Zeit Nutztiere gehalten wurden; daher wird vermutet, dass es sich um Pferdemist aus einer Zeit um ca. 3500 v. Chr. handelte. Das spricht dafür, dass Pferde hier in einer Umzäunung gehalten wurden – wahrscheinlich als Milch- und Fleischlieferanten.

Archäologische Indizien sprechen dafür, dass Pferde bereits 4800–4400 v. Chr. von der Chwalynsk-Kultur der Großen Steppe domestiziert wurden. Sicherlich hatten Pferde einen gewissen symbolischen Wert, denn sie

Rechts *Das Fürstengrab in der russischen Republik Tuwa, das als Arschan-2 bekannt ist, datiert aus dem 7. Jh. v. Chr. Der skythische Herrscher, dessen Namen wir nicht kennen, wurde zusammen mit 14 Pferden begraben. Die Skythen verehrten ihre Pferde als Symbol des Reichtums, und Pferde wurden häufig in menschlichen Grabstätten oder in deren Nähe beerdigt.*

wurden gemeinsam mit Schafen und Rindern, die vom Chwalynsk-Volk in Herden gehalten wurden, in Begräbnisriten einbezogen. Bei der Ausgrabung einer Begräbnisstätte in der russischen Wolga-Region wurden 158 prähistorische Gräber entdeckt und in 22 davon die Überreste geopferter Tiere gefunden. Für einige dieser Gräber scheinen Schafe und Rinder rituell geschlachtet und ihre Köpfe und Hufe als Grabbeigaben verwendet worden zu sein. Wir wissen, dass diese Form des Tieropfers bei späteren Begräbniszeremonien der Steppenvölker verwendet wurde, während das Fleisch der Tiere vermutlich feierlich verzehrt wurde. Die Chwalynsk-Gräber sind die ältesten bekannten Belege für diesen Brauch, und sie verraten uns auch etwas Interessantes über die Rolle der Pferde in dieser frühen Gesellschaft, denn in zehn Gräbern fanden sich Extremitätenknochen von Pferden. Da keine Knochen von Wildtieren gefunden wurden, kann man davon ausgehen, dass Pferde ebenso wie Schafe und Rinder als Haustiere betrachtet wurden, die es wert waren, geopfert zu werden. Pferdeknochen fanden sich auch in Gräbern der aus derselben Zeit stammenden Samara-Kultur, zudem Ritzzeichnungen von Pferden über den Gräbern, ein weiterer Hinweis auf die Bedeutung dieser Tiere.

Daher war es ein kein allzu großer Sprung für die Stammesmitglieder, damit zu beginnen, die fügsameren Pferde zu reiten, was eine Kontrolle der Herden im Rahmen der nomadischen Lebensweise deutlich vereinfachte. Damit vergrößerte sich auch der Bewegungsradius der Stämme im Vergleich zu früher.

DNA-BEFUNDE

Einem Wissenschaftlerteam der britischen Universität Cambridge gelangt es 2012 im Rahmen seiner Forschung, zwei entgegengesetzte Denkansätze über die Domestikation des Pferdes zusammenzuführen. Archäologische Befunde belegen, dass Pferde im westlichen Teil der Großen Steppe domestiziert wurden: im Südwesten von Russland, in der Ukraine und im Westen von Kasachstan. Weitere Indizien sprechen jedoch dafür, dass die Domestikation zusätzlich an vielen anderen Orten in ganz Asien und Europa stattfand. Diese Annahme basierte auf Analysen mitochondrialer DNA: Proben von 300 Pferden aus acht Ländern in Europa und Asien zeigen eine genetische Diversität, die nahelegt, dass sich die Domestikation von der Großen Steppe ausgehend ausbreitete, teilweise verbunden mit der ständigen Einkreuzung von Wildpferden in etablierte Herden, und daher rührt wohl ein Teil der Verwirrung.

Die Pferdehalter kreuzten wohl laufend Wildpferde, vor allem Stuten, in ihre etablierten Gruppen ein, und die DNA-Proben zeigen, dass Pferde an vielen Standorten Eurasiens domestiziert wurden. So begann sich die Beziehung zwischen Mensch und Pferd zu wandeln: Aus nomadischen Hirten und Jägern wurden Pferdefänger und Züchter, die den Freiraum des Pferdes einschränkten und seine Fortpflanzung
in Gefangenschaft kontrollierten.

Rechts *DNA-Analysen von Pferden aus acht asiatischen und europäischen Ländern haben eine genetische Diversität gezeigt, die dafür spricht, dass sich die Pferdedomestikation ausgehend von der Großen Steppe ausbreitete und es immer wieder zur Einkreuzung von Wildpferden in die Herden kam.*

DER PROZESS DER DOMESTIKATION

Sobald der Mensch erkannte, dass das Pferd ihm nicht nur als Nahrungsquelle, sondern auch als Last- und Reittier dienen konnte, begann sich die ganze Beziehung zwischen beiden Arten zu ändern. Anfangs wurden fügsamere Tiere als Reittiere gewählt, um die Ortsveränderungen der Herde zu kontrollieren. Es muss ein interessanter Moment gewesen sein, als diese Nomadengruppen erkannten, dass sie ein Beförderungsmittel entdeckt hatten, das ihnen nicht nur erlauben würde, ihre Herden zu kontrollieren, sondern auch, andere Tierarten zu jagen – und das Lasten tragen konnte, deren Transport ihnen sonst unmöglich gewesen wäre.

Damit begann der Prozess der Domestikation, bei dem Zähmung und Training des Pferdes auf Fingerspitzengefühl und Wissen über das Verhalten und die richtige Behandlung dieser Fluchttiere beruhte. Das Pferd wurde zu einem Lasttier, einem Jagdpferd, einem Kriegspferd und einem Ackergaul, eine Rolle, die es über Jahrhunderte, bis in die Mitte des 20. Jahrhunderts, behielt. Und es blieb eine Nahrungsquelle und ist es in einigen Ländern bis heute.

Von allen domestizierten Tieren, so meinen manche Leute, habe das Pferd die wichtigste Rolle in unserer Geschichte gespielt. Die berühmte amerikanische Autorin Anne McCaffrey beschrieb das Pferd als «das nobelste, tapferste, stolzeste, mutigste und sicherlich das eigensinnigste und empörendste Tier, das der Mensch jemals domestiziert hat». Wie Wissenschaftler herausgefunden haben, prägte diese frühe Wandlung vom Beutetier zum Haus- und Nutztier einige der körperlichen und verhaltensbiologischen Merkmale, die wir heute beim Hauspferd finden.

Oben *Nachdem der Mensch herausgefunden hatte, dass sich Pferde nicht nur jagen oder hüten ließen, entwickelte sich eine neue Beziehung zwischen ihm und dem Pferd. Das gezähmte Pferd konnte mit der richtigen Schulung dazu genutzt werden, das Land zu bestellen, einen Reiter zu tragen, Lasten zu transportieren oder als Schlachtross zu dienen.*

Viele Einsatzmöglichkeiten: Frühe Pferde

Die ersten domestizierten Pferde wurden vielfältig eingesetzt. Die Angehörigen der Botai-Kultur waren Jäger und Sammler, die zwischen 3500 und 3000 v. Chr. gezähmte Pferde benutzten, um Wildpferde im nördlichen Kasachstan zu jagen. Als Reiter konnten sie ihre Herden viel besser kontrollieren und Wildpferde jagen. Die Botai jener Tage kannten noch keine Karren mit Rädern, daher nimmt man an, dass sie zunächst Reiten lernten. Im Umfeld von Botai-Lagern gibt es keine Rinder- oder Schafsknochen; als domestizierte Tiere hielten sie nur Pferde und Hunde, die Knochenfragmente, die man bei Ausgrabungen fand, bestanden zu 65–99 % aus Pferdeknochen. Die Botai entwickelten eine Form der Jagd, bei der ganze Wildpferdherden in Treibjagden zur Strecke gebracht wurden, diese Fähigkeit, Pferde in großer Zahl zu jagen, erlaubte ihnen die Anlage dauerhafterer Siedlungen.

Unten *Ein Junge auf einem Pferd in Saty, Kasachstan. Auch im modernen Kasachstan hat das Pferd noch immer einen hohen Stellenwert. Pferde dienen vorwiegend als Reittiere oder als Fleischlieferanten.*

Oben *Assyrische Reliefskulptur in Nimrod, ca. 865 v. Chr., die die Bedeutung des Pferdes für die Entwicklung effektiverer Jagdmethoden illustriert. Hier sehen wir König Assur-nasirpal II. in einem Streitwagen auf der Löwenjagd.*

WACHSENDE VERWENDUNG

Mit zunehmender Domestikation des Pferdes lernte der Mensch rasch dessen Wert als Reit-, Last- und Arbeitstier kennen und schätzen. Als Reittier ermöglichte das Pferd den Menschen weiterhin einen nomadischen Lebensstil und eine Naturwirtschaft mit Pferden, die noch immer als Nahrungsquelle dienen konnten. Die Menschen fanden zudem heraus, dass man Pferde vor primitive Karren spannen und auch auf diese Weise Lasten transportieren konnte. Sie konnten auch Nachrichten übermitteln und in entfernte Regionen reisen und auf diese Weise mit Kulturen in Austausch treten, die zuvor unerreichbar gewesen waren.

Menschen waren nun in der Lage, statt nur 6 km/h bis zu 56 km/h zurückzulegen. Langsam begannen sich Kulturen zu entwickeln, die auf der Nutzung des Pferdes basierten. Das Pferd ermöglichte ihnen nicht nur, andere Tiere als Fleischlieferanten zu jagen, sondern verschaffte ihnen als Reit- und Zugtier zudem einen Vorteil bei kriegerischen Auseinandersetzungen. Dort, wo die Landwirtschaft eine große Rolle spielte, half das Pferd bei der Feldarbeit. Dort, wo es um schnellen Transport ging, dienten Pferde als Reittiere oder zogen Wagen.

Die Trainierbarkeit von Pferden und ihre Fähigkeit, Personen auf dem Rücken zu tragen, wurden in vielen Kulturen rasch zu einem wichtigen und geschätzten Aktivposten; das Reiten eines Pferdes wurde im Lauf der Zeit mit Macht, Königtum und Stärke in Verbindung gebracht.

Die Erfindung des Reitens in Eurasien sollte schließlich zu der Erkenntnis führen, dass man den ganzen Kontinent als eine einzige, miteinander verbundene Welt betrachten konnte. Auf diese Weise erleichterten Pferde die ersten Schritte in Richtung einer Globalisierung, denn sie trugen dazu bei, verschiedene Kulturen miteinander zu verbinden.

ARTEFAKTE ALS BELEG FÜR DEN EINSATZ VON PFERDEN

Es ist umstritten, ob das Pferd zuerst als Reit- oder als Zugtier eingesetzt wurde, und die archäologischen Hinweise sind nicht eindeutig. Einige Pferde wurden mit groben, primitiven Trensen geritten; das lässt sich an den Abnutzungsspuren von Zähne aus archäologischen Fundstätten ablesen. Doch nicht alle Pferde wurden mit Trensen geritten, daher erlauben Spuren an den Zähne keine schlüssige Aussage in der einen oder anderen Richtung. Außerdem könnten Pferde vor den Pflug gespannt worden sein und die Trense dazu gedient haben, sie per Hand im Feld zu lenken; daher sind Abnutzungserscheinungen an den Zähnen nicht unbedingt ein Beweis dafür, dass ein Pferd geritten wurde; es könnte genauso gut zur Arbeit in der Landwirtschaft eingesetzt worden sein. Manche Experten glauben, dass diese frühen Pferde wahrscheinlich zu klein waren, um Reiter zu tragen.

Die erfasste Geschichte der Pferdedomestikation wird zu beträchtlichen Teilen von Dingen abgeleitet, die wir nur als stichhaltige Hinweise bezeichnen können; dabei handelt es sich um erhaltene Artefakte, die sich direkt auf die Rolle des Pferdes beziehen. Natürlich sind einige der am besten dokumentierten Funde mit der Verwendung von Pferden im Krieg verknüpft. Dies legt vielleicht fälschlicherweise nahe, dass die erste domestizierte Nutzung des Pferdes in Aktivitäten bestand, die ein Zaumzeug erforderten.

Ein Wissenschaftlerteam um Leo Jeffcott, einem renommierten Professor für klinische Orthopädie und früherer Dekan der Veterinary School der britischen Universität Cambridge, hat sich mit dieser Frage beschäftigt, indem es andere anatomische Veränderungen des Pferdekörpers untersuchte, darunter solche der Wirbelsäule. Es ist bekannt, dass sich bei Reitpferden die Brustwirbel verändern, die durch den Reiter belastet werden; dazu gehören neue Ablagerungen von Knochenmaterial und zu eng aneinandergerückte Dornfortsätze. Diese Veränderungen kann man bei modernen Reitpferden beobachten, und man findet sie auch an den Skelettüberresten früher Pferde. Doch noch immer sind sich die Experten uneins, ob Pferde zuerst als Reit- oder als Zugtiere benutzt wurden.

Oben *Vor der Erfindung von Traktoren und Automobilen war das Pferd nach dem Ochsen der wichtigste Helfer des Bauern und unverzichtbar für seinen Arbeitsalltag. Rasch wurde das Pferd zu einem wesentlichen Teil der ländlichen Wirtschaft, mit dessen Hilfe der Bauer seine Felder produktiver bestellen konnte.*

ERFAHRUNG UND FINGERSPITZENGEFÜHL – FÜR DIE DOMESTIKATION UNVERZICHTBAR

Ein solches Fluchttier wie das Pferd zu domestizieren und für bestimmte Aufgaben zu trainieren, erfordert Erfahrung und Fingerspitzengefühl. Man nimmt an, dass ursprünglich jüngere Pferde eingesetzt wurden, denn durch den ständigen Umgang mit Menschen kann sich ein Pferd an viele ungewohnte Erfahrungen und Objekte gewöhnen. Zudem besaßen viele alte Völker bereits einige Übung im Zähmen von Wildpferden; dies war zwar etwas anderes als die Domestikation, lieferte aber dennoch Grunderfahrungen, als die Menschen begannen, Pferde zu domestizieren.

Unten *Die Fähigkeit, Pferde erfolgreich zu zähmen und zur Arbeit einzusetzen, basierte auf Fingerspitzengefühl und Wissen, wie es gewöhnlich durch Verhaltensbeobachtungen und den engen Umgang mit diesen Fluchttieren gewonnen wurde.*

DIE VIELEN VERWENDUNGSMÖGLICHKEITEN DES PFERDES

Auch nach der Domestikation galten Pferde weiterhin als Nahrungsquelle. Pferde wurden noch immer wegen ihres Fleisches und ihres Leders getötet, wenn wohl auch weniger Tiere, als wenn sie die einzige Nahrungsquelle gewesen wären, denn nun konnte man andere Tierarten vom Pferderücken aus jagen. Als die Zucht von Pferden in Gefangenschaft begann, wurden junge Pferde möglicherweise von Geburt an den Menschen gewöhnt und zur Arbeit herangezogen, während ältere, überflüssige erwachsene Tiere wegen ihres Fleisches getötet wurden und Stuten als Milchlieferanten dienten. Der Einsatz in der Landwirtschaft war im Allgemeinen begrenzt, denn dazu konnten Ochsen verwendet werden. Diese waren damals wahrscheinlich die bessere Wahl als Arbeitstiere, denn die Fähigkeit, ein Pferd zu kontrollieren, steckte in jeder Beziehung noch in ihren Kinderschuhen.

Von Lucinda Green, einer früheren britischen Vielseitigkeitsreiterin, stammt der Spruch, keine Tierart tue so viele Dinge für die Menschheit wie das Pferd. Bemerkenswerterweise sind Beispiele für die wichtigsten frühen Verwendungszwecke des Hauspferdes auch heute noch überall auf der Welt zu finden. Der größte Unterschied zwischen damals und heute, unserer postindustrialisierten westlichen Welt, ist natürlich die Verwendung des Pferdes im Sport und der Verzicht auf seinen Einsatz in der Kriegsführung – als Schlachtross hat es unsere Welt über ein Jahrtausend mitgeformt. Dem amerikanischen Historiker und Journalisten John Trotwood Moore wird der berühmte Ausspruch zugeschrieben: «Wo auch immer der Mensch auf seinem langen Weg von der Barbarei zur Zivilisation seine Fußspuren hinterlassen hat, finden sich gleich daneben die Hufspuren des Pferdes.»

Reiten: Zaumzeug und Sattel

Mit der Domestikation des Pferdes entstanden auch erstes Zaumzeug und sonstiges Zubehör. Anfangs legte man zum Reiten einfach eine Decke auf den Rücken des Pferdes; feste Konstruktionen mit hölzernem Sattelbaum, die das Gewicht des Reiters besser verteilten, entstanden erst ab ca. 200 v. Chr.

Hinweise auf erste Sättel finden sich in der Kunst nomadischer Steppenvölker, aber auch in armenischen bzw. assyrischen Darstellungen der Zeit von Assur-nasirpal II., der 883–859 v. Chr. regierte. Diese ersten Sättel hatten keine Steigbügel. Diese entstanden erst später etwa gleichzeitig mit dem Sattelbaum – zuvor hätten sie gar nicht sicher befestigt werden können. Komfort war in den Anfängen kein Thema, allerdings gibt es einige Belege für Sattelpolster, die mehr Bequemlichkeit verschafften.

Zwei Faktoren beeinflussten die Entwicklung von Zaumzeug und Geschirr: einerseits die Anforderung, das Pferd zu kontrollieren, um es für einen bestimmten Zweck (ob als Reit- oder Zugtier) nutzen zu können, und andererseits die Eigenschaften der verfügbaren Materialien. Daher zeigen frühe Ausrüstungen zwar manche Gemeinsamkeiten, aber zugleich regionale Eigenheiten.

Links *Dieses Detail eines Wandreliefs am Nordwest-Palast in Nimrud (Kalhu) im heutigen Irak entstand ca. 865–860 v. Chr. während der Regentschaft von Assur-nasirpal II.; das vordere Pferd ist deutlich erkennbar mit Zaumzeug und Geschirr ausgestattet.*

ZAUMZEUG

Pferde lassen sich über die Nase steuern, daher waren die ersten Zaumzeuge höchstwahrscheinlich einfache Halfter. Erst später kamen Trensen (Gebisse) dazu. Die frühen Zaumzeuge wurden aus Seilen, Rohleder oder Sehnen gefertigt. Frühe Trensen bestanden aus Horn, (Hart-)Holz oder Seil. Metalltrensen tauchten ab ca. 1300 v. Chr. auf. Scheibenförmige «Wangenstücke» aus Hirschgeweih waren offenbar Vorläufer der heutigen Trensenringe. Die ersten Belege für Metalltrensen stammen aus der Bronze- und Eisenzeit, gestützt durch archäologische Funde in Luristan im heutigen Iran (früher zu Mesopotamien gehörig).

Oben *Heute übliches Zaumzeug. Moderne Zaumzeuge sind gezielt auf ihren Anwendungszweck abgestimmt.*

Unten *Die ersten Zaumzeuge waren eigentlich Halfter aus Seilen, Rohleder oder Sehnen. Die Kontrolle erfolgte lediglich über den Nasenriemen, nicht über ein Gebiss. Das Bild zeigt ein Araberpferd mit geflochtenem Halfter.*

Oben *Nachdem die Menschen die Kunst beherrschten, einen Holzrahmen mit Leder zu bespannen, entstanden bald die ersten Sättel mit Sattelbaum.*

SÄTTEL

Sättel entwickelten sich deutlich später als Zaumzeuge. Zunächst nutzte man lediglich Polster oder Decken, die nur durch das Gewicht des Reiters auf dem Pferderücken gehalten oder mit einem Riemen befestigt wurden.

Die Entwicklung der Lederfertigung um 1300 v. Chr. veränderte dies grundlegend. Irgendwann lernten die Menschen, Leder über einen hölzernen Rahmen zu ziehen; so entstanden erste Sättel mit hölzernem Baum. Leder fand auf allen Kontinenten Verwendung, schließlich hatten die Menschen schon lange Tierhäute benutzt, um sich zu kleiden oder Behausungen zu errichten. In Ägypten gefundene Lederstücke wurden auf 1300 v. Chr. datiert, doch man weiß, dass auch die Völker Asiens, Nordamerikas und Europas Häute zu Leder verarbeiteten. Die Griechen benutzten Leder bereits um 1200 v. Chr.

Schon ein einfacher Sattelbaum verschaffte dem Reiter mehr Stabilität und Sicherheit und schonte zugleich den Rücken des Pferdes, da er verhindert, dass das Gewicht des Reiters auf den Dornfortsätzen der Wirbel lastet. Nun gab es auch die Möglichkeit, Steigbügel zu befestigen. Die ältesten Belege für eine entsprechende Vorrichtung stammen aus Indien und datieren etwa auf das 2. Jh. v. Chr. Dabei handelte es sich noch um eine einfache Schlaufe für den großen Zeh; indische Reiter waren aufgrund des warmen Klimas barfuß zu Pferde. Steigbügel im heutigen Sinne sollen in China während des 4. und 5. Jahrhunderts entstanden sein. Ihre Notwendigkeit wurde auch von einem byzantinischen Kaiser erkannt, der den Bedarf für eine solche Vorrichtung um das Jahr 580 in einem Militärhandbuch (*Strategikon* des Maurikios) erwähnte. Die eigentlichen Entwickler des Steigbügels war die Volksgruppe der Sarmaten; das Reitervolk nutzte einen einzelnen Steigbügel zum Aufsteigen. Das erste Zeugnis beidseitiger Steigbügel findet sich in einem Grab der Jin-Dynastie bei Nanjing, das etwa aus dem Jahr 322 stammt.

So erfolgreich war die Erfindung, dass sie sich in den Steppen Asiens und darüber hinaus verbreitete. Die Sicherheit, die zwei Steigbügel dem Reiter gaben, ließ die eigentliche Reitkunst entstehen und eröffnete den frühen Reitern mehr Möglichkeiten, ihre Pferde zu nutzen.

In jüngster Zeit gibt es in bestimmten Reiterzirkeln die Tendenz, sich wieder Sätteln ohne Bäume zuzuwenden. Dahinter steckt der Gedanke des natürlicheren Erlebens; wissenschaftliche Untersuchungen lassen jedoch vermuten, dass diese modernen, baumlosen Sättel Rückenprobleme beim Pferd hervorrufen.

ENTWICKLUNG VON SATTELZEUG UND GESCHIRREN

Historisch gesehen war die Entwicklung des Sattelzeugs eine logische Folge der Domestikation. Noch heute ist vielerorts primitives Sattelzeug in Gebrauch. In manchen Entwicklungsländern spielen Equiden als Arbeitstiere nach wie vor eine große Rolle; Sattelzeug und Geschirre sind hier oft aus einfachsten Materialien gefertigt. Internationale Organisationen wie The Brooke Hospital for Animals oder World Horse Welfare vermitteln Menschen vor Ort Wissen darüber, wie sie ihre Arbeitstiere gesund erhalten können. Schlecht sitzendes Sattelzeug aus ungeeigneten Materialien verursacht Schmerzen und Missbehagen beim Pferd und kann Wunden und Scheuerstellen hervorrufen. Das verringert oder beendet sogar die Einsatzfähigkeit der Tiere. Beide Organisationen bieten Soforthilfe für betroffene Pferde und stellen im Rahmen ihrer Ausbildungsprogramme auch Lastensättel zur Verfügung. Primitive Sättel sind also keineswegs nur noch im Museum zu sehen.

Die Entwicklung des Sattelzeugs unterlag bei der Auswahl von Materialien und Form immer regionalen und traditionellen Einflüssen. Ausschlaggebend war stets die Aufgabe, die ein Pferd zu erfüllen hatte; ein Westernsattel etwa war so gebaut, dass ein Cowboy quasi tagelang reiten konnte. Für eine bestimmte Disziplin konzipierte Sportsättel dagegen sind dafür ausgelegt, jeweils nur stundenweise benutzt zu werden. Jedes Land entwickelte seine eigenen Varianten; die heute gängigsten Grundformen sind der englische und der Westernsattel.

Unten *Links ist ein englischer Dressursattel, rechts ein Westernsattel abgebildet. Beide sind für unterschiedliche Disziplinen und Nutzungszeiten konzipiert. Beim Westernreiten sitzt der Reiter oft sehr lange im Sattel, dieser muss also bequem sein.*

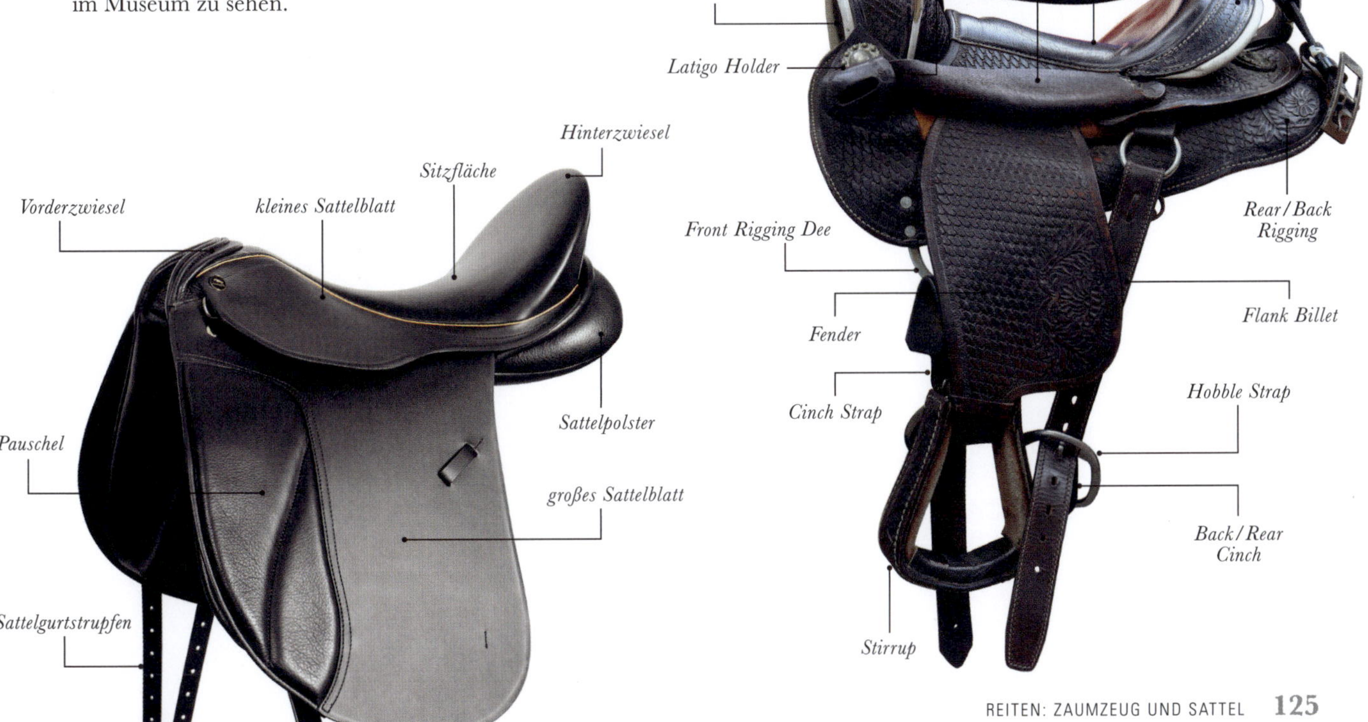

Geschichte des Reitens

ERSTE SCHRIFTEN

Als erster Autor zum Thema gilt der Athener Soldat und Schriftsteller Xenophon (ca. 430–354 v. Chr.). In seinem Werk *Über die Reitkunst* behandelt er die Ausbildung und das richtige Reiten von «Soldatenpferden»; es gilt als ältestes bekanntes Werk zu diesem Thema. In gedruckter Form erschien es erstmals im 16. Jahrhundert in Florenz; seither gilt es als maßgeblicher Text dieses Genres. Historischen Aufzeichnungen zufolge verbrachte Xenophon fast sein ganzes Leben mit Pferden; viele heutige Kommentatoren halten sein Ausbildungskonzept noch immer für gültig. In seiner Schrift erwähnt Xenophon einen ansonsten unbekannten Reiter, Simon von Athen: «… was ein Pferd aus Zwang Thut, wird es, wie auch Simon sagt, weder recht lernen, noch mit Anstand thun, eben so wenig als ein Tänzer, den man zum Tanzen reizet und schlägt.» Er riet von Gewalt bei der Pferdeausbildung ab und mahnte: «So muß man dessen Maul nicht reißen, und sich in acht nehmen, daß man es nicht mit dem Sporn noch mit der Peitsche treffe, (wie es viele thun, in der Meinung, dem Pferde einen prächtigen Anstand zu geben). Hierdurch wird just das Gegentheil bewürkt.»

Als ersten Autor über das Pferdeverhalten könnte man Alexander den Großen (356–323 v. Chr.) bezeichnen, den Schüler von Aristoteles und Herrscher über das griechische Königreich Makedonien. Als Kind beobachtete er, wie sein Vater Philipp II. und einige Männer erfolglos mit einem ungebärdigen Pferd, Bukephalos genannt, fertigzuwerden versuchten. Alexander erkannte, dass das Pferd so, wie es stand, seinen eigenen Schatten sah und sich vor diesem fürchtete. Er wandte das Pferd mit dem Kopf zur Sonne, und es wurde ruhig und umgänglich.

Unten *Statue des Xenophon vor dem österreichischen Parlamentsgebäude in der Ringstraße in Wien.*

MEISTER DER KLASSISCHEN TRADITION

Die Entwicklung und Nutzung kleiner Feuerwaffen im 15. Jahrhundert erforderte Pferde, die beweglicher sein mussten als ihre Vorgänger, deren Aufgabe darin bestanden hatte, geradeaus zu galoppieren und einfache Bewegungen zu vollführen. Xenophons Werke wurden wiederentdeckt, und das Interesse an der klassischen Ausbildung erwachte erneut.

Im Jahr 1532 eröffnete Federico Grisone die erste moderne Reitschule in Neapel. Dort erlernten junge Adlige jene Reitkünste, die jeder Angehörige dieses Standes beherrschen musste. Grisone ist für seine teils brutalen Methoden der Abrichtung bekannt; sein Schüler Giovanni Pignatelli soll die Kandare als Zwangsmittel erfunden haben.

Nach Grisones Vorbild entstanden in ganz Europa Reitschulen, so 1594 auch diejenige des Pignatelli-Schülers Antoine de Pluvinel in Paris, der außerdem *Le Maneige Royal (Die königliche Reitschule)* schrieb, verfasst als Zwiegespräch zwischen ihm und seinem Schüler, dem zukünftigen Ludwig XIII. De Pluvinel spielte für die Pferdeausbildung insofern eine wichtige Rolle, als er sich von den harschen Methoden Grisones abwandte und das Pferd durch Freundlichkeit und Belohnungen zu gewinnen suchte.

In England verfasste William Cavendish, der spätere 1. Duke of Newcastle, *A General System of Horsemanship in all its Branches* (1658); er gilt als Erfinder des Schlaufzügels.

Der berühmteste Meister jener Zeit folgte Pluvinels Schule und unterrichtete im Frankreich des 18. Jahrhunderts: François Robichon de la Guérinière formulierte ein klares und präzises System, das alle heute klassischen Prinzipien beinhaltete und etwa die Ausbildung in der Spanischen Hofreitschule in Wien bis weit ins 20. Jahrhundert beeinflusste. Im Jahr 1733 veröffentlichte er sein Werk *École de Cavalerie*, in dem er Pluvinels Arbeit weiterführte und weder Grisones noch Cavendishs harsche Methoden anwandte.

Rechts *Das Kandarengebiss. Es ist über den «Baum» mit dem Zügel verbunden. Die starke Hebelwirkung erfordert eine sehr feine Handhabung durch den Reiter.*

Links *1532 eröffnete Federico Grisone in Neapel die erste moderne Reitschule. Das Beherrschen reiterlicher Fertigkeiten wurde von jedem jungen Adligen erwartet, daher war sein Unterricht sehr gefragt.*

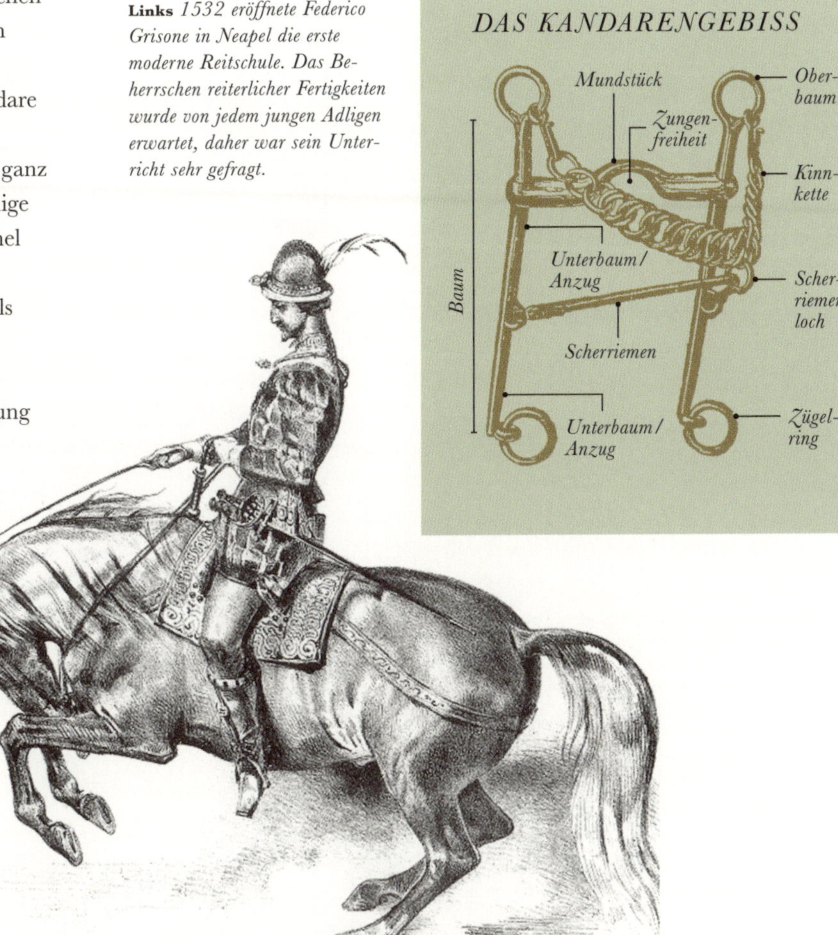

Oben *Der Franzose François Baucher trug, wie auch James Fillis, maßgeblich zur Entwicklung der Pferdeausbildung im 19. Jh. bei.*

Als Napoleons Herrschaft 1815 endete, gab es niemanden mehr, der die von de la Guérinière gelehrten Fertigkeiten weitergeben konnte. Das Ausbildungs- und Elitekorps des Cadre Noir in Saumur wurde 1814 gegründet und besteht bis heute; es ist die berühmteste französische Reitschule. Die Franzosen François Baucher und James Fillis nahmen ebenfalls starken Einfluss auf die europäische Reitkunst im 19. Jahrhundert. Beide waren nicht wohlhabend und mussten ihre Reitkünste im Zirkus statt in den Eliteakademien demonstrieren.

Fillis korrigierte einige von Bauchers Ausbildungsfehlern und war dafür bekannt, jedes Pferd mit minimaler Einwirkung hervorragend reiten zu können. Bekannter wurde er, als er im Alter von 63 Jahren als Reitlehrer an die russische Kavallerieschule berufen wurde. Wie es heißt, bildete er zehn Jahre lang jährlich 350 Remonten (Ersatzpferde) aus, ohne dass je ein Pferd oder Reiter verletzt wurde.

Die spanische Reitkunst unterlag trotz der Reichtümer und edlen Reitpferde des Landes am Ende der Renaissance durch die Verbindung mit dem Haus Habsburg vor allem dem Einfluss Österreichs, insbesondere Wiens. Die Spanische Hofreitschule in Wien wiederum verdankt ihren Namen nicht einem spanischen Reitstil, sondern der Tatsache, dass ihre berühmten Lipizzaner auf andalusische Pferde zurückgehen, die gezielt mit europäischen Rassen sowie Arabern gekreuzt wurden. Der Einfluss der Wiener Schule dehnte sich im 19. Jahrhundert auch auf Deutschland aus; dort erschien 1886 Gustav Steinbrechts *Das Gymnasium des Pferdes*, das wie Guérinières Buch als eines der großen Werke der Reitlehre gilt.

General Albert-Eugène-Édouard Decarpentry war ein überzeugter Schüler Bauchers und schlug als solcher den Bogen ins 20. Jahrhundert bis zur Gründung der Féderation Équestre Internationale (FEI) 1921. Er diente im Ersten Weltkrieg als Kommandant der Kavallerie und war von 1925–1931 stellvertretender Leiter des Cadre Noir. 1949 erschien sein Buch *Équitation académique*, das bei Dressurfachleuten als wichtigstes Werk der klassischen Reitlehre im 20. Jahrhundert gilt. Decarpentry wurde später internationaler Wertungsrichter für Dressurreiten und Leiter des Komitees für Dressurreiten bei der FEI.

Links *Ein Lipizzaner zeigt einen Schulsprung. Diese eng mit der Spanischen Hofreitschule in Wien verbundene Rasse wird in der klassischen Reitkunst mit Methoden ausgebildet, die mehrere Jahrhunderte alt sind.*

Unten *Die Rasse der Lipizzaner ist bis ins 16. Jh. zurückzuverfolgen. Vermutlich stammen alle heutigen Lipizzaner von nur acht Ursprungshengsten ab.*

MODERNE AUSBILDUNG

Seit Mitte des 20. Jahrhunderts ist die Ausbildung oder «Dressur» (von franz. *dresser*, «abrichten») eine eigenständige Turniersportdisziplin, die durch die FEI reguliert wird. Diese beschreibt sie als Entwicklung des Pferdes zu einem zufriedenen Athleten mit freiem, regelmäßigem Schritt, freien Bewegungen, kraftvoller Hinterhand, Schwung und weicher Anlehnung. Die Bewertung der Leistung erfolgt anhand einer Skala, die ihren Ursprung in einem deutschen Kavallerielehrbuch hat, und beurteilt die Kriterien Takt, Losgelassenheit, Anlehnung, Schwung, Geraderichtung und Versammlung. Allerdings gibt es keinen einheitlichen Standard, um diese Elemente zu bemessen; sowohl Hobbyreiter als auch Profis wünschen sich eine Anpassung der Ausbildungs- und Bewertungsmethoden. In Dressurwettbewerben ist eine ganz eigene Form und Ausführung gefragt.

Heute zeichnet sich auch ein gewisser Konflikt zwischen klassischen und modernen Trainingsmethoden ab, widergespiegelt in der noch jungen Pferdewissenschaft *(equitation science)*; diese hat bezüglich der Mensch-Pferd-Beziehung einen zunehmenden kulturellen Widerspruch zwischen Tradition und Moderne ermittelt.

NATÜRLICHES REITEN

In den 1980er-Jahren wurde das sogenannte natürliche Reiten (Natural Horsemanship) beliebt. Dieses wandte sich bewusst von traditionellen Techniken ab, die als unnötig streng und zwingend kritisiert wurden. Die Methode beansprucht für sich, Pferde entsprechend ihren natürlichen Instinkten auszubilden und artübergreifend zu kommunizieren. Sie arbeitet mit dem Ausüben von Druck, der nachlässt, wenn das Pferd das gewünschte Verhalten zeigt.

Von traditioneller Seite wird kritisiert, das natürliche Reiten habe lediglich alte Methoden wie die Longenarbeit aufgewärmt; Anwender «positiver» Trainingsmethoden (siehe unten) bemängeln, dass die verwendeten Techniken das Pferd erschrecken oder ihm Schmerzen zufügen könnten. Wissenschaftlich gesehen basiert die Methode genauso auf der negativen Verstärkung wie traditionelle Methoden, die mit Druck des Schenkels, einer Gerte oder eines Gebisses arbeiten.

KLICKERTRAINING

Zeitgleich mit dem natürlichen Reiten erregte diese auf den psychologischen Theorien der operanten und klassischen Konditionierung beruhende Trainingsmethode die Aufmerksamkeit einiger Pferdetrainer, nachdem über ihre Erfolge bei der Hundeerziehung berichtet worden war.

Ein Klicker ist ein kleines Gerät, mit dem sich ein deutliches Knackgeräusch erzeugen lässt. Mithilfe klassischer Konditionierung wird nun eine emotional positive Verknüpfung zwischen einem Umweltmarker und einer angenehmen, biologisch signifikanten Belohnung (Primärverstärker) wie Futter oder Kraulen hergestellt. Ist so das Geräusch des Klickers mit der Präsentation von Futter oder Krauleinheiten gekoppelt, kann man das Klicken benutzen, um das trainierte Verhalten zu markieren, sodass der Trainer das Pferd für die gewünschte Ausführung belohnen kann.

Links *Beim Klickertraining stellt man mithilfe eines kleinen Geräts eine emotional positive Verknüpfung zwischen einem Umweltreiz und einer Belohnung wie etwa Futter her. Die Methode wird heute bei Pferden oft angewandt.*

THERAPEUTISCHES REITEN

Schon lange ist bekannt, dass Pferde einen positiven Einfluss auf den mentalen, emotionalen und körperlichen Zustand des Menschen haben. Ihre Fähigkeit, menschliche Emotionen zu «lesen» und widerzuspiegeln sowie ihre offensichtliche Ehrlichkeit machen sie für uns in dieser stressigen Zeit so anziehend. Inzwischen ist allgemein bekannt, dass sie viel zum Erfolg einer Therapie beitragen können.

In der Physiotherapie kommen sie bereits seit Anfang der 1950er-Jahre zum Einsatz, denn Reiten fördert die motorischen Fähigkeiten körperlich beeinträchtigter Personen sanft und individuell (Hippotherapie). Inzwischen hat die einzigartige Verbindung zwischen Mensch und Pferd einen festen Platz auch in psychologischen Therapien. Solches therapeutisches Reiten wird auf der ganzen Welt betrieben. Auch in der tier- bzw. pferdegestützten Weiterbildung, etwa auf Gebieten wie Coaching, Seminaren für Führungskräfte und Personalentwicklung, werden Pferde eingesetzt.

Therapeutisches Reiten ist empirisch, artübergreifend, nonverbal oder verbal und arbeitet mit verschiedenen Ansätzen. Das übergeordnete Gebiet der tiergestützten Therapie wurde 2010 von Aubrey Fine als «zielgerichtete Intervention, bei der ein Tier, das bestimmte Kriterien erfüllt, integraler Bestandteil der Behandlung ist» beschrieben. Zwei internationale Organisationen regeln die pferdegestützte Therapie: die Federation of Horses in Education and Therapy (HETI) und die Professional Association of Therapeutic Horsemanship International (PATH Intl.). Die Equine Assisted Growth and Learning Association (EAGALA) zertifiziert als internationale Organisation Personen, die sich in der pferdegestützten Therapie betätigen wollen. EAGALA hat 4500 Mitglieder in 50 Ländern und hat ein Therapiemodell entwickelt, das als globaler Standard für die pferdegestützte Psycho- und Entwicklungstherapie angesehen wird; es umfasst unter anderem einen Ethikkodex, der streng überprüft wird.

Bei der pferdegestützten Therapie arbeiten Patient und Pferd gemeinsam mit einem Therapeuten an der emotionalen Heilung und Entwicklung. Die Therapie kommt bei Personen mit verschiedensten mentalen Beeinträchtigungen zum Einsatz, von der Sucht bis zum geringen Selbstwertgefühl. Die pferdegestützte Psychotherapie ist insbesondere für die Behandlung der posttraumatischen Belastungsstörung (PTBS) geeignet.

In Deutschland gibt das Deutsche Kuratorium für Therapeutisches Reiten, in Österreich die Österreichische Initiative Pferde helfen Menschen und in der Schweiz die Schweizerische Vereinigung für Heilpädagogisches Reiten Auskünfte zum Thema. Diese Organisationen helfen Betroffenen, Therapeuten zu finden, und halten weitere Informationen bereit.

Bislang hat die Wissenschaft noch nicht klar ermitteln können, worauf die therapeutische Funktion der Beziehung zwischen Mensch und Pferd beruht. Derzeit gibt es folgende Vorschläge:

- Pferde besitzen beruhigende Eigenschaften und fordern in der Situation Aufmerksamkeit.
- Sie bieten Gelegenheit zur Sinnübertragung (Metapher).
- Als potenzielle Beutetiere sind sie darauf ausgelegt, Details wahrzunehmen, die Menschen entgehen.
- Ihre Größe animiert dazu, Kraft und Kontrolle auszuprobieren.
- Ihre aufrichtige Kommunikation kann Verhaltensdissonanzen beim Menschen widerspiegeln.
- Interaktionen zwischen Mensch und Pferd wirken angstreduzierend und senken die Parameter für Erregung (Arousal).

Therapeutisches Reiten hilft in aller Welt dabei, eine enge Beziehung zwischen Therapeut und Patient aufzubauen, auch bei psychoanalytischen Interaktionen, bei denen Patienten schwierige Gedanken via Projektion auf das mitwirkende Pferd äußern können. Das Pferd spendet Trost und beruhigt, es steht für Empathie und urteilt nicht.

Das Pferd im Krieg

Der Einsatz des Pferdes in der Schlacht veränderte die Kriegsführung von Grund auf.

Dabei waren Pferde zunächst gar nicht direkt im Kampfgeschehen dabei, sondern beim Rückzug aus der Schlacht. Um 3000 v. Chr. überfielen und plünderten kriegerische Reitervölker der eurasischen Steppen Dörfer und zogen sich rasch wieder zurück, noch bevor die Dorfbewohner zur Gegenwehr oder Flucht schreiten konnten. Man vermutet, dass zahlreiche Siedlungen im östlichen Europa wegen dieser berittenen Plünderer aufgegeben wurden. Diese Art der Auseinandersetzung drang jedoch nicht weit über die Steppen hinaus; stattdessen entwickelte sich eine andere Art der Kriegsführung mit Pferden: der Streitwagen.

DER STREITWAGEN

Die ersten Streitwagen waren groß und kaum mehr als eine Fläche für einen Wagenlenker und einen Bogenschützen. Ab etwa 2100 v. Chr. finden sich Belege für Streitwagen bei den Zivilisationen Europas, Asiens und Nordafrikas. In der Steppe des westsibirischen Tieflandes fand man Räder eines Streitwagens, die man auf 2100–1700 v. Chr. datierte.

Die Erfindung des Speichenrades reduzierte das Gewicht; zuvor hatte man massive Holzräder verwandt. Das veränderte die Art der Kriegsführung bei den antiken Völkern des Nahen Ostens. Der Streitwagen wurde hier zur entscheidenden Kriegswaffe.

Unten *Detail einer bemalten Truhe im Grab von Pharao Tutanchamun, das ihn im Krieg gegen die Syrer in einem Streitwagen zeigt.*

Oben *«Buffalo Soldiers» des 10. US-Kavallerieregiments in Fort Huachuca, Cochise County, in Arizona um 1916. Die Kavallerie ist für jedes Gelände geeignet und kann schnelle Vorstöße reiten.*

Unten *Die Erfindung des Steigbügels hat die Militärgeschichte maßgeblich beeinflusst. Sie erlaubte dem Reiter das Tragen wirksamer Waffen zum Einsatz in der Schlacht.*

KAVALLERIE

In der Eisenzeit Mesopotamiens entwickelte sich die berittene Kavallerie als Teil der Armee. Ab ca. 1000 v. Chr. war sie eine spezielle Einheit berittener Bogenschützen, die sich erfolgreich der Taktik angreifender berittener Nomadenvölker entgegenstellte. Der Krieg zu Pferde ist in fast jedem Gelände möglich und ersetzte schließlich die Streitwagen. Die verwendeten Pferde waren mit ca. 140–160 cm Stockmaß eher klein; solche Tiere wurden noch über Jahrhunderte erfolgreich in der leichten Kavallerie eingesetzt. Die Mongolen etwa waren berühmt für ihre berittenen Bogenschützen und unterwarfen im 13. Jahrhundert große Teile Asiens mit blitzschnellen Überfällen.

Zu dieser Zeit waren die Steigbügel noch nicht erfunden. Noch vor der Erfindung des Schießpulvers zählte der Steigbügel zu einer der wichtigsten Entwicklungen in der Kriegsführung. Schnell fand er Eingang in die militärische Ausrüstung vieler Kulturen, etwa des Byzantinischen Reichs. Ab dem Ende des 8. Jahrhunderts übernahm man die Steigbügel auch in Westeuropa, doch erst zur Zeit Karls des Großen verbreiteten sie sich im gesamten Kontinent. Das Pferd war nun nicht mehr nur dazu da, eine Person an eine bestimmte Stelle zu bringen, sondern konnte Teil einer Waffe werden. Ohne Steigbügel hätte es vermutlich niemals Ritter gegeben.

DIE PFERDE WERDEN GRÖSSER

Große Pferde wurden erstmals von den Römern gezüchtet, um den Legionen starke Kavalleriepferde zu liefern, und im Mittelalter waren große Pferde aufgrund des wachsenden Gewichts der Rüstung unerlässlich. Mit dem ausgehenden 12. Jahrhundert und dem Ende der Kreuzzüge fand die europäische Rüstung weitere Verbreitung; das förderte die Entstehung großer Pferdrassen in Ländern mit blühendem Ritterstand, wie Spanien, Frankreich und Flandern. Die britischen Pferde nahmen stark an Größe zu, nachdem die Sachsen und Dänen größere Rassen vom Kontinent einführten. Auch die Entwicklung der Lanze fällt in diese Zeit.

Mit dem Aufkommen des Schwarzpulvers und somit der Fernwaffen begann der Niedergang der Ritter, und die leichte Kavallerie gewann wieder an Bedeutung. Die Zucht war nun auf leichtere schnelle, ausdauernde und wendige Pferde ausgerichtet. Die Unterwerfung Amerikas gelang den Europäern vor allem deshalb, weil die nicht berittenen Ureinwohner den Reitern zu wenig entgegensetzen konnten. Die von den Europäern nach Nordamerika eingeführten Pferde wurden dann auch von den Ureinwohnern im Kampf eingesetzt. Noch im Amerikanischen Bürgerkrieg spielten sehr mobile berittene Regimenter eine große Rolle.

Oben *Im 19. und vor allem 20. Jh. spielten Pferde zwar im Schlachtgeschehen kaum noch eine Rolle, wohl aber bei Transporten und der Versorgung der Truppen.*

DER ERSTE WELTKRIEG

Der letzte noch nicht voll mechanisierte Krieg, an dem Pferde entscheidend und in verschiedensten Funktionen mitwirkten, war der Erste Weltkrieg (1914–1918). Zwar dienten Pferde in diesem grausamen und entbehrungsreichen Krieg vor allem dem Transport, aber sowohl Deutschland als auch Großbritannien unterhielten eine Kavallerie von je etwa 100 000 Mann. Zu Beginn des Krieges beteiligte sich die Kavallerie an der Schlacht beim belgischen Mons, doch war dies bereits einer der letzten Einsätze. In dem von Maschinengewehren geprägten Grabenkrieg war die Kavallerie keine Option mehr. Im März 1918 ritt die britische Kavallerie einen Angriff auf die Deutschen. Von den 150 dabei eingesetzten Pferden überlebten nur vier.

Die neu entwickelte Militärmaschinerie war damals noch nicht sehr zuverlässig, daher waren die Transportdienste der Pferde weiterhin unerlässlich. Als der Erste Weltkrieg begann, besaß die britische Armee nur etwa 25 000 Pferde; im weiteren Verlauf zog sie so viele Pferde aus privater Hand ein, dass es in ländlichen Gebieten schließlich kaum noch welche gab. Die Tiere wurden nach Frankreich gebracht und dort als Kavallerie- oder Transportpferde ausgebildet. Auch aus den USA importierte man zahllose Pferde – manchmal wurden an die 1000 Pferde täglich nach Europa verschifft. Fast eine Million amerikanische Pferde und Maultiere dienten im Krieg. Dabei war es für die Armee stets ein Problem, genug Futter für all die Tiere zu beschaffen. Bei Kriegsende waren auf beiden Seiten insgesamt acht Millionen Pferde gestorben; zweieinhalb Millionen wurden tierärztlich versorgt und erholten sich wieder.

HEUTIGE NUTZUNG

Auf der ganzen Welt sind bis heute Pferde beim Militär anzutreffen, meist jedoch nur noch zu zeremoniellen Zwecken. Diese Einheiten pflegen ihre Traditionen intensiv, wie der britische King's Troop, Royal Horse Artillery, der über Originalkanonen aus dem Ersten Weltkrieg verfügt. Dieser führt auch militärische Taktiken vor, etwa die, das auf der Brust oder auf der Seite liegende Pferd als Deckung zu benutzen.

Solche historischen und zeremoniellen Vorführungen finden in ganz Europa und darüber hinaus dort statt, wo militärische Organisationen an den Einsatz von Pferden erinnern. Dies tat auch die World War I Centennial Commission der USA, indem sie an den Beitrag der amerikanischen Pferde zum Ersten Weltkrieg erinnerte.

Unten *Im Ersten Weltkrieg war die medizinische Versorgung der Pferde von größter Wichtigkeit. 2,5 Mio. Pferde überlebten dank tierärztlicher Behandlung.*

Pferdesport

Sport stand auf der Aufgabenliste des Hauspferdes wahrlich nicht ganz oben, doch die Nutzung im Krieg brachte zwei der ältesten Pferdesportarten hervor: Pferderennen und die Jagd. Beide waren eine logische Entwicklung bei den frühen nomadischen Reitervölkern Zentralasiens, die für ihre Kriegsspiele kleine und wendige Pferde verwendeten. Auch Polo zählt zu den frühen Pferdesportarten.

RENNSPORT

Über Jahrhunderte gab es vor allem Wagenrennen. Das erste dokumentierte gerittene Rennen fand bei der Olympiade 624 v. Chr. in Griechenland statt. Etwa im 12. Jahrhundert entstanden dann in England formellere Regeln, nachdem Kreuzritter von ihren Zügen arabische Pferde mitgebracht hatten. Diese unterschieden sich sehr von den kräftigen Tieren, die die Ritter und ihre Ausrüstung in den Kampf tragen mussten.

Der Spitzensport, wie wir ihn heute kennen, nahm seinen Ursprung im England des 17. Jahrhunderts unter Karl II. Die ersten Pferderennen wurden in Newmarket abgehalten, das bis heute als Heimat des Flachrennens in Großbritannien gilt. Die königliche Schirmherrschaft, die dem Sport mit dem Aufbau von Newmarket als Rennsportzentrum durch König Jakob I. (1566–1625) zu neuer Größe verhalf, dauert in Großbritannien bis heute an. Königin Elisabeth II. ist heute eine ebenso große Liebhaberin des Pferderennens, wie es schon ihre Mutter war.

Unten *Königin Elisabeth II. hat eine große Vorliebe für Pferderennen und besucht alljährlich im Juni die Rennen in Ascot.*

JAGD

Die Jagd zu Pferde ist eine der ältesten dokumentierten Nutzungsformen des Pferdes und wird seit Jahrtausenden ausgeübt. In England gab es sie schon lange vor der Eroberung durch die Normannen, allerdings brachten die eindringenden Franzosen ihre eigene Vorliebe für *la Chasse* mit auf die Insel.

Gegen Ende des 17. Jahrhunderts begann man in England mit der Fuchsjagd, zuvor jagte man bereits Hirsch und Hase. Die Fuchsjagd mit der Meute ist in England seit 2005 verboten, doch nach wie vor gibt es Jagden, bei denen ein Reiter eine künstliche Duftspur legt (Schleppjagd).

POLO

Die ersten Polospiele wurden vor mehr als 2500 Jahren in Persien (heute Iran) ausgetragen. Seinen Ursprung nahm das Spiel vermutlich in den Kriegen zwischen den Völkern Zentralasiens, und schon früh fand es Eingang in die Ausbildung bei Heeren, besonders bei königlichen Elitetruppen. So wurde es auch von den Königen, Sultanen, Schahs und Kalifen selbst gespielt und erhielt den Beinamen «Spiel der Könige«. Auch die stets an Sport interessierten britischen Offiziere eigneten sich in den 1860er-Jahren den Polosport an. Dieser war bis 1936 sogar mehrfach Teil der Olympischen Spiele. Noch heute ist er vor allem in Großbritannien sehr beliebt, auch bei den männlichen Mitgliedern der Königsfamilie.

Oben *Die seit 2005 in England verbotene Fuchsjagd war früher ein beliebter Zeitvertreib der Reichen.*

Unten *Der Polosport entstand vor mehr als 2500 Jahren im heutigen Iran. Um 1860 entdeckte ihn die britische Armee für sich.*

Oben *Die verschiedenen Disziplinen beim Rodeo leiten sich von den Aufgaben der berittenen Rinderhirten ab. Dabei wird das ganze Können von Pferd und Reiter auf die Probe gestellt.*

RODEO

Die Disziplinen des Rodeoreitens haben sich aus der Arbeit von Rinderhirten in Südamerika, Mexiko, Mittelamerika, Spanien, den USA, Kanada, Australien und Neuseeland entwickelt. Sie basieren auf den Aufgaben, die Cowboys bzw. Vaqueros zu erfüllen hatten. Heute messen sich die Reiter bei Wettkämpfen, bei denen nicht nur Pferde, sondern auch Rinder zum Einsatz kommen.

Die Disziplinen umfassen Roping (Kälberfangen mit dem Lasso), Steer Wrestling (Einfangen an den Hörnern), Bronc Riding (Reiten von Wildpferden), Bullenreiten und Barrel Racing (Tonnenrennen). Aktive sind z. B. in der Professional Rodeo Cowboys Association organisiert. Erste Rodeos fanden in den 1820ern statt; nach dem Amerikanischen Bürgerkrieg verbreitete sich der Sport weiter. Der erste echte Wettkampf fand 1872 in Cheyenne, Wyoming, statt. Die Beliebtheit des Sports erreichte in den 1970ern einen Höhepunkt.

DRESSUR- UND SPRINGREITEN

Die moderneren Sportarten Dressur- und Springreiten kamen erst so richtig auf, nachdem das Pferd seine Aufgaben beim Militär und als Arbeitstier eingebüßt hatte. Die klassische Reitkunst war in der westlichen Welt stets präsent gewesen, etwa im Cadre Noir in Frankreich und in der Spanischen Hofreitschule in Wien.

Das Dressurreiten, wie wir es heute kennen, hatte seinen ersten Auftritt bei den Olympischen Spielen 1912; seinen Ursprung hat es als Geschicklichkeits- und Gehorsamsprüfung der besten Militärpferde von Schulen aus ganz Europa. Erst bei der Olympiade 1932 in Los Angeles wurden so anspruchsvolle Figuren wie Passage oder Piaffe gezeigt. Die erste Weltmeisterschaft im Dressurreiten fand 1966 in Bern statt. Seither entwickelte sich die Disziplin zu einer beliebten Sportart; dabei sind deutsche Reiterinnen und Reiter immer wieder international sehr erfolgreich. In Großbritannien wurde die Dressur erst 1998 zu einer eigenen Disziplin; manche vermuten, dies liege an der Vorliebe der Briten für Jagd- und Vielseitigkeitsreiten.

Schon früher haben Reiter mit ihren Pferden über natürliche Hindernisse und Zäune gesetzt, insbesondere, wenn diese auf ihrem Jagdparcours lagen. Daraus entwickelte sich nach und nach eine eigene Wettkampfdisziplin. Das eigentliche Springreiten war zunächst eine Springprüfung für Jäger. Die Royal Dublin Society veranstaltete bereits 1865 einen «Springwettbewerb», und 1870 gab es eine ähnliche Veranstaltung in Paris. An den Olympischen Spielen von 1900 in Paris wurden auch Springwettbewerbe ausgetragen.

Diese sportliche Entwicklung wurde von den beiden Weltkriegen im 20. Jahrhundert unterbrochen. Erst danach setzte sich der nach vorn gerichtete «leichte Sitz» überall durch; zuvor saß der Reiter meist aufrecht oder leicht nach hinten geneigt im Sattel, wie es lange bei der Jagd üblich war. Der moderne leichte Sitz war bereits von dem italienischen Rittmeister Federico Caprilli (1868–1907) praktiziert und propagiert worden. Dieser beobachtete Pferde beim freien Springen und fotografierte dabei ihre Körperhaltung beim Sprung über Hindernisse. Er kam zu dem Schluss, dass das Zurücklehnen des Reiters der Sprungbewegung des Pferdes entgegenlief und es durch Zug an den Zügeln auch behinderte. Er entwickelte den leichten Sitz mit kürzeren Steigbügeln, sodass der Reiter auch während des Sprungs im Gleichgewicht blieb. Anfangs noch geschmäht, setzte sich sein Reitstil schließlich klar durch.

Unten *Dressurreiten war 1912 erstmals olympische Disziplin. Entstanden war es als Leistungs- und Gehorsamsprüfung von Militärpferden.*

Zentren der Pferdezucht

Historisch gesehen führten verschiedene Faktoren zur Einrichtung formeller Gestüte zur Pferdezucht. Man erkannte den Wert, den das Pferd für Landwirtschaft, Sport oder Militär hatte; außerdem beeinflussten sich die Staaten gegenseitig.

EUROPA

Eines der ältesten Nationalgestüte Europas befindet sich im schwedischen Flyinge nahe der Stadt Lund; seine Geschichte reicht bis ins 12. Jahrhundert zurück. Es wurde 1661 von Carl Gustaf X. zum königlichen Gestüt erhoben. Noch heute ist es führend in der Zucht des als Spring- und Dressurpferd beliebten Schwedischen Warmbluts, doch das Gestüt ist weit darüber hinaus aktiv, etwa in Zusammenarbeit mit der Schwedischen Universität für Agrarwissenschaften oder in der Ausbildung von Pferdewirten und Reitlehrern.

Alle größeren europäischen Länder verfügen über National- oder Landgestüte, die meist im 17. und 18. Jahrhundert gegründet wurden, etwa das hessische Landgestüt im deutschen Dillenburg, das Nationalgestüt Pompadour in Frankreich und das Gestüt Piber in Österreich, wo die berühmten Lipizzaner für die Spanische Hofreitschule in Wien gezüchtet werden.

Neben den staatlichen gibt es überdies zahllose private Gestüte, die nicht selten größer und finanziell erfolgreicher sind. Ein gutes Bei-

Unten *Lipizzanerhengste des österreichischen Bundesgestüts Piber nahe Köflach in der Steiermark werden von der Sommeralm ins Winterquartier gebracht.*

Links *Eines der ältesten Gestüte in Schweden ist das Nationalgestüt Flyinge. Es ist weltberühmt für die Zucht des Schwedischen Warmbluts, eines exzellenten Dressur- und Springpferdes.*

Unten *Das hessische Landgestüt in Dillenburg. Sein Hauptgeschäft ist der Zuchtbetrieb, doch betreibt es auch eine niveauvolle und beliebte Reit- und Fahrschule.*

spiel ist der deutsche ehemalige Springreiter Paul Schockemöhle, der eine Deckstation und ein Gestüt betreibt – und dabei züchterisches Wissen, Tophengste und Auktionen mit Spitzen-Sportpferden vereint.

Aufgrund der geografischen Trennung vom Kontinent fand die Pferdezucht in Großbritannien oft in eher kleinerem Rahmen statt, mit der Ausnahme von Rennpferden. Es gibt neun britische Ponyrassen, deren Eigenschaften von den jeweiligen Zuchtverbänden vehement verteidigt werden; dennoch fehlt ein britisches Pony-Zuchtbuch, das den Wert und die Attraktivität all dieser Rassen festhält. Anders verhält es sich auf dem Kontinent: In Deutschland etwa gibt es mehrere Warmblutrassen, wie Hannoveraner und Trakehner, die jeweils eigene Zuchtbücher führen, aber vielerlei Einflüsse und Einkreuzungen aufweisen.

Oben *Die königlichen Stallungen auf dem Privatanwesen von Königin Elisabeth II., Sandringham Estate in Norfolk. Im Vordergrund ein Standbild des Englischen Vollblüters Persimmon, der zwischen Juni 1895 und Juli 1897 neun Rennen lief und sieben davon für sich entschied.*

Ähnliches erfolgte auch bei den britischen Ponys, jedoch viel früher und oft unsystematisch – etwa als andalusische Pferde von Schiffen der Armada, die vor der irischen Küste gestrandet waren, entkamen und sich dann mit den einheimischen Connemara-Ponys vermischten. Moderne Warmblutzüchter haben keine Vorbehalte, durch Einkreuzungen das eigene Zuchtergebnis zu verbessern, doch die Zuchtbücher der britischen Ponyrassen erlauben derlei nicht. Sie schreiben streng vor, welche Tiere zur Zucht zugelassen werden und welche nicht.

Das absolute Gegenbeispiel hierzu ist in Großbritannien das Englische Vollblut, dessen Zuchtregister seit mehr als 200 Jahren von der Firma Weatherbys verwaltet wird. Gegen Ende des 18. Jahrhunderts nahmen Pferderennen in Großbritannien eine strukturierte Form an, und Weatherbys begann nicht nur, feste Regeln zu entwickeln, sondern dokumentierte fortan auch Angaben zu den teilnehmenden Pferden, ihre Zucht und Zuchtergebnisse. Heute ist diese Dokumentation als General Stud Book («allgemeines Zuchtbuch», GSB) bekannt; es ist bis heute lückenlos und unterliegt nach wie vor der Verwaltung der Firma. Alle vier Jahre erscheint eine neue Ausgabe.

Newmarket, die «Heimat» des britischen Pferderennens, wurde zum Zentrum der Vollblutzucht und ist es mit dem National Stud und mehr als 60 weiteren Gestüten bis heute. Ebenfalls in Newmarket angesiedelt ist Tattersalls, Europas führendes Auktionshaus für Rennpferde, das 1766 gegründet wurde und jährlich neun Auktionen in Newmarket sowie noch mehr in seiner Niederlassung in Irland abhält.

Oben *In Großbritannien wird die Vollblüterzucht durch die Firma Weatherbys streng überwacht und dokumentiert – und das seit Ende des 18. Jh.*

Rechts *Das in England halbwild gehaltene Dartmoor-Pony ist eine der neun Ponyrassen der Britischen Inseln. Jede hat ihren eigenen Zuchtverband, der für die Bewahrung ihrer besonderen Eigenschaften sorgt.*

USA

In den USA ist die Situation in gewisser Weise ähnlich wie in Großbritannien: Hier stellt der Bundesstaat Kentucky das wichtigste Zentrum für die Pferdezucht, insbesondere die Vollblutzucht, dar. Warum sich gerade hier die Hochburg der Vollblutzucht entwickelte, ist nicht ganz klar; eine plausible Erklärung bezieht sich auf das Verbot von Pferdewetten gegen Ende des 19. Jahrhunderts. Kentucky war einer der Staaten, die sich dem nicht anschlossen, woraufhin sich die Rennszene dort rasant entwickelte und wohlhabende Investoren anlockte, die sowohl wetten als auch Rennpferde züchten wollten, auf die sie dann setzen konnten. Kentucky ist außerdem bekannt für sein *bluegrass*, das im Frühjahr bläuliche Blüten trägt und die Landschaft mit einem blaugrünen Teppich überzieht. Dieses Gras soll sehr nährstoff- und besonders kalziumreich sein, worin manche den eigentlichen Grund für die dortige Pferdehaltung sehen. Die Wahrheit liegt wahrscheinlich, wie so oft, irgendwo in der Mitte.

Unten *Kentucky hat die größte Zahl an Gestüten in den USA und ist besonders für seine Vollblüter berühmt.*

Rechts oben *Siegerehrung des Challenge Cup auf der Hanshin-Rennbahn im japanischen Hyogo (13. Dez. 2015).*

JAPAN

Japan ist eine heimliche Hochburg der Vollblutzucht geworden, was vor allem den Gebrüdern Yoshida mit ihren drei Gestüten und der Hengststation Shadai zu verdanken ist. Die Brüder üben mit ihrem Zuchtprogramm weltweit enormen Einfluss aus. Sie investierten riesige Summen in Spitzenpferde aus Europa und den USA. Die Vollblutzucht ist heute ein großes Geschäft, und da sich Pferde heute leicht über den Globus transportieren lassen, ist praktisch jeder Winkel der Erde zu erreichen.

NAHER OSTEN

Der Nahe Osten hat eine lange und große Tradition der Zucht von Araberpferden für Galopp- und Distanzrennen; hier liegt auch eine Wurzel des Englischen Vollbluts. Die arabischen Herrscher haben eine ausgesprochene Vorliebe für den Pferderennsport, und einige Länder verfügen über die Mittel, umfassende und erfolgreiche Zuchtprogramme zu unterhalten. Einige arabische Scheichs unterhalten Gestüte außerhalb der Region, wie Darley, ein global operierendes Vollblutzuchtunternehmen, das Scheich Muhammad bin Raschid Al Maktum gehört, dem Herrscher von Dubai. Darley-Hengste stehen im englischen Newmarket, in Irland, in Kentucky (USA) und auf zwei Gestüten in Australien, außerdem in Frankreich und Japan.

Rechts *Im Nahen Osten werden schon seit langer Zeit Araberpferde für Rennen und Distanzritte gezüchtet, besonders in den extrem wohlhabenden arabischen Staaten.*

Das Geschäft mit den Pferden 

Unten *Die Geschichte nicht nur der westlichen Welt ist stark durch die Nutzung von Pferden geprägt. Der Wert der vom Pferd erbrachten Leistungen lässt sich nicht bemessen, doch seit Beginn seiner Domestikation hat es zum Wachstum und Erfolg der Menschheit beigetragen.*

Schon bevor der Mensch mit Geld Handel betrieb, hatten Pferde eine wirtschaftliche Bedeutung. Der älteste Beleg für den Beruf des Pferdeausbilders stammt von 1400 v. Chr.; im Buch des Kikkuli aus dem Land Mitanni (heute Nordsyrien und südöstliche Türkei) beschreibt dieser einen 184 Tage dauernden, im Herbst beginnenden Ausbildungszyklus. Er ist der erste Mensch, von dem man weiß, dass er beruflich mit Pferden arbeitete. Heute sind Pferde in vielen Ländern wichtige Wirtschaftsfaktoren.

WIRTSCHAFTSFAKTOR PFERD

Seit Anbeginn ihrer Domestikation haben Pferde zur Entwicklung und zum Erfolg der Menschheit beigetragen – als Fleischlieferant, Last- und Zugtier, im Krieg und in der Landwirtschaft. Die gesamte Geschichte nicht nur der westlichen Welt ist durch das Zusammenwirken von Pferd und Mensch geprägt. Der Wert des so vielseitig einsetzbaren Pferdes für die soziale und wirtschaftliche Entwicklung ist gar nicht hoch genug einzuschätzen.

Interessant ist, welche Bedeutung das Pferd in postindustriellen Gesellschaften hat, wo es kaum noch arbeiten muss, sondern in Hobby und Sport zum Einsatz kommt. Die Zahl der Pferde in der EU liegt bei etwa 7 Mio. In Frankreich leben die meisten Pferde (840 000), dicht darauf folgt Großbritannien. Wie groß ihre Zahl tatsächlich ist, steht nicht endgültig fest, denn trotz vielfacher Bemühungen gibt es kein zentrales Register für Pferde.

Tragen Pferde heute, da sie fast nur noch im Hobby und Sport eine Rolle spielen, noch immer zum Bruttosozialprodukt bei?

In Europa

In Europa zählt das Geschäft mit den Pferden nach wie vor zu den am schnellsten wachsenden Wirtschaftsbereichen. Man schätzt, dass die «Pferdeindustrie» 1100–2800 Euro Jahresumsatz pro Pferd generiert; Sparten sind unter anderem Sport, Tourismus, Landwirtschaft und Zucht, außerdem angrenzende Geschäftsbereiche wie Tiermedizin, Futtermittel und Hufschmiedearbeiten.

Der Pferdesport lässt sich in die Kategorien Renn- und Reitsport unterteilen. Von den zirka 7 Mio. Pferden in Europa sind mehr als die Hälfte Sportpferde (laut European Horse Network, kurz EHN, im Oktober 2017). Reitsportveranstaltungen sind wirtschaftlich wichtige Ereignisse und schaffen weltweit Arbeitsplätze nicht nur für Bereiter und Pfleger, sondern auch für Hufschmiede sowie auf den Gebieten Futtermittel und Ausrüstung. Auch der Rennsport ist ein Riesengeschäft; er bringt rund 6 Milliarden Euro ein

(inklusive Wettabgaben) und stellt (wiederum direkt und indirekt) an die 300 000 Arbeitsplätze. Die Zucht von Reit- und Rennpferden ist ebenfalls ein großer Wirtschaftsfaktor; 32 % des weltweiten Geschäfts werden hier mit Exporten gemacht. In der Statistik der World Breeding Federation for Sports Horses von 2011 dominierten europäische Zuchtbücher; sie besetzten die ersten 23 Plätze in Dressur, Vielseitigkeit und Springreiten.

Der Pferdesektor spielt auch auf dem Landwirtschaftssektor eine wichtige Rolle, nicht nur bei Betrieben und Arbeitsplätzen. Zunehmend kehren Pferde als Arbeitstiere auf die Höfe und vor allem in die Wälder zurück. Im Juni 2018 gab es zirka 1 Mio. Arbeitspferde, vor allem in mittel- und osteuropäischen Ländern.

Auch der Pferdetourismus hat in den letzten 40 Jahren zugenommen und ist heute laut EHN (2018) eine der wichtigsten Säulen des nachhaltigen Tourismus im ländlichen Raum. Der Sektor umfasst Kutschfahrten in Großstädten wie Wien und Prag ebenso wie Reiterferien. Mancherorts sieht man sogar Pferde, die Müllwagen ziehen oder Kinder in die Schule bringen. In Frankreich waren es 2001 noch weniger als 20, doch schon 2015 mehr als 300 Pferde, die diese Aufgaben erfüllten. Das schafft nicht nur Arbeitsplätze, sondern ist auch äußerst umweltfreundlich und steht für eine nachhaltige Entwicklung der Wirtschaft in diesen Gebieten.

Das Geschäft mit den Pferden wächst in Europa weiter, doch ist zu beachten, dass diese Entwicklung in manchen Ländern nicht nur gute Seiten hat.

In Großbritannien

Wie der regelmäßig durchgeführte National Equine Survey 2015 ergab, wächst der britische Pferde-Wirtschaftssektor; zu diesem Zeitpunkt umfasste er mit seinen vielfältigen Gütern und Dienstleistungen 4,3 Milliarden Pfund (damals ca. 5,7 Mrd. Euro). Derselbe Bericht zählte zirka 19 Mio. Konsumenten in diesem Bereich; Freizeitreiten war dabei mit 59 % die beliebteste Aktivität. Im *Manifesto for the Horse* der British Horse Industry Confederation ist sogar von einem Wirtschaftsbeitrag von 7 Milliarden Pfund für den gesamten Sektor die Rede. Etwa die Hälfte steuert der Pferderennsport bei, nicht zuletzt über Wetten und Steuern. Ein großer Wirtschaftsfaktor ist auch der Überseehandel mit Pferden. In Großbritannien arbeiten etwa 200 000 Menschen auf dem Pferdesektor, besonders im ländlichen Raum, wo Arbeitsplätze manchmal Mangelware sind.

Oben *In Großbritannien tragen Pferderennen durchschnittlich erstaunliche 3,45 Mrd. Pfund zur Wirtschaftsleistung bei, unter anderem mit Wettgebühren und Steuern in Höhe von 276 Mio. Pfund.*

Unten *Die britischen Reitschulen sind mit etwa 7 Mrd. Pfund am Jahresumsatz des Wirtschaftssektors «Pferd» beteiligt.*

In den USA

Der wirtschaftliche Wert des Pferde-Wirtschaftssektors in den USA liegt bei zirka 39 Milliarden US-Dollar; er bietet 1,4 Mio. Vollzeit-Arbeitsplätze. Berücksichtigt man direkte wie indirekte Ausgaben, trägt er sogar 102 Milliarden US-Dollar bei, er ist also ein wichtiger Wirtschaftsfaktor im Land. Pferdebesitzer, Lieferanten, Rennbahnen, Wetten, Turniere und andere Segmente steuern erheblich zu diesem lebhaften Wirtschaftszweig bei. Erhebungen ist zu entnehmen, dass dabei 32 Milliarden US-Dollar aus dem Freizeitbereich kommen, 28 Milliarden aus Turnieren und 26,1 Milliarden aus dem Rennsegment.

In den USA leben schätzungsweise 9,2 Millionen Pferde, wobei Quarter Horses und Vollblüter den größten Anteil stellen. Die meisten Pferde gibt es in Texas, Kalifornien und Florida. Kentucky ist seit Langem das Zentrum der Pferdezucht und -rennen (und Heimat des Kentucky Derby). Der Pferde-Wirtschaftszweig in Kentucky wird auf fast 3 Milliarden US-Dollar geschätzt und unterhielt 2012 ganze 40 665 Arbeitsplätze. Der Sektor brachte dem Bundesstaat etwa 134 Millionen US-Dollar Steuern ein.

Oben *Der Trabrennsport ist in den USA ein großes Geschäft. Insgesamt trägt der Pferdesektor fast 40 Mrd. Dollar zur US-Wirtschaft bei.*

Unten *In Europa leben ca. 7 Mio. Pferde; Studien zufolge generiert der Pferdesektor auf dem Kontinent rund 1100–2800 Euro pro Pferd.*

In Australien

Der Pferdesektor trägt laut Schätzungen jährlich etwa 6,2 Milliarden Australische Dollar zur Wirtschaft des Landes bei. Rechnet man ehrenamtliche Arbeit mit ein, sind es sogar 8 Milliarden Dollar. Gut die Hälfte stammt dabei aus Pferderennen und damit einhergehenden Aktivitäten, aber auch der Handel sowie Reit- und Züchterveranstaltungen tragen viel dazu bei.

In Kanada

Der kanadische Pferde-Wirtschaftszweig ist jährlich rund 19 Milliarden Kanadische Dollar wert. Betriebe mit Pferdehaltung stellen 76 000 Vollzeit-Arbeitsplätze; Aktivitäten außerhalb dieser landwirtschaftlichen Betriebe (auch Rennen) schaffen 9806 Vollzeit-Arbeitsplätze. Insgesamt arbeiten in Kanada mehr als 154 000 Menschen im Pferdesektor. Das entspricht durchschnittlich einem Vollzeit-Arbeitsplatz pro 6,25 Pferde.

Unten *Pferderennen erfreuen sich in Australien seit jeher großer Beliebtheit. Der 1861 erstmals veranstaltete Melbourne Cup hat lange internationale Tradition. Wenn er läuft, steht das Land quasi still.*

In Neuseeland

Das Pferdewesen trägt in Neuseeland etwa eine Milliarde Neuseeland-Dollar zur Wirtschaft bei, das sind mehr als 0,5 % des Bruttoinlandsproduktes. Außerdem stellt der Sektor 12 000 Vollzeit-Arbeitsplätze. Diese Schätzungen schließen den wirtschaftlichen Beitrag des Pferderennsports nicht mit ein; dieser wird separat beurteilt.

In den letzten Jahren wuchs der Pferdetourismus, besonders infolge der *Herr-der-Ringe*-Filmtrilogie. Die Filme wurden sämtlich in Neuseeland gedreht, der Heimat von Regisseur Peter Jackson. Viele Drehorte sind nur zu Pferde erreichbar, daher sind berittene Touren ideal, um die wunderschöne Landschaft zu besichtigen.

Im Nahen Osten

Auch im Nahen Osten spielt der Pferdesektor eine enorme wirtschaftliche Rolle. Dubai erweist sich dabei als Zentrum dieses Wirtschaftszweiges in der Region. Der Dubai World Cup lockt durchschnittlich 65 000 Zuschauer an. Bis 2017 hatte das Rennen das weltweit höchste Preisgeld in Höhe von 10 Millionen US-Dollar. Der Pferdetourismus ist in Dubai sehr ausgeprägt. Berühmt sind auch die dortigen Distanzrennen für Araberpferde; zudem gewinnen andere Sportarten wie das Springreiten an Beliebtheit. Somit erfährt der Pferdesektor derzeit einen Zuwachs. Wegen des Klimas ist die Pferdehaltung kostspieliger als etwa in Europa, doch das scheint jene, die an dem wachsenden Markt teilhaben wollen, nicht abzuhalten.

WIRTSCHAFTLICHER EINFLUSS

Reiterliche Vereinigungen und Zuchtverbände in Europa und den USA betonen stets, dass das Pferdewesen zum wirtschaftlichen Wohl einer Gesellschaft beiträgt. Die Sport- und Freizeitaktivitäten sind zudem auch in anderer Hinsicht förderlich, ebenso die Arbeitsplätze, die geschaffen werden. Die Pferde müssen stets versorgt werden, was wiederum den Fortschritt in der Tiermedizin fördert.

In weniger entwickelten Ländern jedoch erfüllt das Pferd ganz andere Aufgaben. Für manche Völker ist es als Arbeitstier überlebenswichtig. Aus einem Bericht der britischen Organisation The Brooke Hospital for Animals geht hervor, dass die ländlichen Gebiete Indiens bis heute auf mehr als eine Million Pferde, Maultiere und Esel als «unsichtbare Arbeiter» angewiesen sind, die Lasten tragen und Fuhrwerke ziehen. Sie erleichtern zahllosen Menschen das Überleben, die sich ohne sie nicht zu helfen wüssten, und stellen entscheidende Verbindungen zwischen unterschiedlichen Gewerben dar.

Es ist schwierig, den wirtschaftlichen Wert von Pferden in den Entwicklungsländern zu bemessen, unter anderem, weil sie nicht als Tiere der Landwirtschaft eingestuft werden, da sie nicht der Fleischgewinnung dienen. Natürlich ist das Pferd auch heute noch Fleischlieferant, jedoch mehr in westlichen Ländern wie den USA sowie in den neueren EU-Mitgliedstaaten wie Rumänien und Ungarn, die (oft unter Vernachlässigung des Tierschutzes) Mitteleuropa mit Pferdefleisch beliefern.

Das Anliegen von The Brooke Hospital for Animals ist der Schutz von Arbeitspferden. Sobald sich ihre Rolle als handfester wirtschaftlicher Nutzen beziffern lässt, wird es möglich, diesen oft unbeachteten Tieren zu helfen. Die Weltorganisation für Tiergesundheit (World Organization for Animal Health, OIE) entwickelt derzeit die ersten weltweiten Standards für den Schutz von Arbeitsequiden, mit dem Ziel, dass sich Regierungen damit auseinandersetzen und den Wert dieser Tiere erkennen. Im Kern geht es dabei um den Schutz der Arbeitsequiden, doch umgekehrt kann ein zufriedenes, gesundes Tier für den Menschen kostbare Dienste leisten; daher liegt es auch im Interesse der Menschen vor Ort, ihre vierbeinigen Helfer zu hegen und zu pflegen.

Linke Seite oben *Touristen bei einem Ausritt auf einer Farm im neuseeländischen Glenorchy. Deren Gelände war einer der Drehorte der Herr-der-Ringe-Trilogie.*

Linke Seite unten *Polo wird im Nahen Osten immer beliebter. Hier ein Spiel am Strand von Jumeirah in Dubai (Vereinigte Arabische Emirate).*

Rechts *Ein Sherpa bringt mit einer Maultierkarawane schwere Ausrüstung sowie Proviant zum Basislager am Annapurna im nepalesischen Teil des Himalaja.*

Ethologie & Ethik

Die ethologische Erforschung des Pferdes beruht eigentlich auf wissenschaftlichen Fakten, untersucht sie doch die natürlichen Verhaltensweisen, dank derer Pferde überleben und sich fortpflanzen. Unsere Gesellschaft jedoch ist anthropozentrisch strukturiert, darum neigen wir dazu, von unserem Blickwinkel aus über das Leben von Tieren zu entscheiden – etwa darüber, wie Pferde gehalten werden und welche artübergreifenden Aktivitäten stattfinden.

ETHISCHE ASPEKTE DER BEZIEHUNG ZWISCHEN PFERD UND MENSCH

Die Verknüpfung zwischen Faktenwissen und ethischen Überlegungen ist komplex. Die Untersuchung der Frage, wie sich unterschiedliche Zäumungen auf das Wohl des Pferdes auswirken, setzt beispielsweise voraus, dass es vertretbar ist, Pferde zum Vergnügen des Menschen als Reittiere zu nutzen, solange es dem einzelnen Pferd dabei gut geht. Und das Wohl des Pferdes beurteilt der Mensch wiederum danach, was nach seinem Ermessen für das Pferd wichtig ist, etwa Schmerzfreiheit, positive Emotionen oder ein naturgemäßes Leben. Um dies einschätzen zu können, sind umfassende Kenntnisse zum natürlichen Verhalten von Pferden nötig, ebenso die Fähigkeit, das Thema sachlich anzugehen und sich nicht anthropomorphen Gefühlen hinzugeben. Wenn wir unseren Umgang mit dem Pferd auf «Gefühlen» gründen, ist es kaum möglich, anderen zu erklären, warum ein bestimmtes Herangehen gut oder schlecht ist.

Oben *Gute Pferdehaltung setzt voraus, dass man die natürlichen Verhaltensweisen des Pferdes kennt und sich sachlich mit ethischen Fragen auseinandersetzt.*

Rechts *Der Mensch sollte stets bedenken, in welcher Umgebung ein Pferd in freier Natur leben würde. So lassen sich bessere Haltungsbedingungen schaffen.*

TELOS

Die teleologische Sichtweise (von griech. *telos*, «Zweck, Ziel») geht davon aus, dass die Qualität des Daseins einer Lebensform durch deren eigenes Wesen bestimmt ist, also das, was gerade diese Art ausmacht. Der griechische Philosoph Aristoteles meinte, dass sich das Wesen und die Funktionen von Tieren in deren Körper und Verhalten widerspiegeln und darüber bestimmen, wie sie in ihrer Umgebung leben. Aristoteles nannte dies «Telos». Als sozial lebendes Tier strebt das Pferd die Gesellschaft von Artgenossen an; dies ist ein artspezifisches Bedürfnis, so wie sein Drang als Fluchttier, sich bewegen zu können. Das Konzept des Telos greift auch bei Fragen des Tierschutzes, wie Frustration und Isolation, denn Pferde haben von ihrem Wesen her das Bedürfnis, in Gruppen zu leben und mit Artgenossen zu interagieren.

MORALISCHER ANSPRUCH

In unserer Gesellschaft herrscht das Empfinden, dass wir gegenüber anderen Arten, insbesondere den Haustieren, die zu unserem wirtschaftlichen Aufstieg beigetragen haben, eine ethische Verantwortung haben. Seit Jahrhunderten befassen sich Moralphilosophen mit Theorien zu ethischen Standpunkten. Diese variieren entsprechend den jeweiligen Ansichten zu der Frage, ob es gerechtfertigt ist, das Pferd zum Vergnügen oder zum wirtschaftlichen Vorteil des Menschen zu nutzen.

Kontraktualismus
Menschen sind dieser Vorstellung zufolge in einen Gesellschaftsvertrag eingebunden, also auf den Respekt und die Kooperation anderer angewiesen; Tiere haben keinen solchen moralischen Vertrag, daher gilt die Nutzung von Tieren als erlaubt, wenn sie dem Menschen nützt. Der Schutz der Tiere ist zweitrangig und variiert je nach Vorliebe des Menschen. Manche Arten werden bevorzugt; so ist es beispielsweise in der westlichen Welt für viele unvorstellbar, Pferdefleisch zu essen, aber ganz normal, das Fleisch von Tieren wie Rindern oder Schafen zu verzehren.

ANTHROPOZENTRISMUS

Der Anthropozentrismus (von griech. *anthropos*, «Mensch» und *kendron*, «Mittelpunkt») sieht im Menschen die wichtigste Art auf der Erde, die allen anderen Lebewesen überlegen ist. Er stellt den Standpunkt des Menschen über alles, selbst wenn dies negative Folgen für die Umwelt hat. Ethologen (Verhaltensforscher) und Umweltschützer kritisieren diese Sichtweise oft; andere halten dagegen, der Mensch habe schon immer natürliche Ressourcen (auch Tiere) für sich genutzt, und Anthropozentrismus sei daher ein adaptives Merkmal menschlichen Verhaltens. Hinsichtlich der menschlichen Verantwortung gegenüber Tieren lässt sich durchaus argumentieren, dass diese besonders gegenüber den Haustieren gilt, die ja selektiv zum Nutzen oder zur Freude des Menschen gezüchtet wurden und in freier Natur vielleicht nicht mehr überleben könnten. In ihrer natürlichen Umgebung kämen Pferde gut zurecht, der Mensch aber nicht. Der Mensch hat also die Welt nach seinen arteigenen Bedürfnissen verändert, ein nachvollziehbares und adaptives Verhalten.

ANTHROPOMORPHISMUS

Tierhalter müssen sich oft Anthropomorphismus vorwerfen lassen, wenn sie Tieren menschliche Eigenschaften, Emotionen oder Verhaltensweisen zuschreiben. Der *kritische Anthropomorphismus* jedoch entstammt der Ethologie und vergleichenden Psychologie und nutzt das Einfühlungsvermögen des menschlichen Beobachters, um Hypothesen aufzustellen, die wissenschaftliche Erkenntnisse über nichtmenschliche Spezies, ihre Wahrnehmungswelt, Verhaltensökologie und Evolution berücksichtigen. So will er neue Ideen hervorbringen, die vielleicht exaktere und hilfreichere Einsichten über andere Arten in ihrer Lebenswelt liefern. Ein Pferdebesitzer mag etwa glauben, sein Pferd trage im warmen Stall gern eine Decke, während ethologisch und biologisch klar belegt ist, dass es besser an das Leben im Freien angepasst ist und (vorbehaltlich medizinischer oder altersbedingter Gründe) keinen zusätzlichen Schutz braucht.

Anthropomorphismus ist es auch, wenn Besitzer und Pfleger emotional aufgeladene Begriffe wie «Langeweile» im Zusammenhang mit ihren Pferden benutzen, denn es gibt keine Belege dafür, dass Pferde diese empfinden können.

Oben *Schreibt man einem Tier menschliche Eigenschaften zu, ist das Anthropomorphismus. Auch das Pferd ist davor nicht gefeit. Es ist für das Leben im Freien weit besser angepasst als der Mensch, daher braucht es nur bei tiermedizinischer Indikation einen Wetterschutz.*

Utilitarismus

Anders als der Kontraktualismus fragt der Utilitarismus, welche Folgen eine Handlung hat. Schon 1798 sprach sich der britische Philosoph und Sozialreformer Jeremy Bentham dafür aus, maximales Wohlgefühl und minimales Leid für Tiere anzustreben:

«Die Frage ist nicht ‹können sie denken› oder ‹können sie sprechen›, sondern diese: ‹Können sie leiden?›» In den 1980er-Jahren beschrieb der australische Philosoph und Tierethiker Peter Singer dies mit dem Interessenbegriff: Wenn ein Lebewesen leidensfähig ist, hat es ein Interesse daran, nicht zu leiden; die Interessen aller Lebewesen sollten gleichermaßen berücksichtigt werden, und das stärkste Interesse sollte vorherrschen, ganz gleich, welche Art es hat. So gibt es beim Fleischkonsum zwar Argumente dafür, ihn aus Gründen des Umweltschutzes zur reduzieren, doch nach utilitaristischem Verständnis wäre es nicht falsch, Tiere zum Verzehr zu töten (wenn sie zuvor ein angenehmes Leben hatten), da der Mensch vom Fleischkonsum sehr profitiert; dieses Interesse würde das Interesse des Tieres weiterzuleben hintanstellen. Eine interessante Frage ist in diesem Zusammenhang, warum das Pferd häufig nicht als Fleischlieferant gesehen wird.

Tierrechte

Der Begriff der Tierrechte hat juristische und moralische Aspekte; außerdem setzen sich immer mehr Personen auch für Tierrechte im politischen Sinne ein. Philosophisch gesehen sind moralische Rechte höher zu bewerten als Ansprüche, die aus anderen Gründen erhoben werden. Der US-amerikanische Tierrechtsphilosoph Tom Regan forderte, jedem bewussten Lebewesen, für welches das eigene Wohl von Bedeutung ist, solche moralischen Rechte zuzugestehen, also das Recht auf Leben, auf Freiheit und darauf, nicht ausgenutzt zu werden; hierin besteht der Unterschied zum utilitaristischen Ansatz. Das Töten eines Tieres beraubt es des Guten, was ihm in seinem verbleibenden Leben widerfahren wäre, und ist eine Verletzung seiner moralischen Rechte, daher ist es inakzeptabel, ein Tier zu töten.

Respekt vor der Natur

Bei diesem Ansatz geht es weder um Leid noch um das Gewicht verschiedener Interessen, sondern um den Schutz vor dem Aussterben; besonderes Augenmerk gilt natürlichen Arten und ihrer genetischen Integrität. Tiere sind insofern wertvoll, als sie Exemplare ihrer Art sind.

Wie also sehen Verfechter dieses Standpunkts das Hauspferd, das gezielt auf Verträglichkeit und Dressierbarkeit gezüchtet wurde und auf die Versorgung durch den Menschen angewiesen ist, während die Lebensräume der wilden Equiden schwinden? Manche Umweltethiker betrachten es als weniger wertvoll, andere sehen keine klare Trennlinie zwischen Wild- und Haustier, wie «Verwilderungs»-Programme verdeutlichen. Ein Beispiel ist die versuchte Rückzüchtung des ausgestorbenen Tarpans, die im polnischen Konik (siehe Seite 212) mündete, dessen Genom angeblich einen Gutteil Tarpan-DNA enthält. Diese halbwilde Rasse wird erfolgreich in Naturreservaten in ganz Europa gehalten; ihre genetische Nähe zum Tarpan ist allerdings umstritten.

Kontextualismus

Der Kontextualismus vereint mehrere Ansätze und berücksichtigt so mehr Gesichtspunkte, etwa das Moralgefühl von Menschen, deren Motivationen der Empathie und Fürsorge sie ermutigen, sich an Tiere zu binden. Dieser Ansatz steht dem moralischen Relativismus nahe und beurteilt die moralische Richtigkeit einer Handlung danach, vor welchem Hintergrund sie erfolgt. Für einen Pferdebesitzer etwa, der sein eigenes Tier besonders gern hat, ist dessen ethisch korrekte Behandlung vielleicht von anderer Wertigkeit als die von frei umherstreifenden Pferdepopulationen wie den Mustangs in den USA und den australischen Brumbies.

Oben *Der Konik ist eine halbwild gehaltene polnische Rasse. Ursprünglich als Rückzüchtung des Tarpans gedacht, lebt er heute in vielen europäischen Naturreservaten.*

FÜNF GRUNDSÄTZE DES TIERWOHLS

In den 1960er-Jahren erließ die britische Regierung Richtlinien für die Haltung von Nutztieren und formulierte fünf Grundsätze als Mindestanforderungen:

- Freiheit von Hunger und Durst
- Freiheit von Krankheit
- Freiheit von übermäßiger Wärme oder Kälte
- Freiheit, sich zu bewegen
- Freiheit, normale Verhaltensweisen auszuleben

KAPITEL 5

Verzeichnis einiger Pferderassen

Historische Rassen

Die meisten Pferderassen entstanden zu einer Zeit, als Pferde den Menschen bei vielen Tätigkeiten intensiv unterstützten. Sie konnten schwere Arbeiten verrichten (nach wie vor wird Leistung, d. h. Arbeit/Zeit, in Pferdestärken – PS – angegeben) und waren für die verschiedensten Tätigkeiten unverzichtbar: für Reisen und Transport, Kriegsführung, Schwerindustrie mitsamt Bergbau, zur Nachrichtenübermittlung über weite Entfernungen, in der Landwirtschaft, im Sport und bei der Jagd. Die Vielfalt der Pferderassen spiegelt diese unterschiedlichen Anforderungen an das Pferd wider, beruht aber auch auf den verschiedenen Gelände- und Klimagegebenheiten der Regionen, aus denen die Rassen stammen. Beim Kavalleriepferd müssen Körperbau und Charakter beispielsweise anders sein als beim Grubenpony oder Ackergaul.

Vor allem der technische Fortschritt hat dazu geführt, dass viele der früher pferdetypischen Aufgaben inzwischen anders gelöst werden. Doch keine Erfindung hat so viel zum Niedergang des Pferdes beigetragen wie der Verbrennungsmotor: In allen technisch hochentwickelten Ländern haben Autos die Pferde aus den Städten verdrängt. In New York lebten im Jahr 1900 schätzungsweise 100 000 Pferde (so wurden pro Tag alleine zwölf Pferde benötigt, um einen einzigen Omnibus zu ziehen), doch schon 1912 gab es auf den Straßen von Manhattan mehr Kraftfahrzeuge als Pferde. Und die meisten Kavalleristen waren in der knappen Zeitspanne zwischen Erstem und Zweitem Weltkrieg zu Panzersoldaten geworden; Pferde wurden bei Bedarf nur mehr zum Transport von Nachschub und Truppen eingesetzt.

Oben *Vor der Erfindung des Verbrennungsmotors konnten Menschen nur mithilfe von Reittieren von A nach B gelangen, es sei denn, sie gingen zu Fuß.*

FÜR IMMER VERLOREN

Sobald die Pferdehaltung aus praktischen Gründen nicht mehr notwendig war, gingen die Zuchtpopulationen verständlicherweise zurück, und viele Rassen verschwanden endgültig. Auf den Britischen Inseln starben von 1900 bis 1973 sechs Rassen aus, darunter Goonhilly und Galloway. Auf dem europäischen Kontinent verschwand zum Beispiel die deutsche Rasse Emscherbrücher Dickkopp, während weitere wie der französische Augeron mit anderen Rassen zusammengeführt wurden (in diesem Fall dem Percheron). Ähnliches passierte in den USA, obwohl Pferde dort in den weitläufigen Prärien oder auf Farmen nach wie vor als praktisches Transportmittel dienten. Noch vor Beginn des 20. Jahrhunderts verschwand zum Beispiel der Narragansett Pacer – die erste Pferderasse der USA, auch George Washington besaß einen Narragansett Pacer. Ein weiteres Beispiel ist das Abaco Wild Horse – angeblich stammte es von Pferden ab, die während der spanischen Kolonialzeit bei einem Schiffbruch auf die Bahamas gelangten. Trotz aller Bemühungen, eine kleine überlebende Herde zu erhalten, starb die letzte Stute 2015.

Neben den vielen Rassen, deren Aussterben nachgewiesen ist, sind weltweit vermutlich auch etliche nicht dokumentierte Rassen verschwunden. Eine vollständige Bestandsaufnahme der Rassen, die zurzeit gefährdet sind, existiert jedoch nicht, denn solche Daten werden vor allem in Regionen mit wenig reglementierter Pferdezucht weder einheitlich noch lückenlos gesammelt. Im Weltzustandsbericht über tiergenetische Ressourcen, den die UN-Ernährungs- und Landwirtschaftsorganisation (FAO) 2007 veröffentlichte, wurde ein Fünftel aller Pferderassen aufgrund einer abnehmenden Populationsgröße als stark gefährdet eingestuft.

BEKANNTE UND TYPISCHE HISTORISCHE PFERDERASSEN

1. Araber
2. Pura Raza Española (Andalusier)
3. Englisches Vollblut
4. Fell-Pony
5. Trakehner
6. Exmoor-Pony
7. Camargue-Pferd
8. Friese
9. Haflinger
10. Highland-Pony
11. Islandpferd
12. New-Forest-Pony
13. Norwegisches Fjordpferd
14. Ardenner

Oben *Der Narragansett Pacer, inzwischen leider ausgestorben, gehörte zu den ersten Pferderassen, die im 18. Jh. in den USA entstanden. Sein Erbe lebt jedoch im Tennessee Walker fort, denn der Pacer wurde regelmäßig in andere Rassen eingekreuzt.*

IN IHRER EXISTENZ BEDROHT

Europa

Unter den 14 Rassen, die von den Britischen Inseln stammen, sind 12 gefährdet, davon sind Suffolk Punch, Cleveland Bay, Eriskay-Pony, Dales-Pony sowie Hackney und Hackney-Pony extrem gefährdet. Stark gefährdet sind ferner der französische Poitou-Esel und der Lipizzaner aus Österreich. Diese berühmte Rasse ist synonym mit der Spanischen Hofreitschule in Wien, wo die Hengste die elegante Reitkunst der «Hohen Schule» vorführen; ein eigenes Zuchtprogramm dient der Stabilisierung des Genpools.

Nordamerika

Das American Cream Draft Horse, die einzige Kaltblutpferderasse aus den USA, ist inzwischen sehr selten und gilt als vom Aussterben bedroht.

Rassen, die zur Gruppe «Colonial Spanish Horse» zählen, stammen von Pferden ab, die mit den spanischen Kolonialherren von der Iberischen Halbinsel (Spanien und Portugal) nach Amerika gelangten. Hier sind insbesondere das Banker Horse, das Carolina Marsh Tacky und das Florida Cracker Horse stark gefährdet.

Auch das Canadian Horse oder Cheval Canadien (Beiname «Kleines Eisenpferd») gilt als vom Aussterben bedroht. Es stammt von Pferden ab, die in den 1660er-Jahren auf Befehl Ludwig XIV. von Frankreich nach Kanada gelangten. Im Zuge des Amerikanischen Bürgerkriegs wurden viele in den 1860ern als Kavalleriepferde in die USA exportiert, doch schon in den 1880er-Jahren nahmen die Bestände der Rasse ab. Sie konnte sich im 20. Jahrhundert erholen, ist inzwischen aber wieder in Gefahr.

Im Uhrzeigersinn *Pferderassen, die immer seltener werden: American Cream Draft Horse (oben), das Nooitgedacht-Pony aus Südafrika (rechts oben), das Kiso aus Japan (rechts unten) und der Lipizzaner aus Österreich (unten).*

Asien

Das Kaspische Kleinpferd galt als ausgestorben, bis es in den 1960er-Jahren im Iran wiederentdeckt wurde. Diese alte Rasse soll sich 3000 Jahre zurückverfolgen lassen; sie ist außerdem die kleinste Pferdrasse der Welt. Mithilfe von Züchtungsprogrammen in den USA, Großbritannien, Australien, Neuseeland und Skandinavien konnte der Bestand vergrößert werden, doch inzwischen gilt die Rasse als vom Aussterben bedroht.

Auch der elegante Achal-Tekkiner aus Turkmenistan – als Rasse vermutlich älter als der Araber – zählt zu den stark gefährdeten Pferderassen. Sein golden schimmerndes Fell beruht auf einer besonderen Haarstruktur.

Vom Aussterben bedroht sind ferner die meisten in Japan heimischen Pferderassen, wie das Kiso; das Deccani aus Indien ist so gut wie ausgestorben.

Afrika

Folgende Rassen sind mutmaßlich in Afrika entstanden und inzwischen im Bestand stark bedroht: das Nooitgedacht-Pony, das English Halbblut Horse (sogar vom Aussterben bedroht) sowie die ausgewilderten Namibischen Wildpferde der Namibwüste.

ERHALTUNGSZIELE

Inzwischen gilt die Erhaltung von Nutz- und Haustierrassen als wichtiger Beitrag zum Schutz der biologischen Vielfalt. Alte und bedrohte Tierrassen sind nicht nur Teil unserer Kulturgeschichte, sondern könnten besondere Eigenschaften besitzen, die bei zukünftigen Problemen durch Klimawandel oder neue Tierseuchen von Vorteil sind. Auch innerhalb der Rassen muss ein möglichst vielfältiger Genpool erhalten bleiben – dieser kann durch Inzucht aufgrund zu kleiner Populationen oder favorisierter Zuchtlinien beeinträchtigt werden. Moderne Methoden, wie künstliche Besamung (mithilfe von Gefriersperma) sowie Embryonentransfer, können zum Erhalt der typischen Rassenmerkmale beitragen.

Der Globale Aktionsplan für Tiergenetische Ressourcen der FAO (Ernährungs- und Landwirtschaftsorganisation der Vereinten Nationen), der 2007 von 109 Ländern verabschiedet wurde, hat das Ziel, die Vielfalt «tiergenetischer Ressourcen», also auch der Pferderassen, zu erhalten, damit auch zukünftige Generationen davon profitieren können. Nationale Organisationen, wie die Gesellschaft zur Erhaltung alter und gefährdeter Haustierrassen, die österreichische Arche Austria oder die schweizerische Stiftung ProSpecieRara, untersuchen die Gründe für den Rückgang von Zuchtbeständen und tragen zu ihrer Stabilisierung bei. Diese Organisationen unterstützen ein Netzwerk von Zuchtverbänden und Zuchtbüchern seltener Tierrassen; dies ist wesentlich, um die Qualität der einzelnen Rassen zu kontrollieren und zu bewahren.

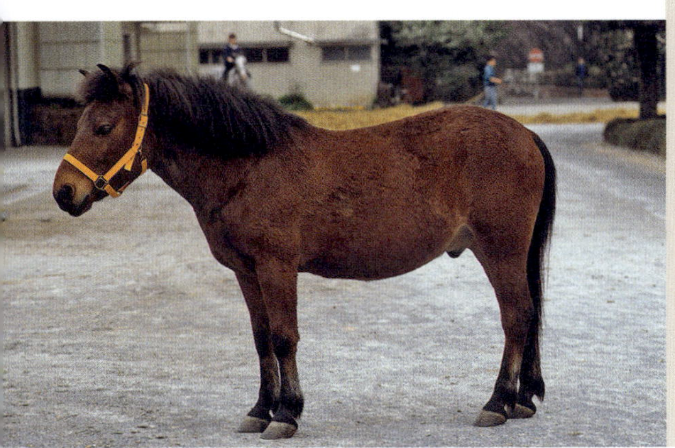

Von historischen zu modernen Pferderassen

Przewalski-Pferd

Es ist bekannt, dass sich die Pferdezucht weltweit radikal veränderte, als Pferde nicht mehr zur Kriegsführung und in der Landwirtschaft (also nach deren Mechanisierung) eingesetzt wurden. Manche Rassen verschwanden zu diesem Zeitpunkt, und die Züchter bevorzugten tendenziell leichtere, athletischere Tiere, die für Freizeit und Sport geeignet waren.

Dies hat sich im Lauf der letzten 100 Jahre massiv auf die Zuchtziele ausgewirkt und führte dazu, dass sich etliche Rassen völlig veränderten. Andere blieben jedoch stehen und überlebten zwar, haben inzwischen aber keinen praktischen Nutzen mehr, sondern sind nur für Liebhaber interessant, die die Rasse erhalten wollen.

Es gibt drei Subtypen und drei Prototypen, die sich aus dem ursprünglichen Pferd zum heutigen modernen Pferd entwickelt haben. Die drei Subtypen sind das Hauspferd, das Przewalski-Pferd (eine Rasse, die niemals domestiziert wurde) und der Tarpan, der inzwischen ausgestorben ist.

Pura Raza Española (Andalusier)

DIE DREI PROTOTYPEN AUS DER FRÜHZEIT DER PFERDEZUCHT SIND:

(a) **der Warmbluttyp,** er entspricht dem ausgestorbenen Waldpferd und hat mutmaßlich zur Entwicklung der nordeuropäischen Warmblutrassen beigetragen, ferner zur Entwicklung älterer schwerer Pferde, wie dem Ardenner.

(b) **der Zugpferdtyp,** ein zähes stämmiges Kleinpferd mit dichtem Fell, das in Nordeuropa entstand und an kalte feuchte Witterung angepasst war. Dieser Prototyp ist wahrscheinlich mit den heutigen Zugpferden und sogar dem Shetland-Pony verwandt.

(c) **der orientalische Prototyp,** ein schlankes, hohes, edles und agiles Pferd, das in Westasien entstand. Es passte sich gut an heiße und trockene Witterung an und gilt als Vorfahr des modernen Arabers und des Achal-Tekkiners.

EUROPA

Auf den Britischen Inseln sind neun Ponyrassen heimisch: Schottland hat das Shetland-Pony und das Highland-Pony; aus Irland stammt das Connemara-Pony. Wales hat die Welsh-Pony-Rasse mit ihren vier Sektionen: Welsh-Mountain-Pony (Sektion A), Welsh-Pony (Sektion B), Welsh-Pony im Cob-Typ (Sektion C) und Welsh Cob (Sektion D). In England finden sich im Norden das Dales-Pony und das Fell-Pony, im Süden das New-Forest-Pony sowie im Südwesten das Exmoor-Pony und das Dartmoor-Pony. Diese Ponyrassen gehören zum kulturellen Erbe der Britischen Inseln und wurden durch dortige Sozial- und Wirtschaftsgeschichte geprägt. All diese Ponys sind als Reit-, Fahr- und Springpferde sowie für Schauveranstaltungen beliebt und lassen sich wunderbar mit Vollblütern kreuzen, um ein kleines athletisches Sportpferd zu erzielen. Allerdings führt der britische Rare Breeds Survival Trust (RBST) einige der wenig geförderten Rassen auf der Beobachtungsliste, da die Bestände gering sind.

Auch in Großbritannien gibt es etliche Kaltblutrassen, da man früher auf derartige kräftige Rassen als Zug- und Lasttier angewiesen war. Bemerkenswert sind vor allem das Shire Horse, aus dem Norden der Clydesdale und der Suffolk Punch, der als Einziger keinen Kötenbehang hat – was bei der Arbeit auf den schweren Lehmböden von East Anglia von Vorteil war. Die berühmteste britische Pferderasse ist jedoch das Englische Vollblut, das Mitte des 20. Jahrhunderts bereits eine mehrhundertjährige Entwicklung als Sportpferd durchlaufen hatte; vor allem nach dem Zweiten Weltkrieg wurde diese Rasse in kontinentaleuropäische Warmblüter eingekreuzt.

Auf dem europäischen Festland entwickelten sich keine (echten) Ponys, allerdings gibt es einige kleinere Pferderassen wie das weiße Camargue-Pferd. Typische europäische Kaltblutrassen sind das Italienische Kaltblut, der Percheron, der Ardenner und der dänische Jütländer. Nach dem Zweiten Weltkrieg und der Mechanisierung der Landwirtschaft sorgten Liebhaber für den Erhalt mancher Rassen. Diese sind inzwischen weniger gefragt, auch wenn der Verzehr von Pferdefleisch (meist von Kaltblutrassen) in etlichen europäischen Ländern üblich war und zum Teil noch ist.

Zusätzlich gab es Warmblutrassen; diese waren zwar nicht so schwer wie die Kaltblüter, mussten aber veredelt werden, um als Reitpferd zu dienen. Nach dem Zweiten Weltkrieg begannen kontinentaleuropäische Züchter, diese Rassen zu optimieren, und konnten mit modernen Spring- und Dressurpferden den britischen Pferden den Rang ablaufen. Man kreuzte Vollblüter ein, um zum Beispiel bei Hannoveranern, Belgischem Warmblut, Dänischem Warmblut und Französischem Reitpferd (Selle Français) einen leichteren Rahmen und Körperbau zu erzielen. Die alten, recht schweren Warmblüter mit großem, oft grobem Kopf – von den Briten in den 1960ern und 1970ern verspottet – sind nicht wiederzuerkennen und haben sich zu leichtrahmigeren, athletischen, edlen Sportpferden gewandelt.

Die Kontinentaleuropäer haben ihre Zucht seit Langem in großen, gut organisierten Operationen konzentriert, von den Deckhengsten bis zu den Auktionen; daher dominiert das moderne Warmblut inzwischen die internationale Dressur- und Springszene. In Großbritannien ist man diesem Trend teilweise auch gefolgt, doch die Warmblüterzucht ist dort zwangsläufig unsystematischer. Zurzeit bevorzugt man Warmblüter gegenüber den eher traditionellen englischen Sportpferd-Kreuzungen (also einer Kreuzung aus Irish Draught Horse und Englischem Vollblut). Seit die wichtigsten Vielseitigkeitsturniere ohne die Prüfungen in Jagdrennen (Steeplechase) und Weg- und Rennstrecken (Roads and Tracks) stattfinden, setzt man beim Vielseitigkeitsreiten lieber Warmblutzüchtungen ein, da die Betonung jetzt mehr auf der Dressur- und Springprüfung liegt. Neuerdings findet der Geländeritt (Cross Country) aber wieder häufiger auf «altmodischen» schwierigen Strecken statt, sodass die Warmblüter-Strategie zum Nachteil wird. Denn das einzige Pferd mit genügend Ausdauer und Kondition, um auf solchen Geländestrecken bis zum Ende durchzuhalten, ist ein 3/4- oder 7/8-Vollblüter, dessen restliches Erbteil gewöhnlich von einer schwereren Rasse (z. B. Irish Draught Horse) stammt, die die nötige Kraft einbringt.

Interessanterweise beteiligten sich Spanien und Portugal nicht an dem in Frankreich, Deutschland und Dänemark herrschenden Trend zu großen athletischen Warmblütern. Stattdessen arbeiteten sie mit den bei ihnen heimischen iberischen Rassen, nämlich Pura Raza Española (Andalusier) und Lusitano. Diese kleinrahmigeren Pferde wurden traditionell vielseitig verwendet, natürlich auch im Stierkampf. Sie eignen sich hervorragend für die S-Dressur, doch sie waren niemals Teil des modernen Wettkampfsports, bis Spanien mit dem charismatischen Reiter Rafael Soto Andrade, der 2004 bei den Olympischen Spielen in Athen die Silbermedaille gewann, die internationale Dressurszene betrat. Mit seiner Leidenschaft und Eleganz und einem ganz anderen Typ Pferd brachte er frischen Wind in die bisher von Niederländern und Deutschen dominierten Szene. Seither haben viele andere Reiter Gefallen an den iberischen Pferden gefunden und gezeigt, dass man auch ohne europäisches Warmblut im Dressurreiten erfolgreich sein kann.

Auf dem europäischen Festland existieren keine Ponyrassen im eigentlichen (britischen) Sinn – bis auf Skandinavien,

Islandpferd

denn dort begünstigen Topografie und Klima die Entwicklung von genügsamen, trittsicheren Kleinpferden, die als Zug- und Reittier dienen und auch erwachsene Reiter tragen können. Zu diesen zählen das klassische Norwegische Fjordpferd und das Islandpferd; auch wenn das durchschnittliche Stockmaß bei Letzterem 137 cm beträgt, wird es von Isländern niemals als Pony bezeichnet.

USA

Nachdem das Pferd vor 8000–12 000 Jahren auf dem amerikanischen Kontinent ausgerottet worden war, gelangte es erst im 16. Jahrhundert mit den Spaniern und später mit anderen europäischen Siedlern wieder in die Neue Welt. Viele Pferde entkamen oder blieben bei der Aufgabe der Niederlassungen zurück. Diese Pferde verbreiteten sich von Mexiko aus rasch in ganz Nordamerika. Einige wurden von der indigenen Bevölkerung domestiziert, andere verwilderten und etablierten Populationen und Rassen, die heute noch existieren.

Zu Letzteren gehört der Mustang als Nachfahre des «Colonial Spanish Horse». Bekanntlich sind Mustangs die Pferde des «Wilden Westens», also der westlichen USA, wo früher Tausende dieser Tiere umherstreiften. Mit zunehmender Bevölkerung nahmen jedoch die Populationen der Mustangs ab. Daher wurden sie 1971 per Gesetz *(Wild Free-Roaming Horse and Burro Act*, Gesetz zum Schutz wild lebender Pferde und Esel) geschützt und das Abschlachten verboten; die Bestände werden heute vom Bureau of Land Management reguliert.

Es gibt auch heute noch eine Pferdepopulation, deren DNA sich auf das «Colonial Spanish Horse» zurückführen lässt: die Banker Horses auf den Outer Banks Inseln vor North Carolina. Ihre Vorfahren gelangten nach einem Schiffbruch auf die Inseln, und sie sind genetisch nahe mit anderen ursprünglich aus Spanien stammenden Pferderassen verwandt. In den 1920er-Jahren gab es auf den Inseln noch 5000–6000 wild lebende Banker Horses, doch heute sind es nur mehr ein paar Hundert.

Die modernen Pferderassen der USA haben ein recht vielfältiges Spektrum. Das Rocky Mountain Horse entstand im 19. Jahrhundert in Ost-Kentucky. Es wurde als vielseitiges Arbeitspferd für Farmen gezüchtet, das auch den Tölt beherrscht und als trittsicheres, komfortables Reittier für das Reisen zu Pferd geeignet war.

Die beliebteste und auch häufigste Rasse der USA ist das (American) Quarter Horse. Diese Rasse entstand im 17. Jahrhundert und wurde zuerst in Virginia sowie North und South Carolina gezüchtet. Das Quarter Horse ist extrem vielseitig und erreicht auf Kurzstrecken Spitzengeschwindigkeiten.

Der Appaloosa wurde als Pferderasse der Nez-Percé-Indianer bekannt; seine vier charakteristischen Merkmale sind: Fellfarbe Tigerschecke, marmorierte Haut, weiße Lederhaut des Auges, gestreifte Hufe.

Das Curly Horse stammt von einer wild lebenden Herde aus drei Pferden unbekannter Herkunft ab, die Ende des 19. Jahrhunderts von der Damale-Familie in Nevada entdeckt wurden. Typisch ist das stark gelockte Fell: Die gesamte Körperbehaarung ist gelockt,

Appaloosa

auch Mähne, Schweifhaare und die Innenbehaarung der Ohren. Ein Großteil der Locken verschwindet, wenn die Pferde älter werden. Das Haar lässt sich auch verspinnen.

Der Pinto-Typ wird durch die Plattenscheckung seines Fells definiert. Ursprünglich waren Pintos nur bei den amerikanischen Ureinwohnern üblich, später auch bei den Siedlern des Wilden Westens. Es existieren zwei Scheckungsmuster: Tobiano (Kopf meist dunkel, die weißen Flecken reichen an mindestens einer Stelle über die Rückenlinie) und Overo (die weißen Flecken reichen nicht über die Rückenlinie).

Das Nokota hat sich als Rasse aus den letzten Abkömmlingen der wilden Pferde von North Dakota entwickelt. Die Rasse war fast verschwunden, bis man im Theodore-Roosevelt-Nationalpark eine Gruppe von Tieren unter Schutz stellte. Die Pferde sind erst spät ausgewachsen; sie sind gesund, haben große Ausdauer, entwickeln eine enge Bindung zum Menschen und sind zuverlässig.

Der Missouri Foxtrotter entstand auf dem Ozark-Plateau, als in den 1820er-Jahren dort europäische Siedler ankamen. Die namengebende Gangart entwickelte sich in Reaktion auf das bergige Gelände der Ozarks. Die Rasse ist bei Distanz- und Wanderreitern sehr beliebt.

NAHER OSTEN

In den Golfstaaten ist der Araber bei Weitem die beliebteste Pferderasse – auch deshalb, weil etliche Herrscherfamilien den modernen Pferdesport des Distanzreitens (Endurance) als Schirmherren auch finanziell unterstützen. Es scheint so, als ob inzwischen viele Länder ihr hippologisches Erbe intensiver nutzen und die heimischen Pferderassen besser an den modernen Gebrauch anpassen.

INDIEN

Das Kathiawari stammt aus den Wüsten Westindiens. Typisch sind die nach innen gebogenen Ohren, ein Merkmal mehrerer indischer Pferderassen. Es wird als Gebrauchspferd zum Fahren und Reiten eingesetzt und ferner als Polizeipferd verwendet.

RUSSLAND

Die Pferdebestände in Russland waren nach der Oktoberrevolution extrem zurückgegangen, doch ab den 1920ern wurde als neue Rasse der Budjonny gezüchtet. Budjonnys sind meistens Füchse mit einigen weißen Abzeichen. Sie schneiden beim Vielseitigkeitsreiten und anderen Pferdesportarten hervorragend ab. Auch der Orlow-Traber wurde in Russland gezüchtet; die Rasse wurde vom russischen Adel traditionell als Reittier und bei Trabrennen eingesetzt. Heute werden Orlow-Traber in Russland und der Ukraine gezüchtet.

SÜDAMERIKA

Der Criollo – er ist in Argentinien, Uruguay, Brasilien und Paraguay heimisch – geht direkt auf 100 andalusische Hengste zurück, die 1535 importiert wurden. Criollos sind als zähe, ausdauernde Distanzpferde bekannt, was mit ihrem niedrigen Grundumsatz zusammenhängt. Sie tolerieren niedrige wie hohe Temperaturen, benötigen nur begrenzte Wasserressourcen und trockenes Gras.

Die Rasse Paso Fino entstand aus Reitpferden, die mit Christoph Kolumbus in die (heutige) Dominikanische Republik gelangten. Die rassetypische, sehr komfortable Gangart ist der «Paso», eine Tölt-Variante, die den Trab ersetzt. Paso Finos sind vor allem in Puerto Rico und Kolumbien beliebt.

Das «Nationalpferd» Brasiliens ist der Mangalarga Marchador; er entwickelte sich vor allem aus spanischen Rassen und ist seit dem 19. Jahrhundert im Wesentlichen unverändert geblieben.

Der Chileno (Corralero, Chilenischer Criollo) ist die älteste in Amerika heimische Rasse mit Zuchtbuch, in der Westlichen Hemisphäre die älteste Rasse für die Rinderarbeit («Stock Horse») mit eigenem Zuchtbuch und die älteste südamerikanische Pferderasse mit Zuchtbuch. Er ist ein sehr mutiges, trittsicheres und zähes Pferd, zudem ausgeglichen und gelehrig.

Welsh-Pony

STOCKMASS
112–152 cm

URSPRUNGSLAND / -REGION Wales

ÜBLICHE FELLFARBEN

- Schimmel
- Palomino
- Fuchs
- Fuchs, stichelhaarig
- Brauner
- Dunkelfuchs
- Buckskin
- Rotschimmel

Unter den neun auf den Britischen Inseln heimischen Ponyrassen zählt das Welsh-Pony (Welsh-Rasse) zu den beliebtesten. Die Rasse wird in vier Sektionen unterteilt: Sektion A, das Welsh-Mountain-Pony, umfasst die kleinsten Tiere mit höchstens 122 cm Stockmaß, häufig mit edlem Hechtkopf, der den Araber-Einfluss aus früherer Zeit verrät. Das eigentliche Welsh-Pony (Sektion B) ist größer; sein Stockmaß kann bis zu 136 cm betragen. Es besitzt die eleganten Merkmale von Sektion A, ist aber ein großrahmigeres Pony und wird von den Zuchtverbänden als Reitpony beschrieben. Sektion A und Sektion B sind leicht zu erkennen und zeigen gute Bewegungsabläufe: Die Gangarten sind bei Sektion B etwas flüssiger als beim kleineren Welsh-Mountain-Pony, das im Rücken eher kürzer ist und zu mehr Knieaktion neigt. Typisch für beide ist das lebhafte, mutige Temperament. Schimmel sind häufig, aber auch Palominos, Stichelhaar, Füchse und Braune treten auf: aufgrund des Sabino-Gens mit viel Weiß, d. h. mit halbweißem bis weißem Fuß und weißer Blesse.

Sektion C, das Welsh-Pony im Cob-Typ, entstand aus Kreuzungen aller Sektionen; die Widerristhöhe darf jedoch 136 cm nicht überschreiten. Sektion D, der Welsh Cob, gehört zu den beliebtesten Sektionen; das Stockmaß (mind. 136 cm) ist nach oben offen. Der Welsh Cob ist als Qualitäts-Reit- und Fahrpferd bekannt.

Dales

STOCKMASS
142–144 cm

URSPRUNGSLAND / -REGION England

ÜBLICHE FELLFARBEN

- Rappe
- Schwarzbrauner
- Schimmel
- Brauner
- Stichelhaar (gelegentlich)

Das Dales-Pony stammt aus den Upper Dales (Bergtälern der Pennines) der Flüsse Tyne, Allen, Wear und Tees in Nordostengland. Es ist ein großrahmiges Pony mit schwerem Körperbau; verbreitet sind vor allem Rappen oder Schwarzbraune, gelegentlich kommen auch Schimmel oder Braune vor. Die Widerristhöhe liegt gewöhnlich bei 142–144 cm. Dank kräftiger Gliedmaßen, vergleichsweise langem Hals und kurzem, gut proportioniertem Rücken eignet sich das Dales-Pony hervorragend als Reit- oder Fahrpferd, hat sich aber den hübschen Ponykopf bewahrt.

Das Dales-Pony wurde ursprünglich im nordenglischen Bergbau verwendet und transportierte Blei-, Kupfer und Eisenerz aus den Gruben. Später wurde es im Kohlebergbau eingesetzt: unter Tage, falls genügend Platz war, häufiger aber über Tage, um Loren zu ziehen. Das Dales-Pony ist zwar kräftig, besitzt aber trotzdem eine flüssige Bewegung und ist heute als Reit- und Fahrpferd beliebt. Es hat sich seine natürliche Trittsicherheit und Robustheit bewahrt, ein Erbe der jahrhundertelangen Arbeit in schwierigem Gelände.

Connemara-Pony

STOCKMASS
127–144 cm

URSPRUNGSLAND / -REGION Irland

ÜBLICHE FELLFARBEN

- Rappe
- Schimmel
- Schwarzbrauner
- Falbe
- Brauner
- gelegentlich Fuchs und Stichelhaar

Diese Rasse stammt aus der gleichnamigen Region Connemara in Westirland und ist nicht nur in ganz Irland ein geschätztes Reitpony mit viel Qualität. Das Stockmaß kann bis zu 144 cm betragen; die Rasse ist leichtrahmiger als andere Ponys, besitzt nichtsdestotrotz kräftige Knochen und viel Muskelkraft. Dank der flüssigen Bewegung eignet sich das Connemara-Pony gut für den Reitsport, ohne die höhere Knieaktion anderer Ponyrassen zu zeigen. Es besitzt einen typischen Ponykopf, mittellangen Hals und etwas längeren Rücken. Schimmel kommen am häufigsten vor, doch auch Falben sind verbreitet. Angeblich ist die gute Qualität der Rasse ein Erbe von Andalusiern und Arabern, die im 15. Jahrhundert mit spanischen Schiffen nach Westirland gelangten – tatsächlich vereint das Connemara-Pony eine gewisse Sportlichkeit mit angeborener Robustheit.

Ursprünglich dienten Connemara-Ponys als Lasttiere, aber auch zum Reiten, da sie groß genug waren, um einen erwachsenen Menschen zu tragen. Das moderne Connemara-Pony ist als Familien- oder Sportpferd sehr beliebt. Es kombiniert Ungebundenheit der Bewegung und hervorragende Springqualitäten mit der für Ponys typischen Robustheit und Intelligenz und hat auch seine ursprüngliche Genügsamkeit nicht verloren.

Dartmoor-Pony

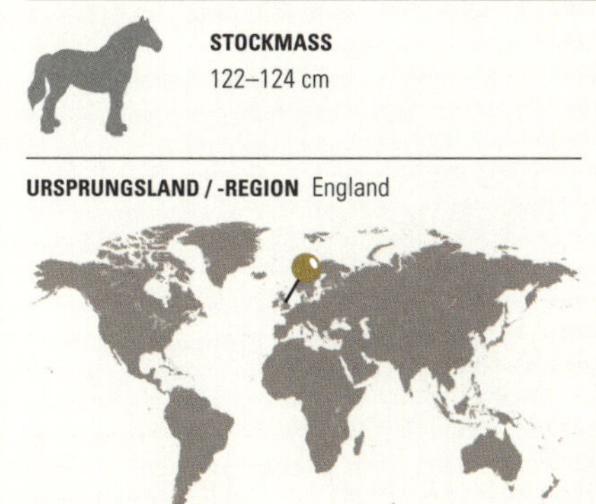

STOCKMASS
122–124 cm

URSPRUNGSLAND / -REGION England

ÜBLICHE FELLFARBEN

- Brauner
- Schwarzbrauner
- Rappe
- Schimmel
- Fuchs
- Stichelhaar

Das Dartmoor-Pony ist ein Kleinpony, dessen Stockmaß 124 cm nicht überschreiten soll. Es stammt aus dem Dartmoor, einer Moor- und Heidelandschaft im südwestlichen Devon (Südwestengland). Man sollte diese Ponyrasse aber nicht mit dem aus Nord-Devon stammenden Exmoor-Pony verwechseln – es handelt sich um zwei verschiedene Rassen. Dartmoor-Ponys kommen in allen Farbabstufungen vom Braunen bis zum Fuchs vor, auch Schimmel treten gelegentlich auf – weiße Abzeichen sind zugelassen, doch nur in Maßen. Dagegen ist beim Exmoor-Pony Dunkelbraun oder Schwarzbraun die Norm, und weiße Abzeichen sind nicht gestattet. Das Dartmoor-Pony hat einen edleren Kopf als das Exmoor-Pony; Hals und Rücken passen von den Proportionen gut zusammen, und der Körperbau ist harmonisch.

Dartmoor- und Exmoor-Pony wurden ursprünglich als Lasttiere eingesetzt: Das Dartmoor-Pony transportierte Zinnerz, das auf dem Dartmoor abgebaut wurde, zu den Schmelzöfen; das Exmoor-Pony diente manchmal als Grubenpony. Bei der bäuerlichen Bevölkerung wurden beide vielfach als Packtiere verwendet. Heutzutage sind Dartmoor- und Exmoor-Pony als Reit- und Showponys beliebt; sie sind vor allem wundervolle Ponys für Kinder.

New-Forest-Pony

STOCKMASS
bis 144 cm

URSPRUNGSLAND / -REGION England

ÜBLICHE FELLFARBEN
bis auf Pinto sind alle Farben zugelassen

Das New-Forest-Pony ist eine der größten auf den Britischen Inseln heimischen Ponyrassen; nach wie vor lebt ein Teil dieser Ponys halbwild im New Forest, einer Landschaft bei Southampton (England). Dieses kräftige Gebrauchspony diente wegen seiner Qualität immer auch als Reit- und nicht nur als Packtier. Das obere Stockmaß liegt bei 144 cm; die meisten New-Forest-Ponys haben etwa diese Größe, es gibt aber auch kleinere. Oft wird in den Zuchtklassen nach größerem und geringerem Stockmaß unterschieden. New-Forest-Ponys haben einen deutlichen Ponycharakter bewahrt; doch durch den Einfluss von einstmals eingekreuzten Arabern und iberischen Pferden – im 15. Jahrhundert existierte in Lyndhurst ein königliches Gestüt mit entsprechenden Hengsten – ist ein athletisches Qualitätspony entstanden. Die Fellfarben variieren, (eher dunkle) Braune, Schwarzbraune oder Füchse sind häufig. Kleine weiße Abzeichen an Kopf und unteren Gliedmaßen sind zugelassen.

Das New-Forest-Pony ist ein Arbeitspony, wegen seiner Geschwindigkeit und Sportlichkeit aber auch seit Langem als Reitpony beliebt. Im 19. Jahrhundert wurden regelmäßig Rennen für New-Forest-Ponys ausgerichtet. Heute dienen sie vor allem als Reitpferd für Kinder und Erwachsene; sie sind hervorragende Sportpferde, besitzen gleichzeitig aber noch die Robustheit einer Landrasse – eine perfekte Kombination.

Highland-Pony

STOCKMASS
132–144 cm

URSPRUNGSLAND / -REGION Schottland

ÜBLICHE FELLFARBEN

- Falbe
- Mausgrauer
- Apfelschimmel
- Schwarzbrauner
- Brauner

Das Highland-Pony, eine der drei in Schottland heimischen Ponyrassen, ist ein kräftiges Pony im Quadratformat mit sehr harmonisch proportioniertem Rahmen. Das Stockmaß von 144 cm darf nicht überschritten, jedoch unterschritten werden, solange der quadratische Rahmen und die idealen Proportionen erhalten bleiben. Trotz Muskelkraft und Körperbau ist das Highland-Pony jedoch von Aussehen und Typ ganz ein Pony, mit klassischem Ponykopf und dem bezeichnenden neugieren Blick. Am häufigsten sind Schimmel sowie verschiedenste Falbfarben, laut Zuchtverband von Mausgrau bis Windfarben. Alle sollten den typischen schwarzen Aalstrich entlang der Rückenlinie aufweisen, manchmal sind auch Zebrastreifen an den Beinen und ein Schulterkreuz vorhanden.

Ursprünglich wurde das Highland-Pony als Lasttier sowie Reit- und Fahrpony genutzt, denn es kann einen ausgewachsenen Menschen tragen. Dank seiner ungeheuren Kraft und Anpassungsfähigkeit wurde es auch zum Pflügen auf schottischen Bauernhöfen eingesetzt; manchmal verwendet man es noch heute, um die beim Deer Stalking erlegten Hirsche vom Berg herunterzubringen. Da sich die Ponys im rauen Klima des schottischen Hochlands entwickelt haben, sind sie äußerst zäh und haben besonders breite feste Hufe. Das Highland-Pony ist gewöhnlich eher ein Reitpony für Erwachsene als für Kinder.

Shetland-Pony

STOCKMASS
71–104 cm

URSPRUNGSLAND / -REGION Schottland

ÜBLICHE FELLFARBEN

- Brauner
- Rappe
- Schwarzbrauner
- Fuchs
- Schimmel
- Rappschecke
- Braunschecke
- Falbe

Das «Shetty» ist die kleinste der neun auf den Britischen Inseln heimischen Ponyrassen; es ist von Stockmaß und Typ her unverwechselbar. Diese alte Rasse konnte sich auf den namengebenden Shetland-Inseln nördlich von Schottland relativ frei von auswärtigen Einflüssen entwickeln. Man vermutet, dass die geringe Körpergröße durch die spartanische Umwelt und den Mangel an Futter zustande kam, da unter derartigen Umständen nur kleine Tiere überleben konnten. Ausgewachsene Ponys haben ein Stockmaß von maximal 104 cm, können aber auch deutlich kleiner sein: Inzwischen hat die Shetland Pony Stud-Book Society (bereits 1890 gegründet) eine eigene Kategorie für Mini-Shetland-Ponys eingeführt. Für Shetland-Ponys sind alle Farben außer Tigerschecken zugelassen, auch Braun- und Rappschecken. Tiere mit dunklerem einfarbigem Fell weisen nur kleine oder gar keine weißen Abzeichen auf.

Jahrhundertelang wurde dieses Pony für alle möglichen Arbeiten auf den Shetland-Inseln eingesetzt – nur nicht als Fahrpony, denn es gab keine Straßen! Shetland-Ponys waren auch in die Fischerei eingebunden – kein Ort der Inselgruppe ist mehr als 7 km vom Meer entfernt –, und das Schweifhaar wurde zu Angelleinen verarbeitet. Später wurden sie auf dem Festland als Grubenponys verwendet, da alle anderen Rassen zu groß für die Bergbaustollen waren.

Shire-Horse

STOCKMASS
165–185 cm

URSPRUNGSLAND / -REGION England

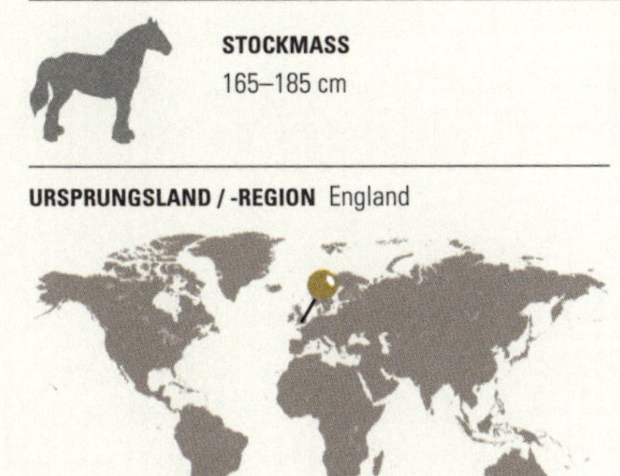

ÜBLICHE FELLFARBEN

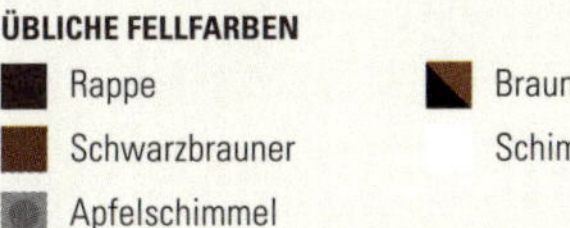

- Rappe
- Schwarzbrauner
- Apfelschimmel
- Brauner
- Schimmel

Das Shire Horse ist die größte Pferderasse der Welt; es ist aber nicht nur durch seine Widerristhöhe, sondern auch durch die vier weißen Socken mit üppigem, glattem und langem Behang unverwechselbar. Shires können über 183 cm Stockmaß haben, bei Hengsten sind mindestens 173 cm vorgeschrieben. Die üblichen Fellfarben sind Braune, Schwarzbraune und Rappen; es gibt auch Schimmel. Vor allem bei dunklen Pferden sind die weißen Abzeichen an den Beinen (unterhalb von Vorderfußwurzelgelenk und Sprunggelenk) ausgeprägt. Der edle, lange Kopf ist leicht geramst, der gewölbte, gut aufgesetzte Hals geht in eine lange schräge Schulter und einen kraftvollen, kurzen Rücken über, die Brust ist breit und tief.

Auf den Britischen Inseln spielt das Shire Horse wegen seiner Größe und Stärke seit mindestens 1000 Jahren eine wichtige Rolle: als Turnierpferd und Schlachtross, als Arbeitspferd in der Landwirtschaft und mit der einsetzenden Industrialisierung vor allem als Zugpferd, bis die Bestände wegen der zunehmenden Motorisierung stark zurückgingen. Zeitweilig drohte die Rasse auszusterben, wurde aber von Liebhabern und durch das Engagement der Brauereien gerettet. Shire Horses werden bei Schauveranstaltungen gerne an der Hand vorgestellt, heute zunehmend als Reitpferd eingesetzt und laufen in England sogar bei speziellen Pferderennen.

Clydesdale

STOCKMASS
163–183 cm

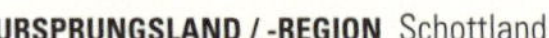

URSPRUNGSLAND / -REGION Schottland

ÜBLICHE FELLFARBEN

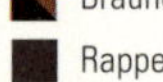

Brauner
Rappe
Fuchs

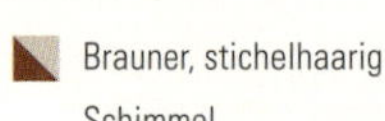

Brauner, stichelhaarig
Schimmel

Der Clydesdale ist als Rasse etwas jünger als das Shire Horse und tauchte zuerst im 18. Jahrhundert in Lanarkshire (Schottland) auf – Clydesdale ist der alte Name für Lanarkshire. In Anspielung auf den Körperbau dieses Kaltbluts wird der Clydesdale auch als «the Scottish Heavy Horse» bezeichnet. Man kreuzte schottische Stuten mit flämischen Hengsten, um den Clydesdale-Typ zu erhalten, den wir heute kennen. Verglichen mit dem Shire Horse ist der Kopf des Clydesdale etwas stärker geramst; Gliedmaßen und Bauch weisen häufig große weiße Abzeichen auf, die vor allem an den Hinterbeinen oft über das Sprunggelenk hinausreichen. Wie beim Shire beträgt das Stockmaß bis zu 183 cm; die vorherrschende Fellfarbe ist oft dunkel, doch anders als beim Shire kommt auch Stichelhaar vor. Das Exterieur von Clydesdale und Shire Horse ist ähnlich, meist kann man sie aber anhand von Kopf und Fellfarbe unterscheiden.

In den vergangenen Jahrzehnten nahmen die Bestände ähnlich wie beim Shire Horse ab, sie haben sich jetzt jedoch etwas erholt. Inzwischen wird der Clydesdale beim Wanderreiten in Nordengland eingesetzt; bei Schauveranstaltungen werden Clydesdale und Shire Horse neuerdings auch gerne unter dem Sattel vorgestellt.

Suffolk Punch

STOCKMASS
152–173 cm

URSPRUNGSLAND / -REGION England

ÜBLICHE FELLFARBEN

- Dunkelfuchs
- Kohlfuchs
- Rotfuchs
- Hellfuchs
- Goldfuchs

Der Suffolk Punch unterscheidet sich von den anderen britischen Kaltblütern nicht nur durch seine Fellfarbe, sondern auch durch den fehlenden Kötenbehang. Er wurde in Suffolk für die Arbeit auf den Lehmböden East Anglias gezüchtet: Auf diesen schweren nassen Böden hielt man das Fehlen von Behang für vorteilhaft. Mit einem Stockmaß von 152–173 cm ist der Suffolk Punch kleiner als Shire und Clydesdale, ist aber trotzdem sehr kräftig und wird in der Land- und Forstwirtschaft als Zugpferd eingesetzt. Es kommt nur die Fellfarbe Fuchs vor; erlaubt sind die verschiedensten Nuancen: ursprünglich sieben, heute lässt der Zuchtverband Suffolk Horse Society nur mehr fünf zu. Der Suffolk Punch hat einen massigen Hals, eine starke Schulterpartie und einen langen, eleganten Rücken. Die Beine sind vergleichsweise kurz, stämmig und stark; die muskulöse Hinterhand ist extrem kraftvoll.

Auch der Bestand dieser Kaltblutrasse ist stark gefährdet, doch in Großbritannien ist der Suffolk Punch sehr populär. Er wird in der Landwirtschaft eingesetzt sowie in der Forstwirtschaft zu Rückearbeiten. Die kürzlich gegründete British Ridden Heavy Horse Society fördert zudem die Verwendung von Kaltblutrassen wie Suffolk Punch im Reitsport; bei entsprechenden Schauveranstaltungen ist er daher immer häufiger unter dem Sattel zu sehen.

Percheron

STOCKMASS
165–185 cm

URSPRUNGSLAND / -REGION Frankreich

ÜBLICHE FELLFARBEN

- Schimmel
- Rappe

Der Percheron stammt ursprünglich aus der Region Le Perche in Nordwestfrankreich. Nach einigen Quellen gelangte die Rasse bereits mit Wilhelm dem Eroberer auf die Britischen Inseln; nachweislich wurden im späten 19. Jahrhundert schwere Arbeitspferde mit Percheron-Blut aus Nordamerika nach Großbritannien exportiert. Weltweit sind der Percheron und sein Einfluss überall dort zu finden, wo französische Siedler lebten. Das französische Zuchtbuch wurde 1883 eröffnet, besonders das französische Nationalgestüt Le Haras du Pin nimmt sich der Rasse an.

Der Percheron ist immer ein Schimmel oder Rappe, besitzt relativ wenig Kötenbehang und ist anhand dieser typischen Merkmale gut zu erkennen. Mit mindestens 165 cm Widerristhöhe ist er nicht so groß wie das Shire Horse, trotzdem aber ein kräftiges Pferd. Aufgrund seines Körperbaus gehört er zu den Kaltblutrassen, die sich am besten als Reitpferd eignen – möglicherweise deshalb, weil im Lauf der Jahrhunderte immer wieder Araberhengste eingekreuzt wurden. Der Percheron wurde als Kriegspferd eingesetzt, ebenso als Zug- und Arbeitspferd und später auch als Fleischlieferant gezüchtet. Heutzutage fördert man in der Zucht dagegen wieder den sportlichen Schlag, der als Reitpferd, teilweise sogar als Dressur- und Springpferd dient. Kein Wunder, dass diese edle Rasse international viele Liebhaber hat.

Camargue-Pferd

STOCKMASS
134–144 cm

URSPRUNGSLAND / -REGION Frankreich

ÜBLICHE FELLFARBEN
Schimmel

Die legendären weißen Pferde der Camargue sind fast synonym mit ihrer gleichnamigen Heimat in Südfrankreich und waren bereits in der Antike bekannt. Diese zähe und genügsame Rasse entwickelte sich in den Sümpfen des Rhonedeltas mit ihren kalten Wintern und extrem heißen Sommern. Ausgewachsene Camargue-Pferde sind immer Schimmel – die Fohlen sind bei Geburt dunkel – und mit einem Stockmaß von 134–144 cm eigentlich ein Pony. Allerdings besitzen sie einen typischen kurzen Pferdekopf. Die französische Regierung hat erst vor relativ kurzer Zeit (1976) versucht, Regeln für die Zucht einzuführen, und alle Züchter registriert, damit die Rasse des Camargue-Pferdes durch einen definierten Standard geschützt ist.

Die Pferde werden in der Camargue immer noch von den «Gardians» (den berittenen Viehhirten der Camargue) beim Zusammentreiben von Rindern verwendet. Das Camargue-Pferd spielt auch eine wichtige Rolle bei den traditionellen Festen und Umzügen der Region und dient als Reit- und Fahrpferd für Erwachsene und Kinder. Auffällig ist die vielseitige Begabung des Camargue-Pferdes für alle Bereiche des Pferdesports: Man setzt es zum Beispiel bei Horseball (Pferde-Korbball) ein, neuerdings auch bei Distanzritten, für die es dank seiner Trittsicherheit und Ausdauer besonders geeignet ist.

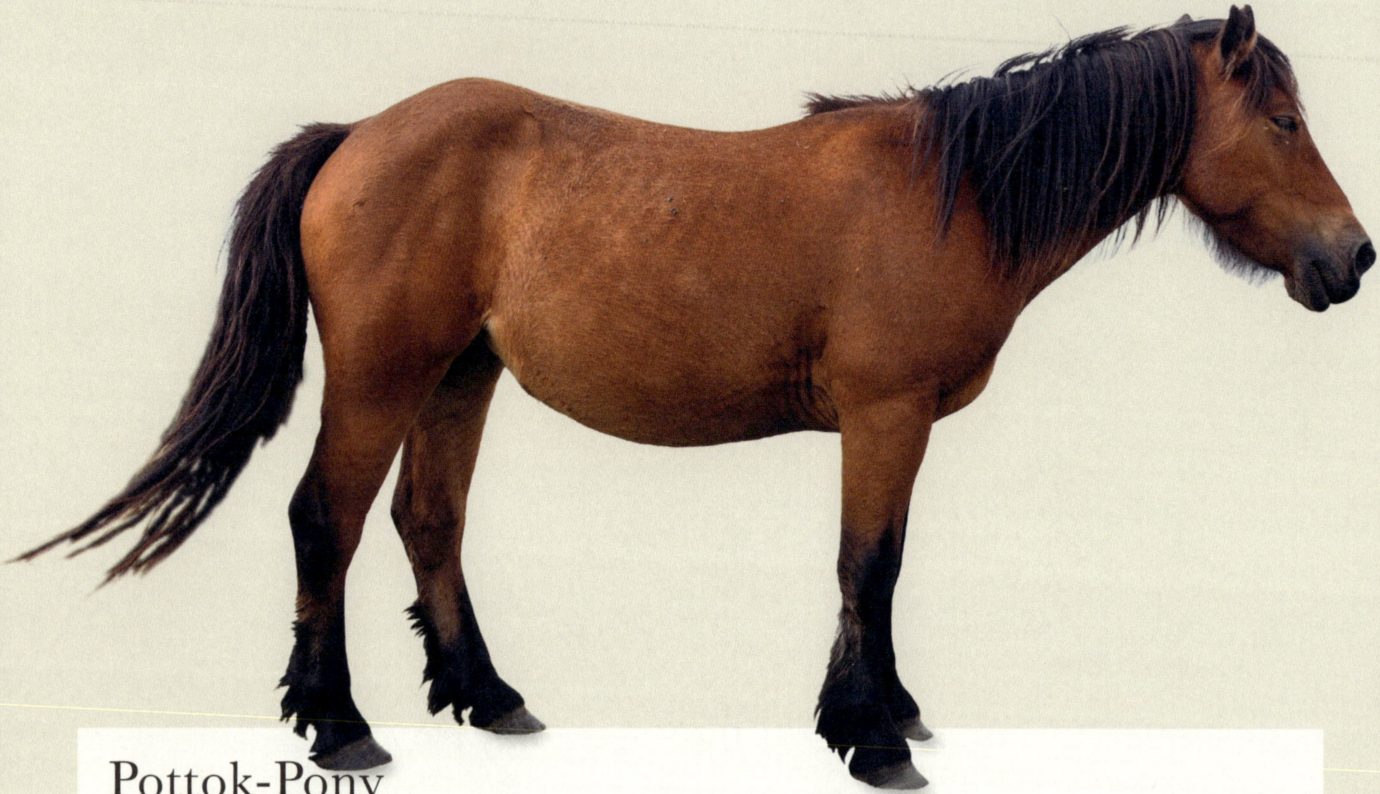

Pottok-Pony

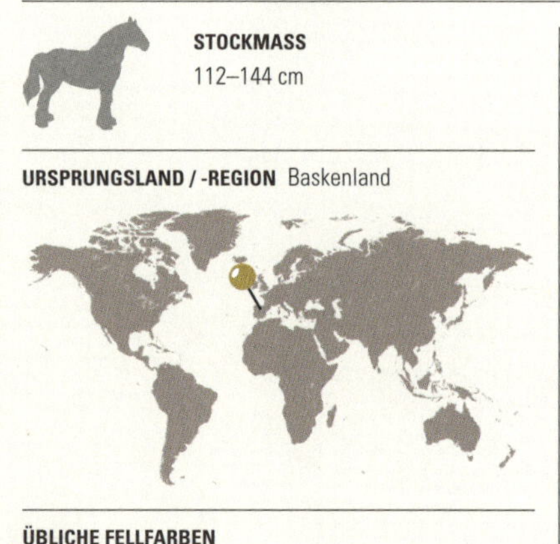

STOCKMASS
112–144 cm

URSPRUNGSLAND / -REGION Baskenland

ÜBLICHE FELLFARBEN

- Brauner
- Rappe
- Fuchs
- Rappschecke
- Braunschecke

Das Pottok-Pony ist eine seltene Rasse des französischen und spanischen Baskenlands und lebt vor allem in den westlichen Pyrenäen. Diese raue Gebirgslandschaft hat die Entwicklung der zähen und trittsicheren Ponyrasse gefördert, die für Basken zu den Traditionssymbolen ihrer Region gehört. Als Rasse soll es die Pottoks seit mehreren Jahrtausenden geben; aufgrund der geografischen Isolierung blieben sie von anderen Pferdepopulationen getrennt. Laut einer neueren Untersuchung bestehen auch innerhalb des Baskenlandes signifikante Unterschiede zwischen den Pottok-Ponys des französischen (nördlichen) und spanischen (südlichen) Baskenlandes; einige Fachleute gehen sogar von zwei verschiedenen Rassen aus. Bei einer Überprüfung des Bestandes zählte man 1970 südlich der Pyrenäen etwa 2000 und nördlich etwa 3500 reinrassige Pottoks – laut neueren Erhebungen ist ihre Zahl inzwischen deutlich geringer, sodass die Rasse als stark gefährdet gelten muss.

Im Gegensatz zu anderen Ponyrassen hat das Pottok kurze, aber schlanke Beine. Früher wurde es gerne zum Befördern von Schmuggelgut auf der Pyrenäenroute eingesetzt (die dunkle Fellfarbe war günstig!); es diente außerdem als Grubenpony in Bergwerken – lokal sowie in Nord- und Ostfrankreich und Großbritannien. Scheck-Pottoks wurde lange Zeit speziell für den Zirkus gezüchtet.

Ardenner

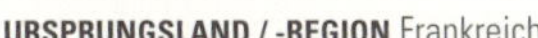

STOCKMASS
152–163 cm

URSPRUNGSLAND / -REGION Frankreich

ÜBLICHE FELLFARBEN

- Brauner, stichelhaarig
- Eisenschimmel
- Kohlfuchs
- Dunkelfuchs
- Brauner
- Schwarzbrauner
- Palomino

Der Ardenner wurde nach seiner Ursprungsregion benannt, dem Mittelgebirge der Ardennen in Belgien, Luxemburg und Frankreich. Die wuchtigen Ardenner gehören zu den schwersten Kaltblütern überhaupt; sie sind stämmig und sehr muskulös, auch weil die Widerristhöhe geringer ist als bei anderen Kaltblutrassen. Im 19. Jahrhundert kreuzte man Brabanter (Belgisches Kaltblut) ein, um einen massigeren Rassetyp zu schaffen. Ardenner sind meist Braune oder stichelhaarig, auch Schimmel oder sogar Palominos sind zugelassen. Die Pferde stehen im Quadratformat, sind untersetzt mit kurzen Beinen und kurzem, massigem Hals. Sie strotzen vor Kraft, sind im Charakter ausgeglichen und waren daher ideale Partner für die verschiedensten Arbeiten, bevor die Mechanisierung und moderne Kriegsführung sie verdrängten. Im frühen 20. Jahrhundert begründeten Frankreich, Luxemburg und Belgien eigene Zuchtbücher, doch nach wie vor besteht ein intensiver Austausch zwischen den Zuchtlinien.

Ardenner werden außerdem gerne als Mastpferd zur Fleischerzeugung genutzt, wovon der Bestand der Rasse profitiert (ganz gleich, wie man zum Verzehr von Pferdefleisch stehen mag). Seit Neuerem werden diese schweren Pferde auch in der Forstwirtschaft, als Freizeitpferde und im Tourismus eingesetzt, sodass man sie gelegentlich wieder in ihren alten Arbeitsrollen erleben kann.

Jütländer

STOCKMASS
152–165 cm

URSPRUNGSLAND / -REGION Dänemark

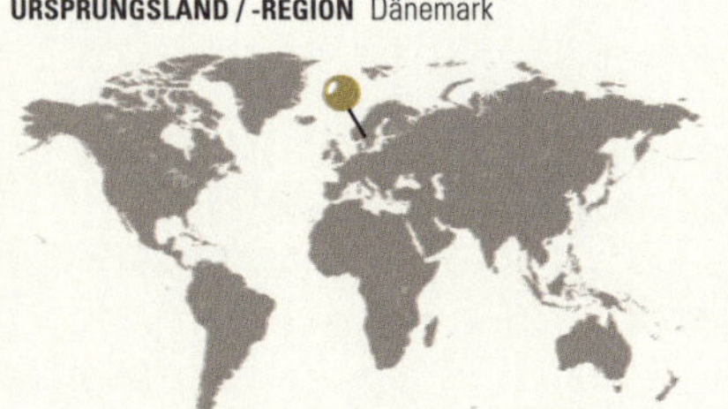

ÜBLICHE FELLFARBEN

Fuchs
Rappe
Brauner
Schimmel

Die Heimat des Jütländers liegt auf der Jütischen Halbinsel; ihr südlicher Teil ist deutsch, der Norden (Jütland) dagegen dänisch. Diese schwere Kaltblutrasse kommt heute vorherrschend als Fuchs vor; früher waren auch Braune, Schimmel, Rappen und Stichelhaar üblich. Das erste Zuchtbuch für Jütländer wurde 1881 eröffnet, bald nach der Einkreuzung ausländischer Kaltblutrassen wie Suffolk Punch und Ardenner. Inzwischen gilt Fuchs (meist als Lichtfuchs) als quasi offizielle Fellfarbe, was auch auf den Einfluss des Suffolk Punch zurückgeht.

Fast Kultstatus hat inzwischen ein Gespann fuchsfarbener Jütländer, das für die bekannte Brauerei Carlsberg Wagen mit Bierfässern durch Kopenhagen zieht. Eine Beziehung auf Gegenseitigkeit: Die Pferde fördern den Verkauf von Carlsberg-Bier, die Brauerei fördert die Pferderasse. Tatsächlich dienen die Jütländer, wie andere Kaltblüter auch, heutzutage ausschließlich zu Showzwecken, und der Bestand liegt nur mehr bei etwa 1000 Tieren. Nach dem Zweiten Weltkrieg gab es noch rund 15 000 Jütländer, doch durch die Mechanisierung der Landwirtschaft gingen die Zahlen bei allen Arbeitspferden sehr stark zurück.

Das Schleswiger Kaltblut, eine Rasse aus Nord-Schleswig-Holstein, ist eng mit dem Jütländer verwandt.

Hannoveraner

STOCKMASS
155–175 cm

URSPRUNGSLAND / -REGION Deutschland

ÜBLICHE FELLFARBEN

- Schimmel
- Fuchs
- Rappe
- Schwarzbrauner
- Brauner

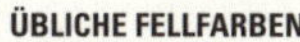

Der moderne Hannoveraner ist zweifellos ein Paradebeispiel gezielter Pferdezucht: Dank der sorgfältigen Selektionsmaßnahmen ist ein elegantes und athletisches Sportpferd entstanden, das wegen seiner sportlichen Fähigkeiten weltweit begehrt ist. Im Haupt-Zuchtbuch sind fast 20 000 Hannoveraner eingetragen. Alles begann mit dem 1735 gegründeten Landgestüt Celle; 1888 wurde dann das Hannoversche Stutbuch eröffnet.

Heutige Hannoveraner unterscheiden sich erheblich von den hannoverschen Warmblütern, die nach dem Ersten Weltkrieg üblich waren: Damals lag die Betonung auf dem Einsatz in Landwirtschaft und Militär sowie der Verwendung als Wagenpferd. Nach dem Zweiten Weltkrieg entwickelte sich aus dem altmodischen Hannoveraner im Quadratformat ein edles, leichtrahmigeres Pferd mit wunderbaren Gangarten und geschmeidigen Bewegungen. Durch die gezielte Einkreuzung fremder Blutlinien wie Englischem Vollblut (eine ähnliche Strategie gab es bei anderen Warmblutrassen des europäischen Festlands nicht) sowie die rigorosen Leistungsprüfungen von Stuten, Hengsten und Fohlen wurden nur die besten Zuchtlinien gefördert – und dieses Zuchtprogramm hat sich offensichtlich gelohnt: In den internationalen Dressur-, Spring- und Vielseitigkeitswettbewerben zählen Hannoveraner immer zu den Pferden, die am erfolgreichsten abschneiden.

Trakehner

STOCKMASS
154–173 cm

URSPRUNGSLAND / -REGION Deutschland

ÜBLICHE FELLFARBEN

- Brauner
- Schimmel
- Fuchs
- Rappe
- Schwarzbrauner

Diese Rasse ist nach dem Ort Trakehnen im ehemaligen Ostpreußen (heute Russland) benannt; dort wurde 1732 das königliche Stutamt (später Hauptgestüt) Trakehnen gegründet, das bis zum Ende des Zweiten Weltkriegs bestand. Etliche Warmblutzüchter des europäischen Festlands kreuzen auch andere Blutlinien ein, wenn diese den Zuchtbestand um erwünschte Merkmale bereichern. Dagegen war das Trakehner-Zuchtbuch immer weitgehend geschlossen, und nur einige ausgewählte Englisch-Vollblut- und Araber-Zuchtlinien durften eingekreuzt werden. Der Trakehner gilt als eines der leichtrahmigsten Warmblutpferde und steht dem Englischen Vollblut am nächsten. Kein Wunder, denn der Einfluss des Englischen Vollbluts war für die Rasse prägend und zeigt sich auch in ihrem Temperament. Trakehner wurden daher häufig zur Verbesserung anderer Warmblutrassen eingesetzt. Der Trakehner Verband führt regelmäßig Schauveranstaltungen und Leistungsprüfungen durch.

Der Trakehner ist ein erstklassiges, leichtes und modernes Sportpferd mit edlem Exterieur und harmonischer, geschmeidiger Bewegung. So wundert es nicht, dass er im Dressur- und Springreiten, aber auch im Vielseitigkeitsreiten sehr beliebt ist und in diesen Disziplinen erfolgreich abschneidet.

Belgisches Warmblut

STOCKMASS
163–173 cm

URSPRUNGSLAND / -REGION Belgien

ÜBLICHE FELLFARBEN

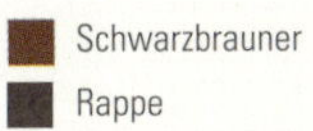

Fuchs
Brauner
Schwarzbrauner
Rappe

Lange Zeit ging es der belgischen Regierung vorrangig darum, den abnehmenden Bestand des heimischen Brabanters (auch Belgisches Kaltblut genannt) zu schützen, daher entstand erst in der zweiten Hälfte des 20. Jahrhunderts eine systematische Zucht des Belgischen Warmbluts. Das Zuchtbuch des «Belgisch Warmbloed Paard» (BWP) wurde 1955 eröffnet. Da für die Zucht kein Bestand an heimischen Reitpferd- oder schweren Warmblutrassen zur Verfügung stand, importierte man verschiedene Rassen aus Frankreich, Deutschland und den Niederlanden, um ein modernes Reitpferd zu schaffen. Innerhalb der Rasse lassen sich viele verschiedene Einflüsse erkennen, und ein Pferd kann, je nach Abstammungslinie, in Temperament und Körperbau bis zu einem gewissen Grad variieren.

In Belgien gelten bei Leistungsprüfungen dieselben strengen Anforderungen wie bei anderen europäischen Warmblutrassen; interessanterweise gibt es aber keinen bestimmten Rassestandard, sondern nur ein einheitliches Zuchtziel. Wenn ein Pferd bei der Prüfung die relevanten Kriterien erfüllt (Zuverlässigkeit, Bewegung, Gesundheit), wird es entsprechend benotet und eingetragen. Belgische Warmblüter gehören bei internationalen Turnieren regelmäßig zu den erfolgreichsten Dressur- und Springpferden.

Dänisches Warmblut

STOCKMASS
155–173 cm

URSPRUNGSLAND / -REGION Dänemark

ÜBLICHE FELLFARBEN

- Schimmel
- Brauner
- Schwarzbrauner
- Fuchs
- Rappe

Auch diese europäische Warmblutrasse entwickelte sich erst nach dem Zweiten Weltkrieg, als dänische Züchter auf den Rückgang der heimischen Rassen (zum Beispiel des Frederiksborgers) reagierten und andere europäische Warmblutrassen einkreuzten: vor allem Trakehner und Englisches Vollblut. So gelang es, ein exzellentes, leichtrahmiges modernes Sportpferd zu züchten, das ans Englische Vollblut erinnert. Dabei garantieren Knochenbau und gut proportionierter Habitus die bei Dressur- und Springreitern so beliebten athletischen Bewegungsabläufe. Trotz des offensichtlich hohen Vollblutanteils hat das Dänische Warmblut ein recht ausgeglichenes Temperament.

Dänische Warmblüter werden nach strengen Maßstäben beurteilt und bei den renommierten Auktionen des Zuchtverbands vorgestellt. Aufgrund des starken Vollbluteinflusses eignet sich das Dänische Warmblut auch für das Vielseitigkeitsreiten: Es schneidet dank seiner Qualität und der ausgezeichneten Gangarten beim Dressur- und Springreiten hervorragend ab, verfügt aber auch über die Geschwindigkeit und Ausdauer des Vollbluts, um den Geländeritt ebenfalls erfolgreich zu absolvieren.

Französisches Reitpferd (Selle Français)

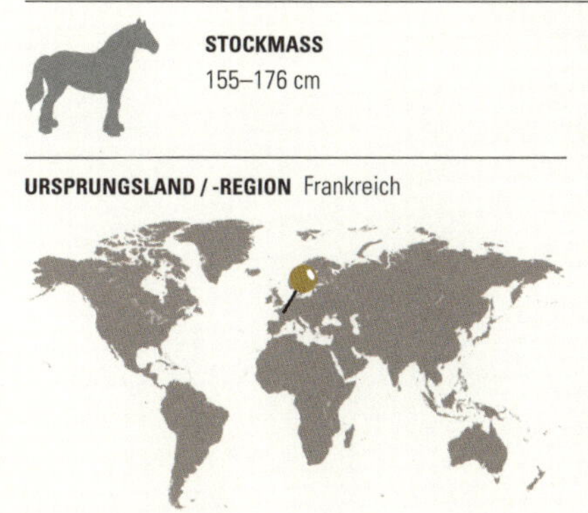

STOCKMASS
155–176 cm

URSPRUNGSLAND / -REGION Frankreich

ÜBLICHE FELLFARBEN
- Brauner
- Fuchs

Das Französische Reitpferd (Selle Français, SF) ist das moderne französische Sportpferd; ähnlich wie das Belgische Warmblut hat die Rasse eine große Variationsbreite. Im 19. Jahrhundert war aus der Kreuzung von heimischen normannischen Stuten mit Englisch-Vollblut-Hengsten die Rasse der Anglo-Normannen entstanden. 1958 eröffnete das französische Staatsgestüt ein Zuchtbuch für eine neue Rasse (Selle Français), die außer Anglo-Normannen weitere wichtige französische Reitpferdrassen vereinen sollte. Nach dem Algerienkrieg wurde das Berber-Zuchtbuch 1965 geschlossen und dessen Pferde ebenfalls ins SF-Zuchtbuch überführt. SF-Pferde und Pferde anderer, zur Einkreuzung vorgesehener Rassen werden über Leistungsprüfungen und Benotung selektiert, um einen bestmöglichen Zuchterfolg zu garantieren.

Das moderne Französische Reitpferd ist ein beliebtes Sportpferd, das sich auf internationaler Ebene in allen modernen equestrischen Disziplinen hervorgetan hat. Die meisten SF sind Braune oder Füchse. Es existiert kein festgelegter Rassestandard, stattdessen werden unter dem Aspekt des einheitlichen Zuchtziels Kriterien wie Zuverlässigkeit, Sportlichkeit, Bewegung und Konformation berücksichtigt. Das Temperament des Selle Français kann durchaus variieren – je nach Typ und je nachdem, welchen Einfluss die verschiedenen an der Zucht des SF beteiligten Rassen haben.

Englisches Vollblut

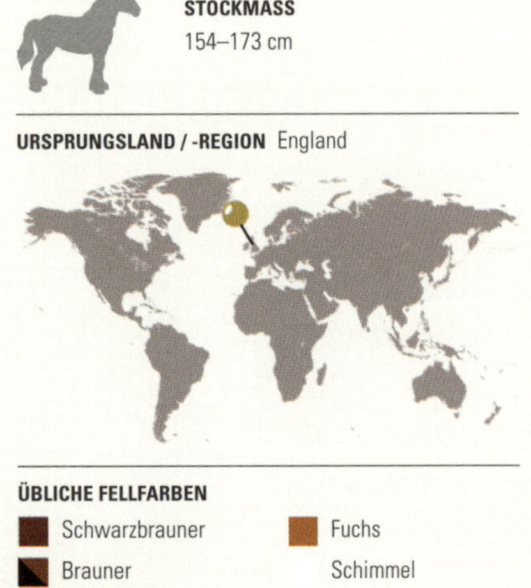

STOCKMASS
154–173 cm

URSPRUNGSLAND / -REGION England

ÜBLICHE FELLFARBEN

- Schwarzbrauner
- Brauner
- Dunkelbrauner
- Fuchs
- Schimmel

Das Englische Vollblut – ursprünglich als Rennpferd gezüchtet – läuft auch heute noch in Galopprennen; zusätzlich wurde es von England aus in die ganze Welt exportiert. Zweifellos hat es in der Sportpferdzucht weltweit den größten Einfluss und gilt über klassische Renndistanzen als schnellstes Pferd überhaupt. Es war und ist von immenser Bedeutung bei der Veredelung der verschiedensten Rassen – die modernen europäischen Warmblutrassen besitzen z. B. sehr viel Vollbluterbe. Wer aus einer schweren Pferderasse ein kräftiges athletisches Sportpferd züchten möchte, wählt als ersten Kreuzungspartner ein Englisches Vollblut.

Das moderne Englische Vollblut geht auf drei Stammväter zurück: die orientalischen Hengste Byerley Turk, Darley Arabian und Godolphin Arabian (Godolphin Barb), die im 17. und frühen 18. Jahrhundert die Vollblutzucht in England begründeten. Darley und Godolphin sind sogar im modernen Rennsport noch ein Begriff, denn viele heutige Vollblüter lassen sich auf sie zurückführen. Das Englische Vollblut ist ein leichtrahmiges Pferd mit hervorragendem Knochenbau. Es ist auf Schnelligkeit ausgelegt, mit langem, tief an der Schulter aufgesetztem Hals (ideal fürs Galoppieren) sowie abfallender, kräftiger Hinterhand und langem Röhrbein. Was Schnelligkeit und Leistung angeht, sucht das Englische Vollblut im Rennsport seinesgleichen.

Irish Draught Horse

STOCKMASS
154–166 cm

URSPRUNGSLAND / -REGION Irland

ÜBLICHE FELLFARBEN

- Brauner
- Schwarzbrauner
- Schimmel
- Apfelschimmel
- Fuchs
- Rappe
- Falbe

Das Irish Draught Horse gehört zu den «Exportartikeln», für die Irland berühmt ist. Es war zwar ursprünglich ein Arbeitspferd, jedoch niemals ausschließlich als Zugpferd (*draught horse* = Zugpferd) vorgesehen. Es zählt nicht zu den schweren Pferderassen, ist aber trotzdem ein Kraftpaket. Da es als Vielzweckpferd entwickelt wurde, ist es stark genug für die Feldarbeit und kann zudem geritten und eingespannt werden.

Das Irish Draught Horse entwickelte sich zum Teil aus dem Irish Hobby, einem kleinen wendigen, inzwischen ausgestorbenen Pferd – dieses war auch an der Entstehung des Connemara-Ponys beteiligt. Letzteres gehört ebenfalls zu den Ahnen des Irish Draught Horse. Nach dem Zweiten Weltkrieg waren schwerere Pferde weniger gefragt, und man erkannte, dass aus der Kreuzung von Irish Draught und Englischem Vollblut(-Hengst) in der 1. Generation Pferde mit außergewöhnlichen Fähigkeiten resultierten: Diese werden inzwischen als Irisches Sportpferd (*Irish Sport Horse*, ISH) bezeichnet. Das Zuchtbuch des Irish Draught Horse wurde 1917 eröffnet, doch alle Unterlagen gingen 1922 bei einem Brand verloren. Da der Bestand des Irish Draught immer stärker abnahm, gründete man 1976 die Irish Draught Horse Society, um die Rasse zu retten. Das reinrassige Irish Draught Horse gilt nach wie vor als gefährdet, und es gibt spezielle Erhaltungsprogramme.

Pura Raza Española (Andalusier)

STOCKMASS
145–154 cm

URSPRUNGSLAND / -REGION Spanien

ÜBLICHE FELLFARBEN

- Brauner
- Schimmel
- Rappe
- Apfelschimmel

Diese alte Pferderasse stammt aus Andalusien (Südspanien) und wurde immer als Reitpferd verwendet – vor allem in der Stierkampfarena, wo Schnelligkeit, Mut, Sportlichkeit und besondere Trainierbarkeit gefordert sind: Genau diese Merkmale sind kennzeichnend für den Pura Raza Española (PRE, Andalusier). Die Schnelligkeit und Wendigkeit der Andalusier war bei der Rinderarbeit sehr geschätzt, daher wurden sie auch als Kriegspferde eingesetzt. Doch nicht nur diese exzellenten Eigenschaften, sondern auch Eleganz und Noblesse ihres Exterieurs standen hoch im Kurs.

Die kleinen kompakten Andalusier sind meistens Schimmel mit leicht gewelltem, üppigem Langhaar. Der Kopf ist typisch, die leichte Ramsnase ist jedoch nicht annähernd so ausgeprägt wie bei anderen Rassen, da der Kopf kürzer und edler ist. Der elegante mittellange Hals ist gut aufgesetzt und steht in harmonischem Verhältnis zum Rücken; die Hinterhand ist gerundet und kräftig, sodass sich das Pferd insgesamt perfekt für die Lektionen der Hohen Schule eignet. Bei den Olympischen Spielen von Athen (2004) gelangte der Pura Raza Española zu plötzlicher Bekanntheit, als der Reiter Rafael Soto Andrade mit seinem berühmten PRE-Schimmel Invasor dem spanischen Dressurteam zu einer Silbermedaille verhalf.

Lusitano

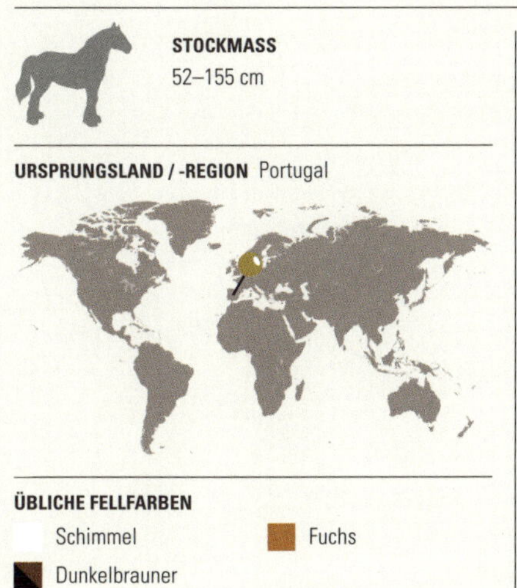

Dieser portugiesische «Nachbar» des Pura Raza Española (PRE, Andalusier) hat mit Letzterem viele Merkmale und ein ähnliches Erbe gemein. Laut Zuchtverband des Cavalo Puro Sangue Lusitano (PSL) ist der Lusitano die älteste Reitpferdrasse der Welt. Auf der Iberischen Halbinsel gibt es entsprechende Hinweise, zum Beispiel Funde von prähistorischen Pferdeknochen und -schädeln; zudem entdeckte man in Höhlen Ritzzeichnungen und Malereien, die teilweise etwa 22 000 Jahre alt sind. Der Lusitano wurde jahrhundertelang als Kriegspferd geschätzt, allerdings erst 1967 als eigenständige Rasse mit Zuchtbuch etabliert. Vorher hatte man die Pferde aus diesem Teil Spaniens und Portugals als iberische Pferde oder Andalusier bezeichnet. Der Lusitano (nach dem alten römischen Namen für Portugal) ist in mancher Hinsicht eine kräftigere und gedrungenere Version des Pura Raza Española. Dies liegt teilweise daran, dass in Portugal noch der berittene Stierkampf praktiziert wird. Der Pura Raza Española wurde jedoch in anderen Bereichen wie Hoher Schule und Dressur eingesetzt, und es entstand ein leichteres, eleganteres Pferd mit einigem arabischen Einfluss. Damit soll nicht gesagt sein, dass es dem Lusitano an Qualität mangelt, doch mit seiner Muskelkraft und den markanten Linien ist er eher ein typisches Pferd für Stierkampfarena und Rinderarbeit.

Norwegisches Fjordpferd

STOCKMASS
134–144 cm

URSPRUNGSLAND / -REGION Norwegen

ÜBLICHE FELLFARBEN

Braunfalbe
Graufalbe
Gelbfalbe
Fuchsfalbe
Hellfalbe

Das Fjordpferd, nach seiner Heimat auch Norweger genannt, existiert seit mindestens 4000 Jahren. Es stammt aus den abgelegenen, klimatisch rauen Gebirgsregionen Westnorwegens, und diese Herkunft hatte großen Einfluss auf die Rasse: So wurde kaum Fremdblut eingekreuzt – denn wie hätten sich Araber- oder Englisch-Vollblut-Eigenschaften unter derart widrigen Bedingungen durchsetzen können? Daher ist das Norwegische Fjordpferd bis zum heutigen Tag eine der eigenständigsten Pferderassen der Welt.

Fjordpferde erreichen mit etwa 144 cm Widerristhöhe tatsächlich nur Ponymaß. Trotzdem können die kräftigen, gedrungenen Tiere leicht einen ausgewachsenen Menschen tragen. Anhand ihrer Fellfarbe sind Fjordpferde sofort zu erkennen: 90 Prozent sind Braunfalben (heller oder dunkler), die restlichen 10 Prozent verteilen sich auf Fuchsfalbe (Rotfalbe), Hellfalbe (Weißfalbe), Gelbfalbe oder Graufalbe. Unverwechselbar ist die Mähne mit dunklem Mittelstreifen und hellen seitlichen Haaren; sie wird normalerweise zur Stehmähne gestutzt, sodass das typische Farbmuster sichtbar ist. Fjordpferde besitzen immer einen Aalstrich, oft auch Zebrastreifen an den Beinen. Das Fjordpferd wird als Reit- und als Wagenpferd eingesetzt; aufgrund seiner Stärke und Trittsicherheit eignet es sich besonders zur Land- und Waldarbeit in gebirgigem Terrain – ein echtes Gebrauchspferd.

Islandpferd

STOCKMASS
132–142 cm

URSPRUNGSLAND / -REGION Island

ÜBLICHE FELLFARBEN

- Brauner
- Rappe
- Fuchs
- Falbe
- Schimmel
- Palomino
- Pinto
- Stichelhaar

Das Islandpferd (Isländer) ähnelt in mancher Hinsicht dem Fjordpferd; die zähen und kräftigen Pferde haben ebenfalls Ponymaß, können aber einen ausgewachsenen Menschen tragen und sind bestens ans raue Klima Islands angepasst. Sie gelangten mit den Wikingern im 9. und 10. Jahrhundert auf die Insel. Da seit 1000 Jahren die Einfuhr anderer Pferderassen verboten war, hat das Islandpferd vermutlich von allen Pferderasse am wenigsten Fremdbluteinfluss und ist noch reinrassiger als das Fjordpferd. Erste isländische Zuchtverbände wurden 1904 gegründet, das Zuchtbuch 1923 eröffnet; inzwischen gibt es 19 nationale Zuchtverbände, denn Islandpferde werden weltweit geschätzt. Ein Islandpferd, das die Insel einmal verlassen hat, darf jedoch nicht wieder nach Island zurückkehren.

Die robusten, genügsamen Islandpferde haben ein «doppeltes Fell», das sie vor Witterungseinflüssen schützt. Eine Besonderheit sind auch die zusätzlichen Gangarten des Isländers: Neben Schritt, Trab, Kanter und Galopp beherrscht er den Tölt (eine Viertaktgangart mit derselben Fußfolge wie im Schritt, aber schneller und mit mindestens einem Bein am Boden) und oft auch den Rennpass. In Island leben schätzungsweise 80 000 Islandpferde – bei einer Einwohnerzahl von etwa 350 000! Man ist dort stolz auf diese besonderen Pferde; sie sind als Freizeit- und Rennpferde beliebt und spielen auch im Tourismus eine wichtige Rolle.

Araber

STOCKMASS
142–155 cm

URSPRUNGSLAND / -REGION Arabische Halbinsel

ÜBLICHE FELLFARBEN

- Schimmel
- Brauner
- Fuchs
- Rappe

Gemeinsam mit dem Englischen Vollblut ist der Araber vermutlich eine der einflussreichsten Pferderassen der Welt und sicherlich eine der ältesten. Er war ursprünglich ein Wüstenpferd, das Beduinen auf der Arabischen Halbinsel gezüchtet hatten; seit jeher hat man ihn wegen seiner Schönheit, Schnelligkeit und Ausdauer geschätzt und verehrt. Mit seinem eleganten, fein geformten Kopf, dessen Ohren oft leicht sichelförmig sind, gehört er zu den schönsten Pferden überhaupt. Der edle Kopf sitzt auf einem langen, anmutigen Hals; typisch für die Rasse ist auch ein hoch angesetzter und hoch getragener Schweif.

Historisch wurden Araber nicht als Arbeitspferd eingesetzt – kein Wunder bei ihrem Wert und Aussehen. Stattdessen dienten sie fast immer als Reitpferd und aufgrund ihrer Schnelligkeit sehr früh schon als Kavalleriepferd. In neuerer Zeit werden Araber vor allem mit dem Rennsport (hier insbesondere das Arabische Vollblut, AV) und mit Distanzreiten (Endurance) in Verbindung gebracht – jedoch nicht, weil sie für andere Disziplinen ungeeignet wären! Vielmehr wurden andere Rassen (darunter oft solche mit Araberblut) wesentlich gezielter für die modernen Reitsportdisziplinen Dressur, Springreiten und Vielseitigkeitsreiten gezüchtet.

Deutsches Reitpony

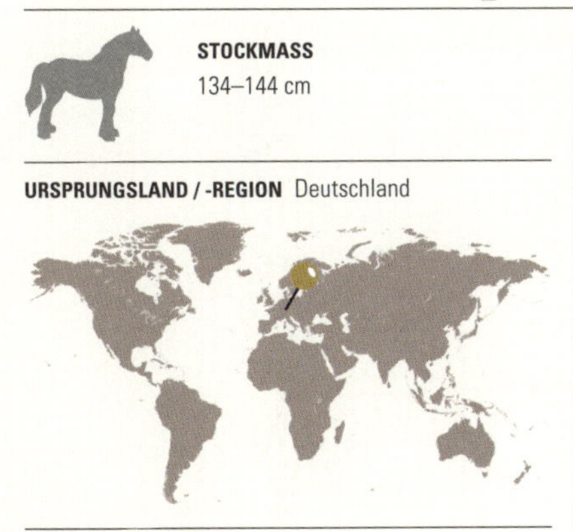

STOCKMASS
134–144 cm

URSPRUNGSLAND / -REGION Deutschland

ÜBLICHE FELLFARBEN

- Brauner
- Fuchs
- Schwarzbrauner
- Rappe
- Schimmel
- Palomino
- Falbe
- Stichelhaar

Auf den Britischen Inseln sind neun Ponyrassen heimisch, doch auf dem europäischen Festland und damit auch in Deutschland fehlen entsprechende Ponyrassen. Als Pferde nach dem Zweiten Weltkrieg immer weniger als Arbeitspferde dienten, sondern als Freizeitpferde eingesetzt wurden, wuchs auch der Bedarf an Reitpferden, die für Kinder und Jugendliche geeignet waren. Den deutschen Züchtern schwebte ein dem British Riding Pony vergleichbares Sportpferd im Miniaturformat vor: von Sportlichkeit und Gangarten her als Turnierpferd erfolgreich, dabei aber mit dem freundlichen verlässlichen Charakter eines Ponys. Erste Versuche, bei denen Araber oder Englisches Vollblut mit Haflinger- oder Fjordpferdstuten gepaart wurden, führten nicht zum Erfolg. Daraufhin konzentrierte man sich auf das Welsh-Pony (Welsh-Rasse), das bereits durch viel Araber- und Vollbluteinfluss veredelt war, und erzielte so schließlich den gewünschten Typ – ein Pony, das viele Eigenschaften eines Reitpferdes besitzt.

Das moderne Deutsche Reitpony ist ein Miniatur-Warmblut-Sportpferd; heutzutage bleiben die Züchter bei bestimmten Zuchtlinien, um diesen Ponytyp zu erhalten. Wie in allen deutschen Zuchtprogrammen müssen die Tiere strenge Leistungsprüfungen bestehen, bevor sie zur Zucht zugelassen werden.

Achal-Tekkiner

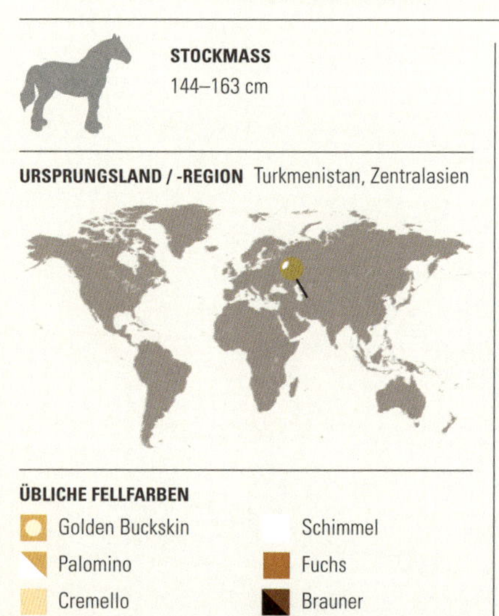

STOCKMASS
144–163 cm

URSPRUNGSLAND / -REGION Turkmenistan, Zentralasien

ÜBLICHE FELLFARBEN

- Golden Buckskin
- Palomino
- Cremello
- Perlino
- Schimmel
- Fuchs
- Brauner
- Rappe

Der Achal-Tekkiner stammt aus Turkmenistan. Unverwechselbar und damit leicht zu erkennen ist die Rasse am metallischen Goldglanz des Fells; dieser charakteristische Schimmer kommt durch die außergewöhnlich feine, seidige Beschaffenheit des Haares zustande.

Das Zuchtbuch des Achal-Tekkiners wurde 1917 in Russland eröffnet, nachdem Turkmenistan Teil des Russischen Reichs geworden war. Es wird auch heute noch in Russland geführt; zurzeit gibt es weltweit etwa 6000 Achal-Tekkiner. Das hochbeinige Pferd erinnert etwas an das Englische Vollblut, doch der Kopf ist anders: im oberen Bereich fast geramst und zum Maul hin verjüngt. Gemessen am gesamten Körper ist der Rücken lang. Wie bei einem derartigen Körperbau zu erwarten, wurden und werden Achal-Tekkiner als Rennpferde eingesetzt; heute sind sie auch im Distanzreiten (Endurance) beliebt. Es wird diskutiert, ob Byerley Turk, einer der Stammväter des Englischen Vollbluts, tatsächlich ein Achal-Tekkiner war. Palomino und Buckskin sind häufige Fellfarben; typische Merkmale sind ferner die langen Ohren sowie die mandelförmigen, oft schwarz gerandeten Augen. Als Wappentier von Turkmenistan erscheint der Achal-Tekkiner auf Geldscheinen, Briefmarken sowie im Staatswappen; am letzten Sonntag im April findet zu seinen Ehren jährlich der Tag des turkmenischen Pferdes statt.

Jeju

STOCKMASS
112–125 cm

URSPRUNGSLAND / -REGION Südkorea

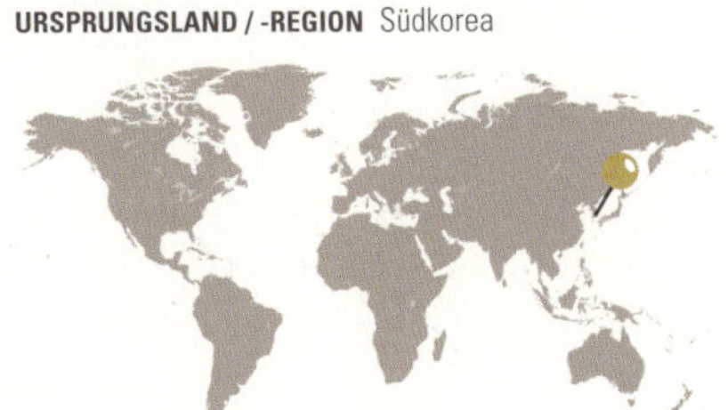

ÜBLICHE FELLFARBEN

- Rappe
- Schwarzbrauner
- Fuchs
- Brauner
- Cremefarbener
- Braunschecke
- Stichelhaar

Das Jeju stammt von der Insel Jeju, die südlich der Habinsel Korea liegt. Die Rasse ist nahe mit dem alten Mongolen-Pferd verwandt, und es gibt etliche Belege für Kreuzungen zwischen den beiden Rassen. Im 13. Jahrhundert herrschten die Mongolen über Jeju und brachten ihre eigenen Pferde mit, die sich mit den heimischen Inselponys vermischten. Das Jeju-Pferd ist von der Körpergröße her ein Pony; es wird auch «Gwahama» genannt, was so viel bedeutet wie «klein genug, um unter einen Obstbaum zu passen». Von der einstmals gesunden Population mit 20 000 Tieren waren zu Beginn der 1980er-Jahre nur mehr 2000 übrig, sodass die südkoreanische Regierung intervenierte und die Rasse zum nationalen Kulturerbe erklärte. Außerdem legte man bei der Hauptstadt Jeju-si eine Rennbahn für Rennen mit eingetragenen Jeju-Pferden an. Reittourismus ist ein wichtiger Wirtschaftsfaktor auf der Insel, dazu kommt jedes Jahr im Oktober das Jeju Horse Festival. Nichtsdestotrotz ist Pferdefleisch als Delikatesse beliebt und wird (roh oder gegart) in mehreren Restaurants der Insel serviert.

Gemessen an seiner geringen Höhe ist das Jeju ein massiges Pferd mit langem Rumpf, es ist kräftig, anspruchslos und sanftmütig. Es ist als Zugpferd bei der Feldarbeit sehr belastbar und kann sogar einen erwachsenen Reiter tragen.

Quarter Horse

STOCKMASS
142–163 cm

URSPRUNGSLAND / -REGION USA

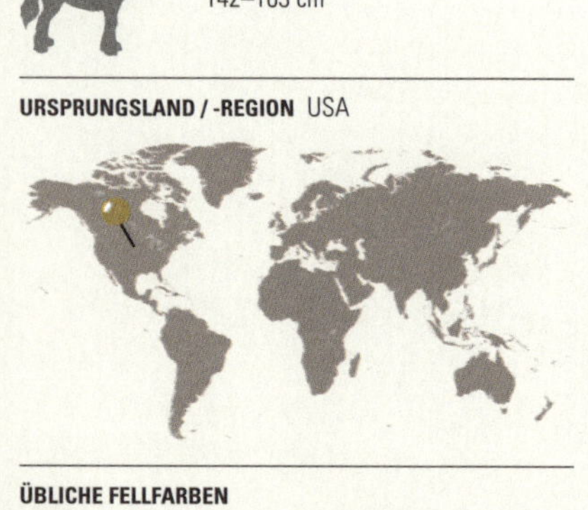

ÜBLICHE FELLFARBEN

- Fuchs (Sorrel)
- Brauner
- Rappe
- Schwarzbrauner
- Buckskin
- Palomino
- Schimmel
- Falbe

Das (American) Quarter Horse ist die beliebteste Pferderasse der USA. Es ist eng mit der Geschichte des Wilden Westens verbunden, da es zum unentbehrlichen Helfer der Cowboys wurde. Man setzte es bei der Rinderarbeit ein, aber auch beim Rodeo und anderen für das Westernreiten typischen Disziplinen wie Cutting und Barrel Racing, ferner bei Pferderennen. Daher ist es für alle geeignet, die ein unkompliziertes, aber gleichzeitig sportliches Pferd für die modernen Reitsportdisziplinen suchen.

Das Quarter Horse ist ein Top-Athlet und zurzeit wohl die beliebteste Pferderasse der Welt. Es entwickelte sich aus den Pferden, welche die Siedler mit sich führten: Die Spanier brachten Araber und Berber, britische Siedler brachten Englisches Vollblut, Ponys und andere. Als hervorragender Sprinter war das Quarter Horse bei den damals beliebten Kurzstreckenrennen unschlagbar – das waren die namengebenden Quarter Mile Races *(quarter,* englisch Viertel) mit einer Rennstrecke von einer Viertelmeile (etwa 400 m). Das Quarter Horse tritt in zwei Typen auf: einem kleineren, kompakten, gut bemuskelten Typ (bevorzugt für Western-Disziplinen) und einem größeren, leichtrahmigeren Typ (vor allem für Pferderennen). Mit etwa 3 Mio. eingetragenen Pferden ist die American Quarter Horse Association zurzeit der größte Pferdezuchtverband der Welt.

Paint Horse

STOCKMASS
144–165 cm

URSPRUNGSLAND / -REGION USA

ÜBLICHE FELLFARBEN Grundfarbe, jew. m. weißen Flecken

- Brauner
- Rappe
- Schwarzbrauner
- Fuchs (Sorrel)
- Fuchs (Chestnut)

Das Paint Horse hat sich aus verschiedenen Zuchtlinien von Quarter Horse und Englischem Vollblut entwickelt und ist inzwischen als eigene Rasse anerkannt. Das wichtigste Kriterium beim Paint Horse ist zwar die Scheckzeichnung, aber nicht jedes gescheckte amerikanische Pferd ist ein Paint Horse – zusätzlich müssen bestimmte Anforderungen an Abstammung und Konformation erfüllt sein, damit ein Pferd als Paint Horse eingetragen wird.

Das Zuchtziel dieser beliebten und häufigen Pferderasse wird durch die American Paint Horse Association festgelegt (den zweitgrößten Pferdezuchtverband der USA). Der Zuchtverband lässt die Zeichnungsmuster Tobiano, Overo (mit drei Unterkategorien) und Tovero zu, außerdem Solid Paint-Bred. Solid Paint-Breds dürfen trotz fehlender Scheckung registriert werden, da sie das Scheck-Gen tragen (so wie auch bei der Rasse Appaloosa ungetupfte Pferde akzeptiert werden). Ein Paint Horse darf laut Zuchtverband jedoch nur von Quarter Horse, Englischem Vollblut oder bereits eingetragenen Paint Horses abstammen. Dadurch unterscheidet sich die Rasse vom Pinto; Letzteres ist keine eigenständige Rasse, sondern nur eine Farbzucht mit Plattenscheckung. Einige Paint Horses tragen das Sabino-Gen, das auch bei Welsh-Ponys vorkommt, und besitzen daher oft blaue Augen und Stichelhaar-Bereiche im Fell.

Appaloosa

STOCKMASS
142–163 cm

URSPRUNGSLAND / -REGION USA

ÜBLICHE FELLFARBEN

- Schabrackenschecke
- Volltiger (Leopard)
- Brauner
- Rappe
- Fuchs
- Palomino
- Buckskin
- Cremello

Der Appaloosa, das «getupfte» Pferd, ist eine nordamerikanische Rasse mit alten Ursprüngen, denn auch auf europäischen prähistorischen Höhlenmalereien sind solche getupften Pferde dargestellt. Diese Tupf-Färbung (sogenannte Tigerscheckung) entsteht, wenn die Grundfarbe in verschiedenem Ausmaß durch weißes Fell überlagert wird, das seinerseits dunkle Flecken aufweisen kann. Historisch geht der Appaloosa auf getupfte Pferde zurück, die mit den spanischen Eroberern ins Land kamen und sich mit anderen Pferden kreuzten. Der Name Appaloosa leitet sich wohl von der Palouse-Prärie (in den Nordwest-USA) ab; dort lebten die Nez-Percé-Indianer und züchteten ihre Pferde, die sie auch an weiße Siedler verkauften – aus «a Palouse Horse» wurde vermutlich irgendwann Appaloosa. Im Nez-Percé-Krieg von 1877 kamen viele Indianer mit ihren Pferden um, und der Appaloosa-Bestand sank auf ein Minimum. Der Aufschwung begann erst wieder mit der Bildung des Appaloosa Horse Club 1938, inzwischen ist die Rasse äußerst populär.

Der moderne Appaloosa ist durch den Einfluss von Englischem Vollblut, Arabern und Quarter Horse geprägt; typisch für die Rasse sind Ausdauer, Schnelligkeit und Leistungsbereitschaft. Daher sind sie im Westernreiten beliebt, werden aufgrund ihrer Sportlichkeit aber auch in andere Reitdisziplinen eingesetzt.

Boerperd (Burenpferd)

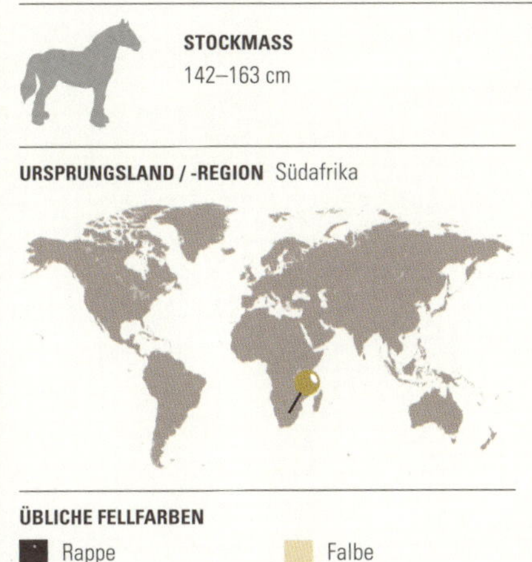

STOCKMASS
142–163 cm

URSPRUNGSLAND / -REGION Südafrika

ÜBLICHE FELLFARBEN

- Rappe
- Schimmel
- Palomino
- Falbe
- Fuchs
- Pinto

Das moderne Boerperd ist eine südafrikanische Rasse (aktuell zwei offizielle Rassen: das Südafrikanische Boerperd/SA-Boerperd und das Kap-Boerperd), die aus dem alten Kappferd oder Burenpferd entstanden ist. Dieses moderne Boerperd ist ein kräftiges sportliches und muskulöses Pferd, bei dem die Einflüsse etlicher Rassen erkennbar sind. Bereits die ersten Siedler um Jan van Riebeeck hatten Pferde aus Java importiert, auch flämische Pferde, Hackney und Cleveland Bay wurden eingekreuzt.

Während des Burenkriegs kamen sehr viele Burenpferde um; zahlreiche der auf den Farmen verbliebenen Pferde wurden vom britischen Militär getötet, um den Buren die Kriegsführung zu erschweren. Nach dem Burenkrieg versuchte man, die restlichen Burenpferde zu erfassen, doch mit der beginnenden Mechanisierung ging es der Rasse immer schlechter. Erst nach dem Zweiten Weltkrieg gründete man 1948 einen Züchterverband, ein zweiter Verband konstituierte sich 1973. Die unterschiedlichen Zuchtziele in den Züchterkreisen führten letztlich zur Entstehung der zwei oben genannten Rassen. Für beide gelten strenge Rassestandards; es sind moderne Sport- und Freizeitpferde, die häufig fünf Gangarten besitzen und dabei robust, ausdauernd und verlässlich sind.

Kabardiner

STOCKMASS
143–153 cm

URSPRUNGSLAND / -REGION Russland

ÜBLICHE FELLFARBEN

Schimmel

Rappe

Brauner

Diese Rasse aus dem Kaukasus ist nach dem Gebiet Kabardino-Balkarien benannt; es handelt sich um ein kräftiges muskulöses Gebirgspferd mit gut proportioniertem Körperbau, markanten Gliedmaßen, guter Brusttiefe und einem trockenen Kopf. Als Fellfarben sind nur Rappen, Schimmel oder Braune zugelassen. Der Kabardiner ist an ein Überleben unter harten Umweltbedingungen angepasst und vereint Robustheit mit Eleganz. Sein Blut enthält einen Hämoglobintyp mit höherer Sauerstoffaffinität; dank dieser Besonderheit ist der Kabardiner auch in großen Höhenlagen leistungsfähig.

Die Rasse existiert seit mindestens vier Jahrhunderten. Die Bewohner dieser Kaukasusregion benötigten ein trittsicheres und genügsames Pferd für das raue Gelände und Klima und züchteten den Kabardiner aus unterschiedlichen Steppenrassen. Nach der Russischen Revolution gingen die Zahlen zurück; um die Bestände zu vergrößern und aufzufrischen, kreuzte man Englisches Vollblut ein: So entstand ein neuer Typ, der Anglo-Kabardiner, der auch heute noch existiert. Der Kabardiner selbst wird in drei Typen unterteilt: leicht (schnelles Reitpferd, Vollbluteinfluss deutlich), mittel (näher am ursprünglichen Typ, gedrungener und muskulöser) und schwer (größer, bei der Feldarbeit genutzt, früher auch als Fahrpferd).

Dosanko

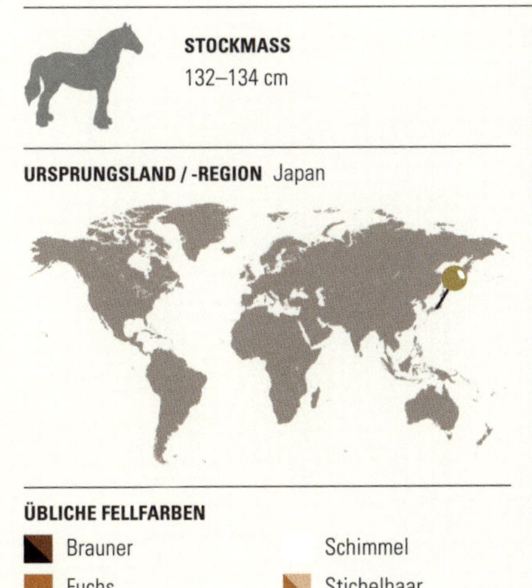

STOCKMASS
132–134 cm

URSPRUNGSLAND / -REGION Japan

ÜBLICHE FELLFARBEN

- Brauner
- Fuchs
- Schwarzbrauner
- Schimmel
- Stichelhaar

Das Dosanko, auch als Hokkaido-Pony bezeichnet, stammt von der japanischen Insel Hokkaido, die nördlich der Hauptinsel Honshu liegt. Mit etwa 134 cm Widerristhöhe ist es ein stämmiges Pferd vom Ponytyp, mit geradem bis geramstem Pferdekopf und leichtem Kötenbehang; insgesamt wirkt es wie die Miniversion eines kräftigen Arbeitspferdes. Das Dosanko wird vor allem in unwegsamem Gelände als Reit- und Packpferd eingesetzt, so wie schon zu früheren Zeiten; inzwischen tritt es auch in traditionellen Reiterspielen auf.

In Japan existieren zurzeit noch acht heimische Pferderassen; darunter ist nur der Bestand des Dosankos nicht stark gefährdet. Das Auf und Ab der Rasse spiegelt sich deutlich im 1973 eröffneten Zuchtbuch wider: Der Bestand schwankte von etwas mehr als 1000 eingetragenen Pferden bis zu rund 3000 Hokkaido-Ponys, dem Höchststand von 1990. Die robuste und willige Rasse ist in den Touristengegenden Hokkaidos als Reit- und Trekking-Pony beliebt; ein Teil der Tiere lebt sogar noch halbwild auf der Insel und beweidet die üppigen Grasflächen. Die Winter sind auf Hokkaido eisig; angeblich buddeln sich die frei lebenden Dosankos in Schneeverwehungen ein, um sich vor der extremen Kälte und dem scheidendem Wind zu schützen.

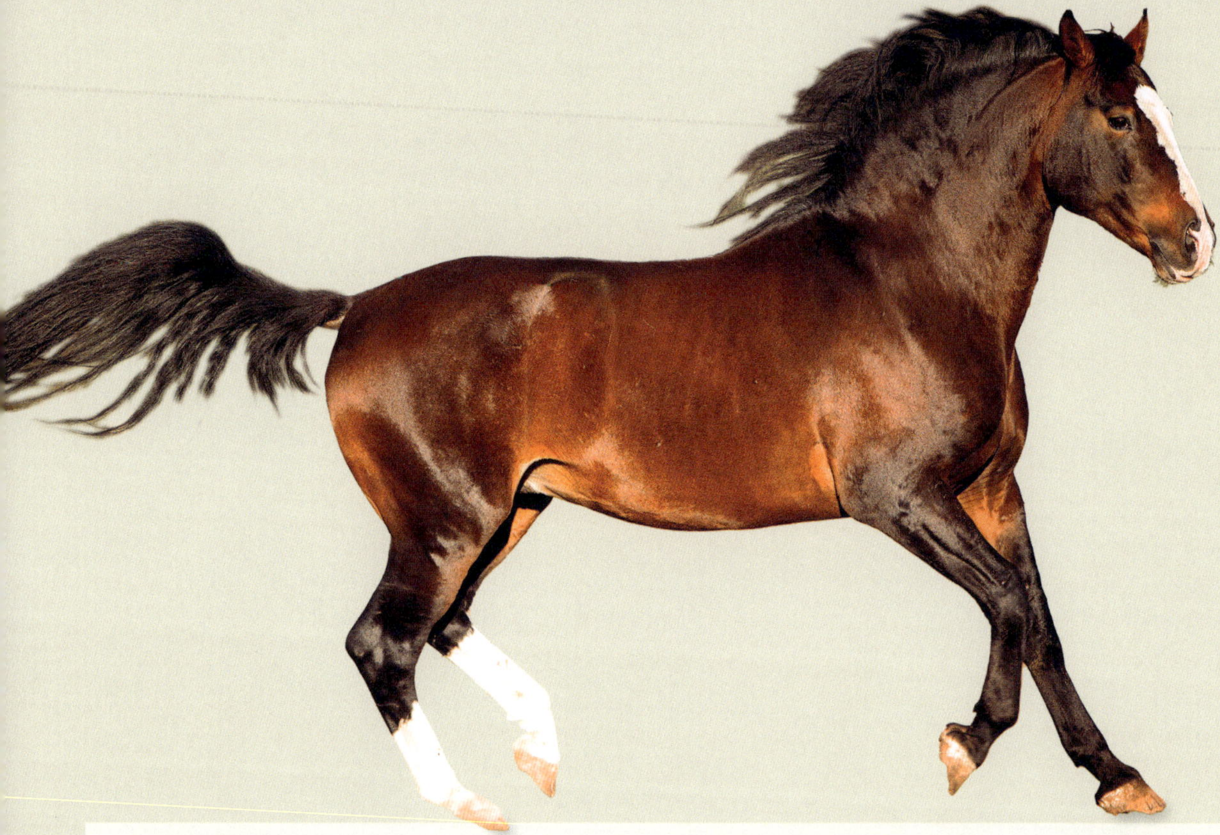

Waler

STOCKMASS
142–165 cm

URSPRUNGSLAND / -REGION Australien

ÜBLICHE FELLFARBEN

- Tobiano
- Brauner
- Rappe
- Schwarzbrauner
- Schimmel

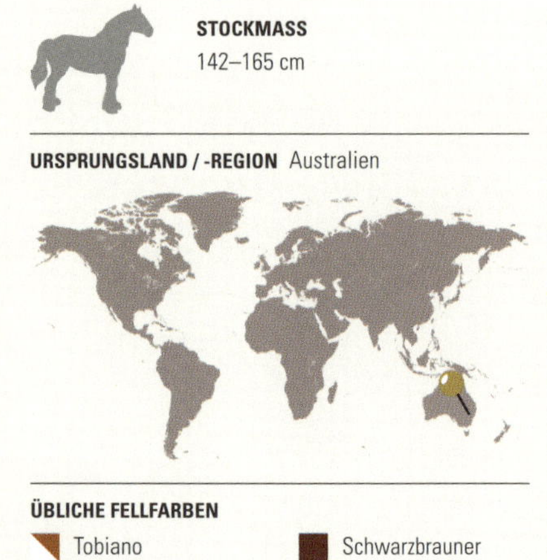

Diese australische Reitpferdrasse stammt aus New South Wales, daher der Name «Waler». Sie ist aus verschiedenen Rassen und Typen entstanden, die im Lauf des 19. Jahrhunderts nach Australien gelangten und sich dort vermischten. Der typische Rassetyp entwickelte sich mit dem Einsatz der Pferde bei der Kavallerie, auf Erkundungsexpeditionen sowie bei der Schaf- und Rinderarbeit. Gefordert waren Schnelligkeit und Ausdauer unter härtesten Umweltbedingungen – so bildete sich ein zähes und mutiges Pferd heraus, je nach Einsatzzweck mit verschiedenem Typ.

Nach dem Zweiten Weltkrieg war dieses anspruchslose Outback-Pferd nicht mehr populär, da man jetzt Zugriff auf europäische Warmblüter und Englische Vollblüter hatte. Also wurde 1971 die Australian Stock Horse Society gegründet, um diese einheimische Rasse zu retten. Viele Zuchtlinien waren relativ modern und stark von auswärtigen Rassen beeinflusst; deshalb bildete sich 1986 die Waler Horse Society of Australia mit dem Ziel, die alten Waler-Zuchtlinien zu erhalten: Man suchte in abgelegenen Gebieten des Outback nach «ursprünglichen» Walern, die nicht durch auswärtige Einkreuzungen verändert waren. Aus den wenigen Pferden, die diese Kriterien erfüllten, gelang es, die Rasse wiederzubeleben. Auch heute noch muss ein Waler auf Linien vor 1940 zurückgehen, um ins Zuchtbuch eingetragen zu werden.

Don-Pferd

STOCKMASS
153–155 cm

URSPRUNGSLAND / -REGION Russland

ÜBLICHE FELLFARBEN

- Rappe
- Brauner
- Schimmel
- Fuchs

Das Don-Pferd stammt aus den russischen Steppen im Umkreis des Don; es ist ein Reitpferd, das sich aus importierten Rassen wie Arabern und Turkmenen entwickelt hat, die mit den wild lebenden Pferden der Steppen gekreuzt wurden. Die Widerristhöhe liegt selten über 162 cm, Goldfüchse sind häufig, und das Pferd ist gut bemuskelt. Allerdings neigt es zu einer steilen Schulter und hat daher weniger raumgreifende Bewegungen als Pferde mit stärkerem Vollbluteinfluss. Aufgrund seiner Größe, Wendigkeit und Furchtlosigkeit eignet es sich gut als Kavallerie- und Polizeipferd. Das außerordentliche Durchhaltevermögen der Rasse kommt dadurch zustande, dass sie im harschen Kontinentalklima mit heißen Sommern und eisigen Wintern überleben musste.

Nach der Russischen Revolution und dem Ersten Weltkrieg gingen die Bestände zurück, erholten sich aber rasch, als mehrere Armeegestüte gegründet wurden und Donkosaken die Restbestände der Don-Pferde sammelten. Heutzutage ist das Don-Pferd ein beliebtes Reitpferd, das auch beim Kosaken-Reiten eingesetzt wird: Dabei werden zum Beispiel vier Pferde nebeneinander geritten, aber nur von einem einzigen, auf dem Pferderücken stehenden Reiter! Dank seiner Ausdauer und Zähigkeit ist das Don-Pferd als modernes Freizeitpferd besonders für Trekking und Distanzreiten geeignet.

Cleveland Bay

STOCKMASS
163–165 cm

URSPRUNGSLAND / -REGION England

ÜBLICHE FELLFARBEN

Brauner

Diese alte britische Pferderasse verweist in ihrem Namen auf die braune Fellfarbe und das Herkunftsgebiet um Cleveland in Nordengland. Die Pferde waren ursprünglich schwerer: Bis zum Aufkommen der Kutschen im 18. Jahrhundert wurden sie zur Feldarbeit eingesetzt, dann aber durch Einkreuzen von Vollblut planmäßig veredelt, um als Wagenpferd zu dienen. Bereits 1884 gründete man die Cleveland Bay Horse Society, um den Erhalt der Rasse zu fördern. Anfangs nahmen die Bestände zu, doch der Erste Weltkrieg brachte hohe Verluste, und nach dem Zweiten Weltkrieg lebten nur mehr wenige Individuen. Glücklicherweise unterstützte die Queen (Königin Elisabeth II.) den Cleveland Bay, indem sie eines der letzten reinrassigen Hengstfohlen (Mulgrave Supreme, 1961 geboren, ursprünglich zum Export bestimmt) kaufte und ihn allgemein für die Zucht verfügbar machte – seither gingen die Zahlen wieder aufwärts.

In den 1960er- und 1970er-Jahren kreuzte man den Cleveland Bay gerne mit dem Englischen Vollblut, um ein schnelles, ausdauerndes Sportpferd mit starken Knochen zu erhalten. Als die modernen Warmblutrassen in Europa zunahmen, führte dies indirekt wieder zu einem Bestandsrückgang, da intensive Zuchtprogramme für Warmblüter ein moderneres und «schickeres» Pferd für den Reitsport hervorbrachten. Wegen der niedrigen Bestandszahlen gilt der Cleveland Bay beim Rare Breeds Survival Trust auch heute noch als vom Aussterben bedroht.

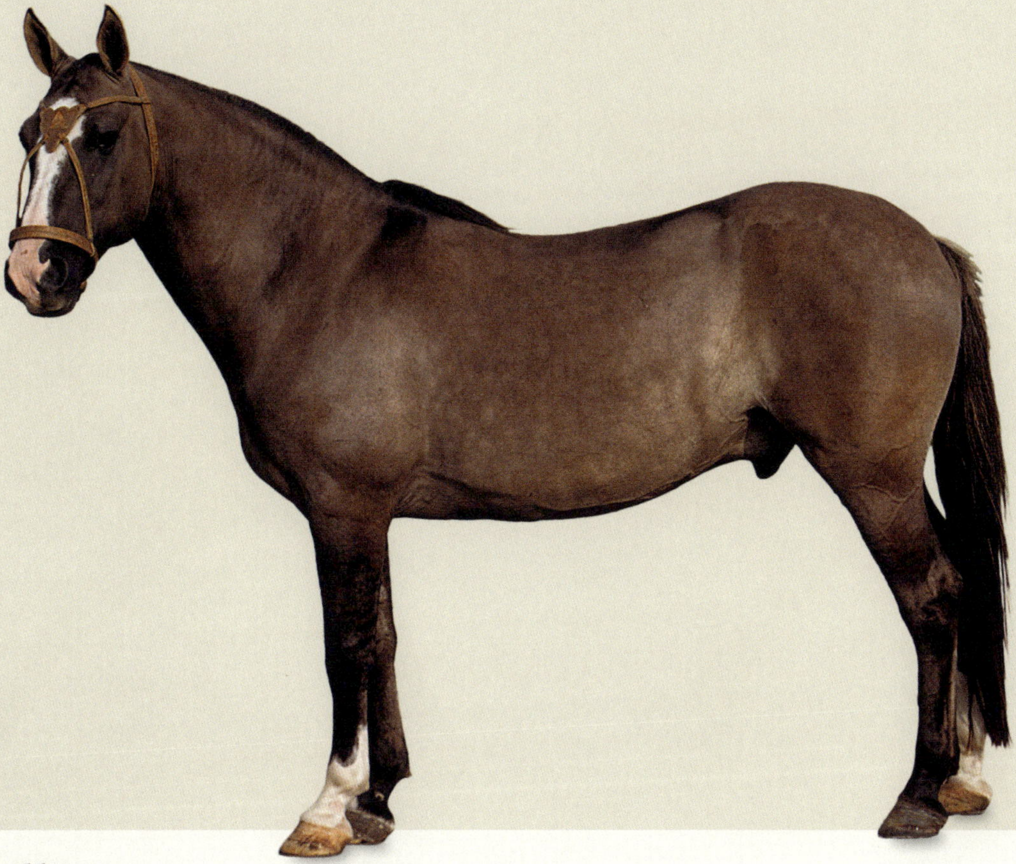

Criollo

STOCKMASS
142–152 cm

URSPRUNGSLAND / -REGION Argentinien

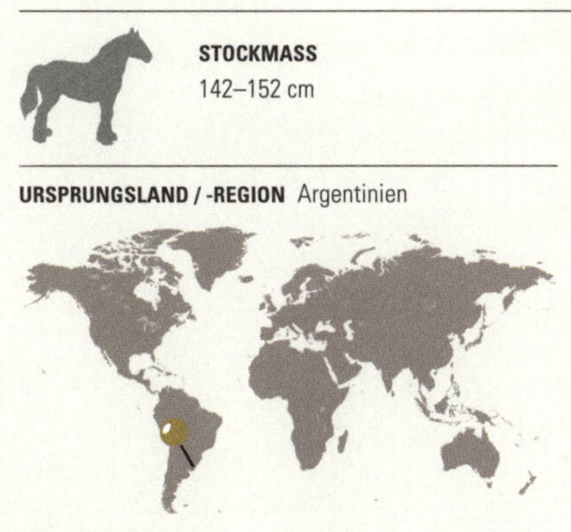

ÜBLICHE FELLFARBEN

Das spanische Wort «Criollo» bedeutet so viel wie «im Lande Geborener» (mit auswärtigen Vorfahren); diese Bezeichnung wurde in Südamerika allgemein für Pferde verwendet, deren Vorfahren im 16. Jahrhundert von der Iberischen Halbinsel importiert wurden. Der moderne Criollo ist unter verschiedenen Namen in etlichen südamerikanischen Ländern als Rasse anerkannt, so in Argentinien, Uruguay, Paraguay, Brasilien, Chile, Peru und Venezuela. Der Rassestandard ist aber einheitlich: Der Criollo ist mittelgroß, wendig und kompakt – das typische Pferd der Gauchos bei der Rinderarbeit in den südamerikanischen Pampas. Ende des 19. Jahrhunderts wollte man durch Einkreuzen von Vollblütern ein größeres Pferd schaffen; der ursprüngliche Criollo-Typ starb in Folge fast aus, doch argentinische Liebhaber retteten die Rasse im frühen 20. Jahrhundert und eröffneten ein Zuchtbuch. In den 1930er-Jahren wurden viele Criollo-Pferde gekeult, die nicht dem idealen Rassestandard entsprachen.

Der Criollo gilt als eines der ausdauerndsten und genügsamsten Pferde der Welt. Um diese Eigenschaften unter Beweis zu stellen, muss er besondere Zucht- und Leistungsprüfungen durchlaufen, z. B. einen 750-km-Ritt unter härtesten Bedingungen und ohne Zufütterung. Auch hierzulande findet er immer mehr Freunde und wird gerne im Distanzreiten (Endurance) eingesetzt.

Holsteiner

STOCKMASS
163–173 cm

URSPRUNGSLAND / -REGION Deutschland

ÜBLICHE FELLFARBEN

- Rappe
- Brauner
- Schwarzbrauner
- Fuchs
- Schimmel

Der Holsteiner ist eine bekannte deutsche Warmblutrasse und stammt, wie der Name sagt, aus Schleswig-Holstein in Norddeutschland. Etliche deutsche Warmblutrassen stellen eine echte Durchmischung verschiedener Zuchtlinien und Rassen dar, doch der Holsteiner gehört aufgrund des geschlossenen Stutbuchs in eine kleinere, exklusivere Gruppe von Pferden. Bei den Stuten sind die Zuchtlinien zwar festgelegt, doch bei den Hengsten ging der Zuchtverband mit der Zeit und kreuzte auch auswärtige Linien ein, um Pferde für verschiedene Zwecke zu schaffen und unerwünschte Merkmale zu eliminieren. So ist ein modernes Sportpferd der Spitzenklasse entstanden.

Holsteiner sind weniger als Dressurpferde bekannt, sondern sind vor allem als Springpferde äußerst erfolgreich: Einige der besten Springpferde aller Zeiten waren Holsteiner. Die Rasse ist seit jeher großlinig und besitzt gewaltiges Springvermögen; typisch ist eine mächtige Hinterhand und ein hoch aufgesetzter Hals. Weltbekannt ist der einflussreiche Hengst Ladykiller xx – ein klassisches Beispiel dafür, wie man einen schwerrahmigeren Typ durch Einkreuzen eines Englischen Vollbluts mit spektakulärem Erfolg veredeln kann. Lord und Landgraf I, zwei Söhne von Ladykiller xx, waren ebenfalls exzeptionell und hatten sehr erfolgreiche Nachkommen.

Missouri Foxtrotter

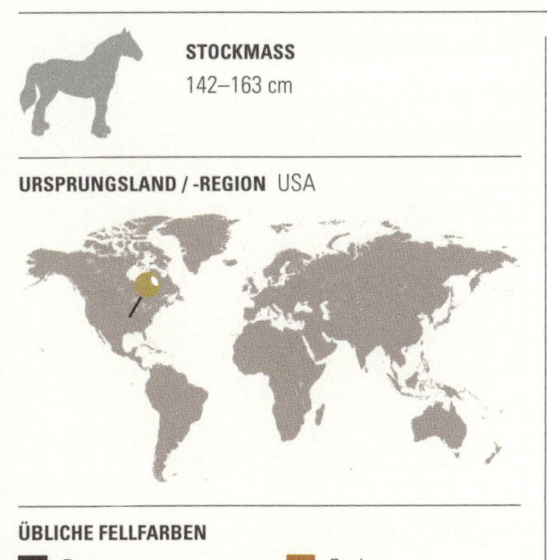

STOCKMASS
142–163 cm

URSPRUNGSLAND / -REGION USA

ÜBLICHE FELLFARBEN

- Rappe
- Schimmel
- Brauner
- Palomino
- Fuchs
- Rappschecke
- Braunschecke

Der Name dieser Rasse gibt uns einen Hinweis auf seine Heimat (den Bundesstaat Missouri in den USA) und seine typische Gangart, den Foxtrott. Der normale Trab (englisch *trot*) ist eine Zweitaktgangart, bei der sich die diagonalen Beinpaare gleichzeitig bewegen, mit kurzer Schwebephase. Dagegen ist der Foxtrott eine gebrochene Gangart im Viertakt, bei der das Pferd mit den vorderen Beinen im Schritt, mit den hinteren jedoch im Trab läuft – dadurch hat es immer ein Bein auf dem Boden, die Schwebephase fällt aus, und der Ritt ist sehr komfortabel. Siedler, die sich im frühen 19. Jh. auf dem unwegsamen Ozark-Plateau (Missouri und angrenzende Staaten) niederließen, förderten die Veranlagung zum Foxtrott durch gezielte Pferdezucht: Als Viehzüchter verbrachten sie viel Zeit im Sattel und schätzten daher ein «komfortables» Reittier. Auch das Pferd selbst ermüdet langsamer, wenn es im Foxtrott läuft. Die ersten Züchter kreuzten weitere Gangpferderassen wie den Tennessee Walker ein, andere Rassen wie Araber, Morgan und Standardbred waren ebenfalls beteiligt.

Im 1948 eröffneten US-Zuchtbuch sind inzwischen 100 000 Pferde eingetragen; ein europäisches Zuchtbuch wurde 1992 begründet. Der Missouri Foxtrotter wird nach wie vor bei Rinderarbeit und Wanderreiten eingesetzt; wegen der ermüdungsfreien Gangarten ist er auch als Therapiepferd beliebt.

Morgan

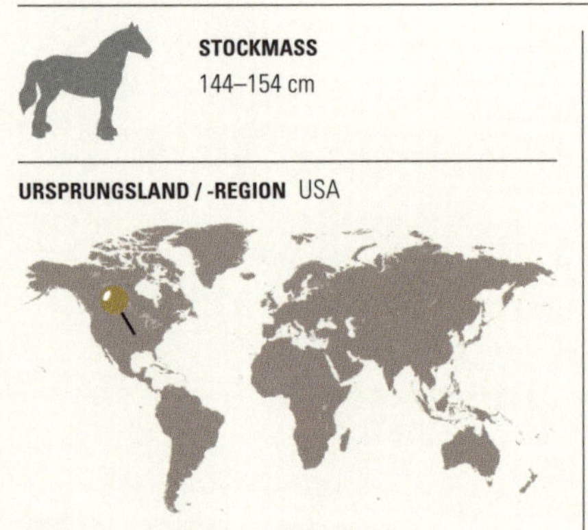

STOCKMASS
144–154 cm

URSPRUNGSLAND / -REGION USA

ÜBLICHE FELLFARBEN

- Brauner
- Schwarzbrauner
- Rappe
- Fuchs

Die amerikanische Rasse Morgan kann lückenlos auf ein Hengstfohlen namens Figure zurückverfolgt werden. Figure wurde um 1790 in Massachusetts geboren und gehörte einem gewissen Justin Morgan – so erklärt sich der Name der Rasse. Über die Abstammung dieses Hengstfohlens wird spekuliert; jedenfalls kann man den Einfluss von Arabern, Vollblut, Berbern, Friesen und sogar Welsh Cobs bei einem Morgan erkennen. In den 1850er-Jahren wurde der Morgan in den USA als edle Pferderasse mit trockenen Gliedmaßen, ausdrucksvollem, schönem Kopf und viel «Präsenz» populär. Das recht kompakte Pferd besitzt eine hohe Knieaktion – möglicherweise aufgrund des Welsh-Einflusses. Der Morgan gehörte zu den Vorfahren anderer nordamerikanischer Rassen, wie Standardbred und Tennessee Walker. Vor der Mechanisierung verwendete die US-Armee vorzugsweise Morgans als Reitpferde. Auch heute noch wird der Morgan in einigen US-Bundestaaten als Polizeipferd eingesetzt.

Mit durchschnittlich 150 cm Widerristhöhe ist dieses zähe und wendige Pferd in etlichen Reitsportdisziplinen beliebt. Ein Morgan besitzt genügend Qualität, um als Reitpferd und bei «Hacking Classes» (Ausritten) zu bestehen, kann aber dank Ausdauer und Schnelligkeit auch in anderen Disziplinen erfolgreich sein. Seine Körpergröße ist für Kinder wie auch Erwachsene geeignet.

Mustang

STOCKMASS
132–152 cm

URSPRUNGSLAND / -REGION USA

ÜBLICHE FELLFARBEN

- Brauner
- Rappe
- Fuchs
- Palomino
- Schimmel
- Tigerschecke
- Buckskin
- Cremello

Mustangs sind frei lebende Pferde, die ähnlich wie die Cowboys den Mythos des «Wilden Westens» verkörpern. Das Wort «Mustang» hat spanische Wurzeln, genauso wie das gleichnamige Pferd: Es wurde stark beeinflusst durch Pferdrassen, die mit den spanischen Konquistadoren ins Gebiet der USA gelangten – der Mustang ist also kein Wildpferd, sondern ein frei (wild) lebendes Pferd, das von domestizierten Pferden abstammt. Die Geschicke des Mustangs wurden vor allem durch den Menschen beeinflusst, der die Pferde zeitweilig sich selbst überließ, sich bei Bedarf aber bediente und sie z. B. in Kriegen wie dem Amerikanischen Bürgerkrieg einsetzte.

Je nach Standort der jeweiligen Herde kann sich ihre genetische Herkunft unterscheiden. Zurzeit gibt es 72 000 Mustangs in den USA; mehr als die Hälfte lebt in Nevada, weitere große Populationen existieren in Kalifornien, Utah, Montana, Oregon und Wyoming. Inzwischen ist das Bureau of Land Management für die frei lebenden Mustangs verantwortlich; es versucht, die Bestände auch durch das Einkreisen von Herden zu kontrollieren, und bietet die Pferde dann zum Verkauf an Privatpersonen an. Sie werden in Auffangstationen gehalten; momentan leben dort schätzungsweise 45 000 Mustangs. Ein Teil endet letztlich im Schlachthof, da es nicht genügend «Adoptivpaten» gibt.

Tennessee Walker

STOCKMASS
145–173 cm

URSPRUNGSLAND / -REGION USA

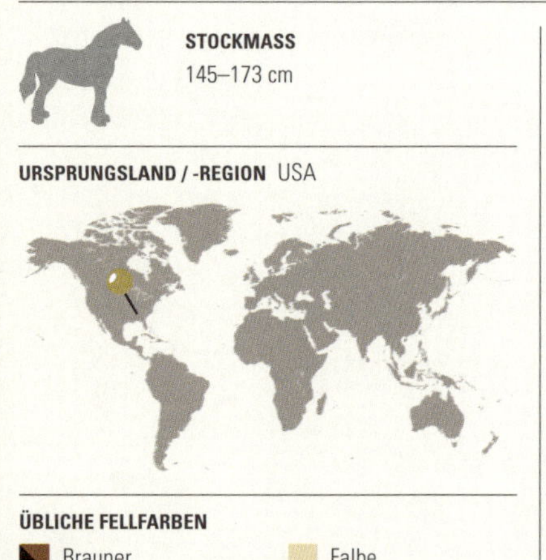

ÜBLICHE FELLFARBEN

- Brauner
- Rappe
- Fuchs
- Falbe
- Pinto

Der Tennessee Walker ist ein amerikanisches Gangpferd mit einem besonderen Viertakt-«Walk» (beschleunigtem Schritt). Die Rasse war im 19. Jahrhundert aus Kreuzungen von amerikanischen Gangpferden mit Mustangs entstanden und wurde viel auf den Plantagen der Südstaaten eingesetzt. Mit Gründung des Zuchtverbands 1935 wurde die Rasse offiziell anerkannt; das Zuchtbuch wurde 1947 geschlossen: Ein Fohlen muss also zwei im Zuchtregister eingetragene Eltern besitzen, um sich selbst als Tennessee Walker zu qualifizieren. Ab 1974 hieß der Zuchtverband Tennessee Walking Horse Breeders and Exhibitors Association, um dem Interesse an Showpferden Rechnung zu tragen.

Tierschutzorganisationen bemängeln seit einiger Zeit Praktiken, die beim Tennessee Walker zu Showzwecken angewendet werden, um die rassetypische Gangart zu übertreiben. Man bringt zum Beispiel unter den vorderen Hufeisen keilförmige Gummiplatten («Stacks») an. Beim «Soring» (von englisch *sore,* wund) fügt man dem Pferd durch diverse Methoden an Fesseln und Hufen Schmerzen zu, damit es weit mit den Beinen ausgreift, um den Schmerz beim Auftreten zu vermeiden. Soring ist seit 1970 per Gesetz verboten und gilt als Tierquälerei. Nicht alle Züchter verwenden Stacks, viele verurteilen das Soring. Doch die Kontroversen haben zur Bildung verschiedener Züchterverbände geführt.

Irisches Sportpferd

STOCKMASS
152–175 cm

URSPRUNGSLAND / -REGION Irland

ÜBLICHE FELLFARBEN

- Fuchs
- Brauner
- Schwarzbrauner
- Schimmel
- Falbe
- Apfelschimmel

Das Irische Sportpferd (*Irish Sport Horse,* ISH) ist ein relativ moderner Pferdetyp: Historisch ist es als Kreuzung eines Irish Draught Horse (meist die Stute) und eines Englischen Vollbluts definiert und wird häufig als Irish Hunter (Irisches Jagdpferd) bezeichnet. Inzwischen umschließt der Begriff Irisches Sportpferd aber nicht nur mehr Pferde mit bekannter Abstammung (eine Mischung aus Englischem Vollblut, Irish Draught, Irish Cob oder Pony), sondern seit Neuerem auch Pferde mit Warmblutanteil oder Pferde, deren Abstammung teilweise oder vollständig unbekannt ist. Daher kann der Begriff Irisches Sportpferd heute auch für ein Pferd gelten, das zwar aus Irland stammt, aber unbekannter Abkunft ist, solange die Abstammung vom Irish Draught oder Englischen Vollblut an seinem Aussehen klar zu erkennen ist.

Im Irish Sport Horse Studbook werden inzwischen Pferde mit den verschiedensten Zuchthintergründen (auch Warmblut) registriert. Es enthält eine eigene Kategorie für das «Traditional Irish Horse». Ein Pferd unbekannter Abstammung wird in seinem Equidenpass hingegen als Irisches Sportpferd bezeichnet. Es wäre wünschenswert, diese Bezeichnungen in Zukunft klarer zu definieren.

Konik

STOCKMASS
125–135 cm

URSPRUNGSLAND / -REGION Polen

ÜBLICHE FELLFARBEN

Falbe

Das Konik (aus dem Polnischen: «Pferdchen») ist eine ursprüngliche Landrasse. Seine Verwandtschaft zum ausgestorbenen Tarpan lässt sich am dunklen Aalstrich erkennen, der vom Widerrist bis zum Schweif längs über den Rücken läuft, ferner an den Zebrastreifen der Fesseln. Das Fell ist mausfalben, die Mähne ist zweifarbig.

In den 1930er- und 1940er-Jahren versuchten die Brüder Heinz und Lutz Heck den ausgestorbenen Tarpan rückzuzüchten – der letzte war wohl 1909 in einem Zoo gestorben. Sie kreuzten verschiedene ursprüngliche Pferderassen, aus denen schließlich das Heckpferd entstand. Während des Zweiten Weltkriegs ließen sie zu diesem Zweck mit staatlicher Unterstützung Koniks – teils ganze Herden – aus Polen herbeischaffen. Auch in Polen hatte man versucht, den Tarpan rückzuzüchten, viele dieser «Wild-Koniks» kamen jedoch im Zweiten Weltkrieg um. In den 1950er-Jahren richtete man in Nordostpolen ein zoologisches Forschungszentrum ein, das sich wieder der Konik-Zucht und der Rückzucht des Tarpans widmete. Nach dem Fall des Eisernen Vorhangs wurden die Koniks auch in Westeuropa bekannter; inzwischen werden sie gerne bei der Pflege von Naturschutzgebieten eingesetzt, zum Beispiel in den Niederlanden, Großbritannien, Deutschland und natürlich in Polen.

Comtois

STOCKMASS
142–163 cm

URSPRUNGSLAND / -REGION Frankreich

ÜBLICHE FELLFARBEN
Fuchs

Der Comtois stammt aus der Franche-Comté (daher der Name), einer Region in Ostfrankreich, die an den Schweizer Jura grenzt. Diese kleine Arbeitspferdrasse hat eine Widerristhöhe von etwa 142–163 cm. Das Fell ist gewöhnlich fuchsfarben, von Goldfuchs bis Dunkelfuchs, Braune sind seltener. Auffällig ist das blonde, fast silbrige, oft gelockte Langhaar. Angeblich ist die Rasse uralt; sicher ist, dass sie im 18. Jahrhundert beim französischen Militär sehr verbreitet war. Zu Beginn des 19. Jahrhunderts wurden viele Tiere für Napoleons Russlandfeldzug requiriert und kamen um. Nach diesem Niedergang erholte sich der Comtois langsam wieder und wurde gerne in der Landwirtschaft eingesetzt, seine Bedeutung nahm aber nach dem Zweiten Weltkrieg ab.

Auch heute verwendet man den Comtois noch zum Holzrücken in den Wäldern seiner Heimat, doch inzwischen wird er auch als Freizeitpferd geschätzt. Da er schneller und beweglicher als andere Kaltblüter ist, dabei gut trainierbar, gutmütig und fleißig, findet er nicht nur als Arbeitspferd, sondern auch als Reit- oder Fahrpferd Liebhaber. Nicht selten sieht man bei großen Schauveranstaltungen Comtois-Pferde in den Gespannklassen oder unter dem Sattel in den Zuchtklassen. In manchen Tourismusorten werden sie als Schlittenpferde oder Wagenpferde eingesetzt.

Friese

STOCKMASS
144–173 cm

URSPRUNGSLAND / -REGION Niederlande

ÜBLICHE FELLFARBEN

Rappe

Der Friese, auch Friesenpferd, ist eine uralte Pferderasse aus der niederländischen Provinz Friesland. Angeblich schon bei Tacitus erwähnt, dienten die Friesen im Mittelalter als Schlachtrösser und Turnierpferde für die Ritter. Die Einkreuzung von spanischen Rassen im 16. Jahrhundert trug zum unverwechselbaren Typ des modernen Friesenpferdes mit schwungvollen Gangarten und hoher Knieaktion bei; berühmt ist die Darstellung des königlichen Hengsts Phryso von 1568. Später kam der Friese aus der Mode, er diente als Arbeitspferd in der Landwirtschaft oder wegen der kohlschwarzen Fellfarbe als Zugpferd für Leichenwagen. Im frühen 20. Jahrhundert war der Bestand stark gefährdet; vor allem der Verein «Het Friesche Paard» förderte die alte Rasse, bei der nur Reinzucht gestattet ist.

Da Friesen freiere und sauberere Bewegungsabläufe besitzen als manche vergleichbaren Rassen, finden sie inzwischen Freunde bei Dressurreitern. Interessanterweise sind sie auch als Filmpferde beliebt, so in Historiendramen und bei Schlachtnachstellungen, da Erscheinungsbild und Lebhaftigkeit des Friesenpferdes die (häufig romantischen) Vorstellungen der Filmemacher ansprechen. Friesen sind immer Rappen, nur kleinste weiße Abzeichen am Kopf sind erlaubt; meist haben sie eine Widerristhöhe von etwa 160 cm, doch die stolzen und kräftigen Pferde wirken oft größer.

Haflinger

STOCKMASS
135–148 cm

URSPRUNGSLAND / -REGION Österreich

ÜBLICHE FELLFARBEN
Fuchs (alle Schattierungen)

Haflinger besitzen eine Fan-Gemeinde auf der ganzen Welt. Diese kleine Pferderasse – definitiv kein Pony! – stammt von einem einzigen, 1874 geborenen Hengst ab: 249 Folie, Sohn eines Araberhengsts und einer Tiroler Gebirgspferdstute, höchstwahrscheinlich mit Warmbluterbe. Der Haflinger wurde ursprünglich als leichtes Packpferd im Gebirge eingesetzt, wofür er bestens geeignet war. 1921 gründete man die Nordtiroler Haflinger Pferdezuchtgenossenschaft; ab 1946 lief ein Zuchtprogramm, das zum Ursprungstyp des Haflingers, einem leichtrahmigeren größeren Pferd, zurückführen sollte. Kurz vor und im Zweiten Weltkrieg hatte man nämlich den Typ eines kleinen Quadratpferdes bevorzugt, das für die Armee besser geeignet war.

Haflinger vereinen die Auffassungsgabe und Trittsicherheit eines Ponys mit der Kraft und dem Rahmen eines kleinen Pferdes. Sie sind inzwischen beliebte Reitpferde, nicht zuletzt wegen der auffälligen Fellfarbe: Fuchs in allen Schattierungen, vom Hellfuchs bis zum Kohlfuchs, dazu helles Langhaar. Kleine weiße Abzeichen am Kopf sind laut Rassestandard erlaubt und erwünscht. Diese vielseitige, gutmütige Rasse wird als Freizeitpferd sehr geschätzt, die Tiere sind sehr genügsam und kommen auch mit knappem Futter zurecht.

Anhang

Weiterführende Literatur

KAPITEL 1

Goto, H. & al. (2011). *A Massively Parallel Sequencing Approach Uncovers Ancient Origins and High Genetic Variability of Endangered Przewalski's Horses.* In: Genome Biology and Evolution, 3, S. 1096–1106.
doi: 10.1093/gbe/evr067

Grubb, P. (2005). *Order Perissodactyla.* In: Wilson, D. E. & Reeder, D. M. (Hrsg.). *Mammal Species of the World: A Taxonomic and Geographic Reference* (3rd ed.). Johns Hopkins University Press. S. 630–631.

Hedge, J. & Wagoner, D. M. (2004). *Horse Conformation: Structure, Soundness and Performance.* Guilford, CT: Globe Pequot. S. 307–308.

Holderness-Roddam, J. (1999). *The Life of Horses.* Mitchell Beazley, London.

King, S. R. B. & Moehlman, P. D. (2016). *Equus quagga.* IUCN Red List of Threatened Species. Version 2015. 1. International Union for Conservation of Nature.

MacFadden, B. J. (1984). *Astrohippus and Dinohippus from the Yepómera local fauna (Hemphillian, Mexico) and implications for the phylogeny of one-toed horses.* In: Journal of Vertebrate Paleontology, 4 (2), S. 273–283.
doi: 10.1080/02724634.1984.10012009

MacFadden, B. J. (1984). *Systematics and phylogeny of Hipparion, Neohipparion, Nannippus, and Cormohipparion (Mammalia, Equidae) from the Miocene and Pliocene of the New World.* In: Bulletin of the American Museum of Natural History, 179 (1), S. 1–195.

Orlando, L. & al. (2013). *Recalibrating Equus evolution using the genome sequence of an early Middle Pleistocene horse.* In: Nature, 499 (7456), S. 74–78.
doi: 10.1038/nature12323

Prothero, D. R. & Shubin, N. (1989). *The evolution of Oligocene horses.* In: Prothero, D. R. & Schoch, R. M. (Hrsg.). *The Evolution of perissodactyls.* New York: Clarendon Press. S. 142–175.

Salesa, M. J. & al. (2004). *Presence of the Asian horse Sinohippus in the Miocene of Europe.* In: Acta Palaeontologica Polonica, 49 (2), S. 189–196.

Shah, N. (2002). *Status and action plan for the kiang (Equus kiang).* In: Moehlman, P. D. (Hrsg.) (2002). *Equids: Zebras, Asses and Horses. Status Survey and Conservation Action Plan.* IUCN/SSC Equid Specialist Group. IUCN, Gland, Switzerland and Cambridge, UK. S. 72–81.

Wendle, J. (2016). *Animals Rule Chernobyl 30 Years After Nuclear Disaster.* National Geographic. Abgerufen am 2. Mai 2016.

KAPITEL 2

«Horse Nutrition – Diet Factors – Water» Bulletin 762-00, Ohio State University.
http://arquivo.pt/wayback/20090708015300/http://ohioline.osu.edu/b762/b762_6.html
Zugegriffen im August 2017.

Brega, J. (2005). *Essential equine studies. 1: Anatomy and Physiology.* J. A. Allen, London.

Budras, K. D. & al. (2009). *Anatomy of the Horse* (5th ed.). Schlüter, Hannover.

Castle, W. E. (1948). *The Abc of Color Inheritance in Horses.* In: Genetics. 33 (1), S. 22–35.
PMC 1209395. PMID 17247268

Heffner, H. E. & Heffner, R. S. (1983). *Sound localization and high-frequency hearing in horses.* In: The Journal of the Acoustical Society of America, 73 (S1).
doi: 10.1121/1.2020377

Keane, M. & al. (2017). *Computed tomography in veterinary medicine: currently published and tomorrow's vision.* In: Computed tomography: advanced applications. InTechOpen, S. 271–289.
www.intechopen.com/books/computed-tomography-advanced-applications/computed-tomography-in-veterinary-medicine-currently-published-and-tomorrow-s-vision

Kovac, M. & al. (2017). *Gene Therapy Using Plasmid DNA Encoding Vascular Endothelial Growth Factor 164 and Fibroblast Growth Factor 2 Genes for the Treatment of Horse Tendinitis and Desmitis: Case Reports.* In: Frontiers in Veterinary Science, 4: 168.
doi: 10.3389/fvets.2017.00168

Kovac, M. & al. (2018). *Gene Therapy Using Plasmid DNA Encoding VEGF164 and FGF2 Genes: A Novel Treatment of Naturally Occurring Tendinitis and Desmitis in Horses.* In: Frontiers in Pharmacology, 9:978.
doi: 10.3389/fphar.2018.00978

Lau, Allison N. & al. (2009). *Horse Domestication and Conservation Genetics of Przewalski's Horse Inferred from Sex Chromosomal and Autosomal Sequences.* In: Molecular Biology and Evolution, 26 (1), S. 199–208.
PMID 18931383
doi: 10.1093/molbev/msn239

Lee, J. R. & al. (2014). *Genome-wide analysis of DNA methylation patterns in horse.* In: BMC Genomics, 15 (1): 598. doi: 10.1186/1471-2164-15-598

Lodato, S. & Arlotta, P. (2015). *Generating Neuronal Diversity in the Mammalian Cerebral Cortex.* In: Annual Review of Cell and Developmental Biology, 31 (1), S. 699–720. doi:10.1146/annurev-cellbio-100814-125353

Lui, J. H. & al. (2011). *Development and Evolution of the Human Neocortex.* In: Cell, 146 (1), S. 18–36. doi: 10.1016/j.cell.2011.06.030

Metallinos, D. L. & al. (1998). *A missense mutation in the endothelin-B receptor gene is associated with Lethal White Foal Syndrome: an equine version of Hirschsprung Disease.* In: Mammalian Genome, 9 (6), S. 426–431. PMID 9585428 doi: 10.1007/s003359900790

Riegel, R. J. & Hakola, S. E. (1999–2002). *Bild-Text-Atlas zur Anatomie und Klinik des Pferdes.* Schlüter, Hannover.

Simpson, S. & al. (2017). *Genomic insights into cardiomyopathies: a comparative cross-species review.* In: Veterinary Sciences, 4 (1), 19. doi:10.3390/vetsci4010019

Taylor, S. (2015). *A review of equine sepsis.* In: Equine Veterinary Education, 27 (2), S. 99–109. doi: 10.1111/eve.12290

KAPITEL 3

Bücher

Baldwin, J. D. & Baldwin, J. I. (2001). *Behavior Principles in everyday life* (4th ed.). Prentice Hall, New Jersey.

Broom, D. M. & Fraser, A. F. (2015). *Domestic animal behaviour and welfare.* CABI, Wallingford.

Budiansky, S. (1997). *The nature of horses.* New York, Free Press.

Carlson, N. R. (2004). *Physiologische Psychologie.* Pearson Studium, München.

Fraser, A. F. (1992). *The behaviour of the horse.* CAB international, Walllingford.

McDonnell, S. (2003). *The equid ethogram: A practical field guide to horse behaviour.* Eclipse Press, Lexington, KY.

McGreevy, P. (2012). *Equine behaviour, a guide for veterinarians and equine scientists* (2nd ed.). Saunders/Elsevier.

Mills, D. & McDonnell, S. (2005). *The domestic horse: The evolution, development and management of its behaviour.* University Press, Cambridge.

Mills, D. S. & Nankervis, K. J. (2013). *Equine behaviour: principles and practice.* John Wiley & Sons, New York.

Panksepp, J. (1998). *Affective Neuroscience: The Foundations of Human and Animal Emotions.* Oxford University Press, New York.

Ransom, J. I. & Kaczensky, P. (2016). *Wild Equids: Ecology, Management, and Conservation.* Johns Hopkins University Press, Baltimore.

Rossdale, P. D. (1975). *Das Pferd. Fortpflanzung und Entwicklung.* S. Karger, Basel.

Artikel

Andrieu, J. & al. (2016). *Informed horses are influential in group movements, but they may avoid leading.* In: Animal cognition, 19 (3), S. 451–458.

Bekoff, M. (2000). *Animal Emotions: Exploring Passionate Natures.* In: BioScience, 50 (10), S. 861–870.

Bertone, J. J. (2015). *Sleep and Sleep Disorders in Horses.* In: Furr, M. & Reed, St. (Hrsg.) *Equine Neurology.* Second Edition. Wiley Blackwell. S. 123–129.

Bliss, T. V. & Collingridge, G. L. (1993). *A synaptic model of memory: long-term potentiation in the hippocampus.* In: Nature, 361 (6407), S. 31–39.

Boissy, A. & Lee, C. (2014). *How assessing relationships between emotions and cognition can improve farm animal welfare.* In: Revue scientifique et technique (International Office of Epizootics), 33 (1), S. 103–110.

Briefer, E. F. & al. (2015). *Segregation of information about emotional arousal and valence in horse whinnies.* In: Scientific Reports, 4, 9989.

Cregier, S. E. (2009). *Best practices: surface transport of the horse.* Zugänglich über: www.academia.edu/6616417/Best_Practices_in_Horse_Transport_Animal_Transportation_Association_Proceedings

Ekman, P. (1992). *An argument for basic emotions.* In: Cognition & Emotion, 6 (3-4), S. 169–200.

Gaunitz, C. & al. (2018). *Ancient genomes revisit the ancestry of domestic and Przewalski's horses.* In: Science, 360 (6384), S. 111–114.

Hall, C. & al. (2008). *Is there evidence of learned helplessness in horses?* In: Journal of Applied Animal Welfare Science, 11 (3), S. 249–266.

Hanggi, E. B. (2005). *The thinking horse: cognition and perception reviewed.* In: AAEP Proceedings, Vol. 51, S. 246–255.

Kydd, E. & al. (2017). *An analysis of equine round pen training videos posted online: Differences between amateur and professional trainers.* In: PloS one, 12 (9), e0184851.

LeDoux, J. E. & al. (2017). *The birth, death and resurrection of avoidance: a reconceptualization of a troubled paradigm.* In: Molecular Psychiatry, 22 (1), S. 24–36.

McGreevy, P. D. (2007). *The advent of equitation science.* In: Veterinary Journal, 174 (3), S. 492–500.

McGreevy, P. D. & McLean, A. N. (2007). *Roles of learning theory and ethology in equitation.* In: Journal of Veterinary Behavior: Clinical Applications and Research, 2 (4), S. 108–118.

McLean, A. N. & Christensen, J. W. (2017). *The application of learning theory in horse training.* In: Applied Animal Behaviour Science, 190, S. 18–27.

Russell, J. A. (2003). *Core affect and the psychological construction of emotion.* In: Psychological Review, 110 (1), S. 145–172.

Wathan, J. & al. (2016). *Horses discriminate between facial expressions of conspecifics.* In: Scientific reports, 6, 38322.

Warmuth, V. & al. (2012). *Reconstructing the origin and spread of horse domestication in the Eurasian steppe.* In: Proceedings of the National Academy of Sciences, 109 (21), S. 8202–8206.

Webseiten

Equine Behaviour and Training Association, www.ebta.co.uk

KAPITEL 4

Bücher

Adelman, M. & Thompson, K. (Hrsg.) (2017). *Equestrian cultures in global and local contexts.* Springer.

Edwards, E. H. & al. (2008). *Pferde: die neue Enzyklopädie.* Dorling Kindersley, München.

Jeffcott, L. B. & al. (2017). *The Normal Anatomy of the Osseous and Soft Tissue Structures of the Back and Pelvis.* In: Henson, F. (Hrsg.) *Equine Neck and Back Pathology: Diagnosis and Treatment.* John Wiley & Sons. S. 9–38.

McCaffrey, A. (2002). *The Lady.* Ballantine Books.

Nyland, A. (1993). *The Kikkuli method of horse training.* Kikkuli Research Publications.

Raulff, U. (2016). *Das letzte Jahrhundert der Pferde. Geschichte einer Trennung.* C.H. Beck, München.

Williams, W. (2015). *The Horse: The Epic History of Our Noble Companion.* Scientific American Farrar, Straus and Giroux.

Xenophons Buch über die Pferde-Wissenschaft. Aus dem Griech. übers. und mit Anm. begleitet von F. E. H. Heubel. Leipzig: Böhme, 1796.

Artikel

Birke, L. & Hockenhull, J. (2015). *Journeys Together: Horses and Humans in Partnership.* In: *Society and Animals,* 23 (1), S. 81–100.

Brown, S. M. & Connor, M. (2017). *Understanding and Application of Learning Theory in UK-based Equestrians.* In: Anthrozoös, 30 (4), S. 565–579.

Connors, S. & Feldman, L. (2009). *The Equine Industry as a Global Market.* Zugänglich über: www.researchgate.net/publication/276830364_The_Equine_Industry_as_a_Global_Market

Dashper, K. (2017). *Listening to horses.* In: Society & Animals, 25 (3), S. 207–224.

Hausberger, M. & al. (2008). *A review of the human–horse relationship.* In: Applied Animal Behaviour Science, 109 (1), S. 1–24.

Koenen, E. P. C. & al. (2004). *An overview of breeding objectives for warmblood sport horses.* In: Livestock Production Science, 88 (1–2), S. 77–84.
doi: 10.1016/j.livprodsci.2003.10.011

McGreevy, P. & al. (2018). *Using the Five Domains Model to Assess the Adverse Impacts of Husbandry, Veterinary, and Equitation Interventions on Horse Welfare.* In: Animals, 8 (3), 41.
doi: 10.3390/ani8030041

McGreevy, P. D. (2007). *The advent of equitation science.* In: Veterinary Journal, 174 (3), S. 492–500.
doi: 10.1016/j.tvjl.2006.09.008

McGreevy, P. D. & McLean, A. N. (2007). *Roles of learning theory and ethology in equitation.* In: Journal of Veterinary Behavior: Clinical Applications and Research, 2 (4), S. 108–118.
doi: 10.1016/j.jveb.2007.05.003

McLean, A. N. & Christensen, J. W. (2017). *The application of learning theory in horse training.* In: Applied Animal Behaviour Science, 190, S. 18–27.
doi: 10.1016/j.applanim.2017.02.020

Mellor, D. J. & Beausoleil, N. J. (2015). *Extending the 'Five Domains' model for animal welfare assessment to incorporate positive welfare states.* In: Animal Welfare, 24 (3), S. 241–253.
doi: 10.7120/09627286.24.3.241

Walker, J. E. (2005). *'To amaze the people with pleasure and delight': an analysis of the horsemanship manuals of William Cavendish, first Duke of Newcastle (1593–1676).* Doctoral dissertation, University of Birmingham. http://etheses.bham.ac.uk/5920/

Webster, J. (2016). *Animal welfare: Freedoms, dominions and "a life worth living".* In: Animals, 6 (6): 35.
doi: 10.3390/ani6060035

Webseiten

Brooke Action for Working Horses and Donkeys, www.thebrooke.org

Equine Business Association, www.equinebusinessassociation.com/equine-industry-statistics/

European Horse Network, www.europeanhorsenetwork.eu

International Society for Equitation Science, equitationscience.com

Fédération Equestre Internationale, www.fei.org

World Horse Welfare, www.worldhorsewelfare.org

World Organisation for Animal Health, www.oie.int

KAPITEL 5

Hendricks, B. L. (2007). *International encyclopedia of horse breeds.* University of Oklahoma Press.

Rousseau, E. & Le Bris, Y. (2014). *Pferde der Welt. 550 Rasseporträts.* Haupt, Bern.

Swinney, N. J. (2006). *Pferderassen der Welt.* Weltbild, Augsburg.

Register

Die Autorinnen

Dr. Catrin Rutland ist außerordentliche Professorin für Anatomie und Entwicklungsgenetik an der University of Nottingham (GB). Sie hat einen BSc (Hons), MSc sowie PhD und verfügt ferner über die Lehrqualifikation PGCHE und MMedSci (Medical education). In ihrer Forschung beschäftigt sie sich mit dem Herzkreislaufsystem, zum Beispiel mit vergleichenden Untersuchungen an Herz und Blutgefäßen verschiedener Tierarten vom Menschen bis zum Pferd. Ihre Forschung bei Pferden und Eseln konzentriert sich auf die Anatomie und Physiologie von Extremitäten und Lähmungen, außerdem auf Gentherapie. Neben ihrer Forschungs- und Lehrtätigkeit an der Tiermedizinischen Fakultät schreibt Catrin fach- und populärwissenschaftliche Artikel für Zeitschriften, Zeitungen und Bücher und hält Vorträge für die breite Öffentlichkeit im Allgemeinen und Jugendliche im Besonderen.

Debbie Busby MSc MBPsS ist Verhaltensforscherin, internationale Referentin und Autorin. Debbie hat einen BSc in Psychologie und erwarb ihren MSc in angewandter Ethologie und Tierschutz an der Newcastle University (GB). Sie ist ordentliches Mitglied der Association of Pet Behaviour Counsellors und des Animal Behaviour and Training Council.
Debbies Beratungspraxis «Evolution Equine Behaviour» befindet sich in Großbritannien, doch sie ist bei schweren Verhaltensstörungen von Pferden auch international tätig. Debbie hält Vorträge und Workshops zu allen Aspekten von Verhalten und Training bei Equiden wie auch zu den Auswirkungen von menschlichem Verhalten auf das Pferd; sie ist ferner Co-Autor von «Equine Behaviour in Mind: Applying Behavioural Science to the Way We Keep, Work and Care for Horses» (2018) im Verlag 5M Publishing.

Dank & Bildnachweis 

Debbie Busby möchte sich bei Kelly Taylor-Saunders, Jenni Nellist, Anne Howard, Michelle Wilson und Linda Smith für ihre wertvollen Forschungsbeiträge bedanken.

Der Verlag Ivy Press dankt den folgenden Personen und Institutionen für die Erlaubnis, Copyright-Material zu verwenden:

Alamy/Aflo Co. Ltd.: 145o; Agencja Fotograficzna Caro: 145u; Arco Images GmbH: 45or; Arctic Images: 81; Bill Emrich: 143o; blickwinkel: 14; Blue Jean Images: 76; catnap: 210; Central Historic Books: 127r; Corbin17: 13; Juniors Bildarchiv GmbH: 202, 207; dpa picture alliance archive: 141u; Graham Prentice: 142; Greenshoots Communications: 109; Heritage Image Partnership Ltd : 117; Historic Images: 128; Interfoto : 28o; Jipen: 195; Juniors Bildarchiv GmbH: 85, 95o 141o, 155; Lanmas: 114; Lourens Smak: 44; Nature Picture Library: 140; Pavel Filatov: 28u; Prisma Archivo: 119; Reimar: 118u; Richard Tadman: 154; Rosanne Tackaberry: 110; The Print Collector : 64; Tomasz Wojnicz: 90; Vintage Archive: 149o

Biodiversity Heritage Library/ Smithsonian Libraries: 17

Bob Langrish: 102, 160o, 161u, 161o, 184, 205, 209

DK Images/Bob Langrish: 164o, 177, 179, 180, 185, 194, 200, 201

FLPA/Sabine Schwerdtfeger/ Tierfotoagentur: 193

Getty Images/AFP/Alexander Klein: 160u; De Agostini/Bob Langrish: 189; Hulton Archive: 158; Mike Hewitt: 136; National Geographic Creative/Sisse Brimberg: 115; UIG/Werner Forman: 132u

H. Zell/Wikimedia/CC-BY-SA-3.0: 16

iStock/Nicoolay: 1

Ivy Press/Andrew Perris: 166, 167, 168, 169, 170, 171, 172, 173, 174, 175, 181, 186, 187, 190, 192, 196, 198, 204, 208, 211, 213, 214, 215

Library of Congress/Detroit Publishing Company photograph collection: 144

Mary Evans Picture Library: 8u, 9u; Tony Boxall: 9

Shutterstock/4thebirds: 80; Abir Roy Barman: 112; Abramova Kseniya: 37ul, 139, 182, 203; alfernec: 74u; AlinArt: 122o; Anastasiia Golovkova: 29 (Icons); Anastasija Popova: 104u; Andrey N Bannov: 57; andrey oleynik: 162o; anjajuli: 72; bcostelloe: 20; Beck Dunn Photography: 108u; Bildagentur Zoonar GmbH: 7; Buffy1982: 93; Callipso: 47, 68u; Chepko Danil Vitalevich: 84; Christian Mueller: 152u; cornfield: 79ul; cynoclub: 123o; E. Spek: 79ur; EQRoy: 25; Eric Isselee: 2, 3or, 3Mr, 3l, 37ur, 75M, 176, 183, 188; esherez: 150u; Everett Historical: 133o; fatir29: 88; Fedor Selivanov: 113; frankazoidtrvl: 96; GeptaYs: 36u, 148o; Gina Stef: 125ul; Govorov Evgeny: 70u; Grigorita Ko: 129u; Groomee: 106, 130; Hein Nouwens: 70o, 118o, 133u; hofhauser: 26; horsemen: 206; J. Marijs: 212; jacotakepics: 199; jakelv7500: 107; Jorge Maricato: 92; Juha Saastamoinen: 39or; Julia Siomuha: 97; Katho Menden: 82u; kongsak sumano: 21o; Konstantin Tronin: 61; Kraft_Stoff: 148–149u; kryzhov: 147u; LanaG: 101; Lenkadan: 38ul; Lenkadan: 197, 19u; Makarova Viktoria: 38ur; Manekina Serafima: 18o; mariait: 5u, 123u; marina eno 1: 100u; maziarz: 8o; Melinda Nagy: 45ol; Melorỳ: 62; Mick Atkins: 147o; Mogens Trolle: 23u; Morphart Creation: 15, 18u, 66o, 120, 132o, 217; Mumemories: 98u; Nadzeya Shanchuk: 166–215 (Icons); Nate Allred: 53o; Nigel Jarvis: 143u; Oleksandr Umanskyi: 83; Olga_i: 27o; paula french: 23o; Pavlina Trauskeova: 31; Pegasene: 129o; Perry Correll: 137u; Peter Etchells: 40; Petri Volanen: 39ol; pfluegler-photo: 33M, 33u; photo-denver: 138; pirita: 103; Robynrg: 74o; S. Bonaime: 178; salajean: 151; Sanit Fuangnakhon: 125ur; Sergei25: 19o; Sergey Kohl: 4, 104o; SF photo: 27u; Studio Barcelona: 41; SunnyMoon: 156; superjoseph: 150o; Svetlana Zhukova: 34; TasfotoNL: 126; tashh1601: 146; Tony Gatlin: 87; Vaclav Volrab: 21u; Vector Tradition: 5o, 78; vectorlight: 29 (Karte); Vladimir Melnik: 22; wavebreakmedia: 152o; Willyam Bradberry: 10; Wolf Avni: 35; Worraket: 75u; Zuzule: 95u

Wellcome Collection/CC-BY-SA-4.0: 121, 124, 134, 135, 137o

Wikimedia/CC-PD-Mark: 159, 127ur; Osama Shukir Muhammed Amin FRCP(Glasg)/CC-BY-SA-4.0: 122u; Scherer/CC-PD-Mark: 24

Der Verlag Ivy Press hat sich bemüht, alle Rechteinhaber zu ermitteln und ihre Erlaubnis zur Verwendung des Copyright-Materials zu erhalten. Der Verlag bittet für etwaige Irrtümer oder Auslassungen um Entschuldigung; bei entsprechenden Nachweisen werden die jeweiligen Angaben in zukünftigen Ausgaben selbstverständlich korrigiert.